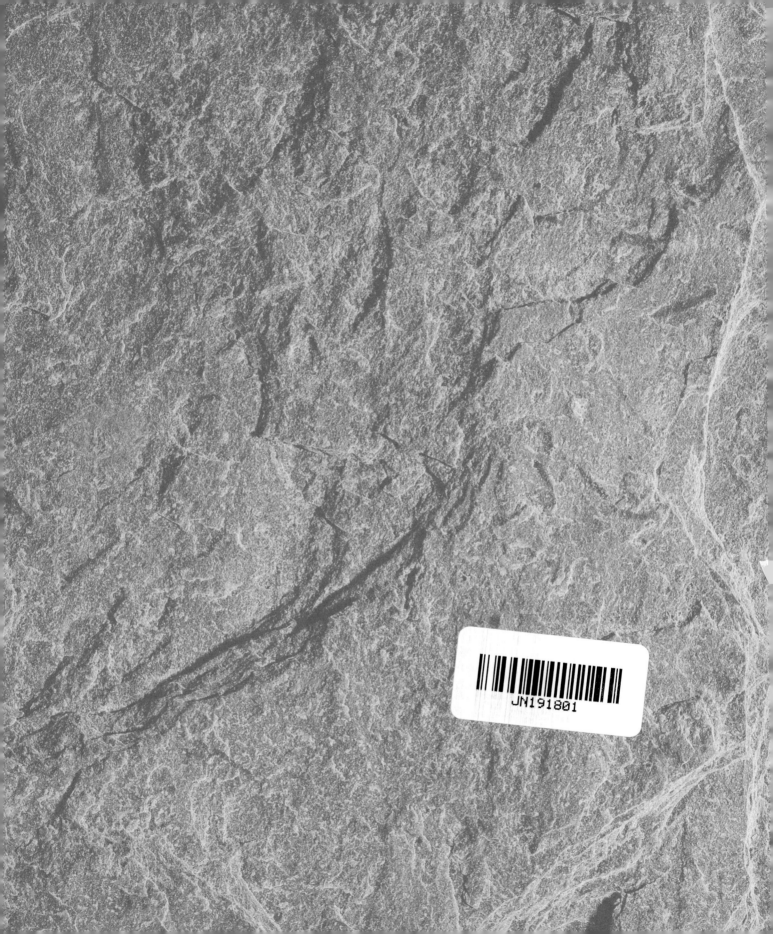

人類の進化 大図鑑
【コンパクト版】

EVOLUTION
THE HUMAN STORY

河出書房新社

人類の進化大図鑑
【コンパクト版】

EVOLUTION
THE HUMAN STORY

アリス・ロバーツ［編著］ 馬場悠男［日本語版監修］

河出書房新社

日本語版序文

人類進化ストーリーの最新バージョンをご存じだろうか。およそ700万年前、最初の人類は、アフリカの森林で、直立二足歩行の能力を身につけ、家族に食料を運んだらしい。やがて、400万年ほど前から草原にも進出し、硬く粗末な食物を食べた。約250万年前からは、脳が大きくなり、道具を使い、乾燥化が進む広い草原で多様な食物を探しはじめた。そして、180万年前には、長い脚と大きな脳を持ったヒト属（ホモ属）の人類が、アフリカからユーラシアに広がっていった。私たちホモ・サピエンスは、約20万年前にアフリカで誕生し、5万年ほど前から世界中に広がり、古くから各地に住んでいた祖先たちを滅ぼしてしまった。

しかし、このような説明で、祖先たちがどのような姿形をして、いかに暮らしていたか、具体的なイメージが湧くだろうか。私たち人類学の研究者は、自分が惚れ込んでいる悠久の人類進化ストーリーを、一般の人々にわかってほしいと願っている。そして、それを、どのように伝えるか、どのようにすれば容易かつ明瞭に理解してもらえるか、つねに悩んでいる。そのような悩みを解消してくれる有効な手段が刊行された。まさに本書である。

本書で、オランダのケニス兄弟が科学的根拠に基づいて復元した精密モデルは、人類進化の物語に登場する著名な主人公たち、つまり私たちの祖先の生きていたときの姿形を現代によみがえらせてくれる。これから彼らの案内で、驚きに満ちた祖先たちの旅をたどってみよう。筆者は、国立科学博物館に勤めていたときに、同じような意図を持って十数体の古代人復元モデルを作ったことがあり、それは今でもそこに展示されている。出来具合にはかなり自信を持っていたが、本書を見て、その豊かな表現力に圧倒され、まいったというのが本音だ。

じつは、本書は、図版が見事なだけでなく、復元の根拠となる解剖学的特徴などを専門的レベルまで掘り下げているのが見事だ。また、最新の重要な発見も解説している。たとえば、インドネシアのフローレス島に、身長1m、脳容積400mlの人類が1万数千年前まで生きていたことや、私たちの身体の中にはネアンデルタール人のDNAがわずかに含まれていることなどだ。

その意味で本書は、謎の多い人類の進化に関する最前線の研究をしっかり押えた、かつてない優れた内容になっている。

日本語版監修　馬場 悠男（国立科学博物館名誉研究員）

Original Title: Evolution The Human Story
Copyright © 2011 Dorling Kindersley Limited
A Penguin Random House Company

Japanese translation rights arranged with
Dorling Kindersley Limited, London
through Fortuna Co., Ltd. Tokyo.

For sale in Japanese territory only.

Printed and bound in China

A WORLD OF IDEAS: SEE ALL THERE IS TO KNOW

www.dk.com

目次

08　過去を知る　UNDERSTANDING OUR PAST

- 10　過去へ
- 14　地質記録
- 16　化石とは何か
- 22　祖先を探す
- 24　考古科学
- 26　骨片をつなぎ合わせる
- 28　骨に生命を吹き込む
- 30　復元
- 32　行動を読み解く

34　霊長類　PRIMATES

- 36　進化
- 38　分類
- 40　最古の霊長類
- 44　新世界ザル
- 46　初期類人猿と旧世界ザル
- 50　現生類人猿
- 54　類人猿とヒト

56　人類　HOMININS

- 58　人類の進化
- 60　人類の系統樹
- 62　サヘラントロプス・チャデンシス
- 68　オロリン・トゥゲネンシス、アルディピテクス・カダバ
- 70　アルディピテクス・ラミダス
- 74　アウストラロピテクス・アナメンシス
- 75　アウストラロピテクス・バールエルガザリ、ケニアントロプス・プラティオプス
- 76　アウストラロピテクス・アファレンシス
- 86　アウストラロピテクス・アフリカヌス
- 92　アウストラロピテクス・ガルヒ、パラントロプス・エチオピクス
- 93　パラントロプス・ロブストス、アウストラロピテクス・セディバ

94	パラントロプス・ボイセイ
98	ホモ・ハビリス
108	ホモ・ジョルジクス
114	ホモ・エルガスター
122	ホモ・エレクトス
128	ホモ・アンテセッソール
134	ホモ・ハイデルベルゲンシス
142	ホモ・フロレシエンシス
150	ホモ・ネアンデルタレンシス
160	ホモ・サピエンス
172	頭部の比較

174 出アフリカ　OUT OF AFRICA

176	人類の移動経路
178	遺伝学が解き明かす移動経路
180	初期人類の移動経路
182	最後の古代人
184	新しい人類種の出現
186	東方への沿岸移動
188	ヨーロッパへの移住
190	ヨーロッパのネアンデルタール人と現生人類
192	北アジアと東アジア
194	新世界
196	オセアニア

198 狩猟者から農民へ　FROM HUNTERS TO FARMERS

200	後氷期
202	狩猟採集民
204	岩面美術
206	狩猟採集から食糧生産へ
208	西アジアと南アジアの農民
210	ギョベクリ・テペ
212	アフリカの農民
214	東アジアの農民
216	ヨーロッパの農民
218	南北アメリカ大陸の農民

220	動物の有効利用
222	工芸の発達
224	金属加工
226	交易
228	宗教
230	ニューグレンジ
232	最古の国家群
234	メソポタミアとインダス
236	ウルのスタンダード
238	エジプト王朝時代
240	中国の商王朝
242	アメリカの諸文明
244	用語解説
248	索引
255	出典

執筆者

過去を知る

執筆者：**マイケル・J・ベントン教授**—ブリストル大学（英国）、古脊椎動物学教授

協力：**フィオナ・カワード博士**（人類参照）、**ポール・オヒギンズ教授**—ハル・ヨーク・メディカル・スクール（英国）、解剖学人間科学センター、解剖学教授

霊長類

執筆者：**コリン・グローヴズ教授**—オーストラリア国立大学（オーストラリア・キャンベラ）、考古学・人類学科

協力：**エリック・J・サージズ教授**—エール大学人類学科／ピーボディ自然史博物館（米国）、古脊椎動物学研究員

人類

執筆者：**ケイト・ロブソン=ブラウン博士**—ブリストル大学（英国）、考古学・人類学科、生物人類学上級講師、執筆協力：**フィオナ・カワード博士** —ロンドン大学ロイヤル・ホロウェイ校、地理学科研究員／ユニヴァーシティ・カレッジ・ロンドン（英国・

ロンドン）、考古学研究所、客員講師

協力：**カテリナ・ハルヴァティ教授**—テュービンゲン大学（ドイツ）、初期先史学・中世考古学研究所およびゼンケンベルク人類の進化・古生態学センター古人類学科長

出アフリカ

執筆者：**アリス・ロバーツ博士**—ＮＨＳセヴァン・ディーナリー外科学部、解剖学科長／ハル・ヨーク・メディカル・スクール研究員／ブリストル大学（英国）、考古学・人類学名誉研究員

協力：**スティーヴン・オッペンハイマー博士**—オックスフォード大学人類学部（英国）

狩猟者から農民へ

執筆者：**ジェーン・マッキントッシュ博士**—ケンブリッジ大学（英国）、アジア中東研究学部上級研究員

協力：**ピーター・ボグーキ博士**—プリンストン大学（米国）、工学応用科学部、副学部長

私たちは自分を人間として認識しています。一人ひとりに固有の意識があり、そこから強い自意識が生まれています。そしてその自意識が、「私たちは何者か」「どこから来たのか」と考えさせているようです。自分たちのことを知りたいという、ほかの動物には見られないこの思いは、私たち人間の奥深いところに根差しているようです。

人間は何千年にもわたって、人類の起源や自然界における位置、ほかの生命との関係、などという問いに対する答えを探し求めてきました。宗教や哲学もこのことを考えるひとつの方法でしょう。しかし科学は、私たちを取り巻く世界と私たち自身のなかに、証拠や答えを探すよう求めます。そのような観察に基づく科学的アプローチの結果、現在ではこの昔ながらの問いについて、過去の驚くべき秘密が明らかになり、人類の系統樹をはるか昔までさかのぼることや、太古の昔に亡くなった祖先に会うことができるようになりました。進化という視点に立ってみると、私たち自身のことがよくわかり、人間をひとつの種として、生物学的、生態学的な大きな流れのなかでとらえることができるようになります。

私たちは霊長類です。本書は、霊長類の現生近縁種を紹介するところからはじまります。次の章では人類の系統樹をさかのぼって、私たちの祖先に会いに行きます。ケニス兄弟が、古代の親戚の復元立体肖像をたくさん作ってくれました。彼らの芸術的な復元技術には、かねてから尊敬の念を抱いています。まるで生きているような、すばらしい出来栄えです。次に初期人類や現生人類がアフリカを出て世界に広がっていったようすと、氷河時代の終わりにかけて変化していく人類の生活を見ていきます。そして最後には世界各地で興った古代文明の足跡をたどります。

本書は、「私たち人類は、当然の帰結として世界を制覇し、権力の座に君臨して、自然界のほかの生物を支配するに至った」という物語を描いたものではありません。樹の上で生活していた私たちの祖先が偉大な文明を築いていった道は、必然性に支えられた一本道ではなかったのです。自然選択を経た進化は、時間の経過とともに、より多様で複雑になる傾向がありますが、それは「進歩」と同じことではありません。進化の方向は予測不可能で意外性に満ちています。ですから、私たちの種が地球上に誕生したのはまったくの偶然だったということに気づくと、感激すると同時に謙虚な気持ちにもなります。私たちの文明の偉業は、思いがけない幸運の上に成り立っているのです。

アリス・ロバーツ

過去を知る
UNDERSTANDING OUR PAST

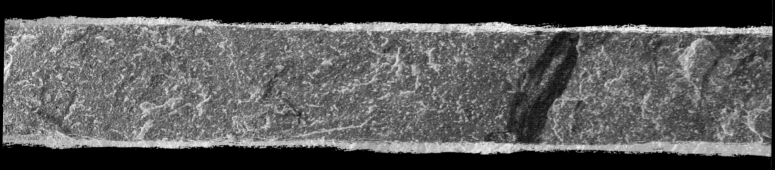

現生人類の**ルーツ**は、はるか昔、数百万年前にまでさかのぼることができる。おもな証拠は、化石となって残っている骨格や頭骨、骨片などだ。人類進化の物語というと、こうした化石から得られるわずかな手がかりをもとに、当て推量で構成されていると思われがちだ。しかし今日では、古代の骨やその周辺環境から、ごくわずかな情報まで引き出せるツールが数多くあって、発掘現場や研究室で行われている最新科学技術を取り入れた作業から、私たちの祖先の生活についてはかなり詳しいこ

過去へ

地球が形成されたのは太古の昔、数十億年も前のことだ。地球に関する研究成果は、地質学の分野で積み重ねられてきた。現在では、この数十億年のあいだに地球の表面が遂げてきた変化について、じつに多くのことが解明されている。地表をおおっている岩石の年代も、より正確に測定できるようになってきた。

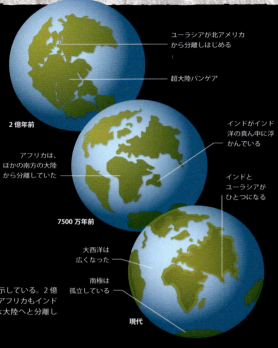

地質年代

約45億年前、地球は凝縮した宇宙の物質から生まれた。最初はすべてが溶けあった状態で、地殻も水も大気も存在しなかった。5億年ほどたつと表面の温度が下がって岩石が形成され、さらに地表の温度が下がるにつれて海洋が形成されていった。最初の単純な微生物が誕生したのは約36億年前。それから30億年ほどのあいだ、生命体は比較的単純な形態をとどめたまま、微生物から肉眼で認識できる大きさに進化した。その期間は先カンブリア時代と呼ばれている。それから現在に至る5億4400万年については、化石証拠が豊富になるため、はるかに詳しいことが解明されている。化石は過去の生命体のことを教えてくれるだけではなく、地質年代区分を決定するうえでも、きわめて重要だ。

形を変える大陸

右の地球の図は、時とともに変化した大陸の姿を示している。2億年前にはいくつかの大陸がひとつにまとまって、アフリカもインドも超大陸の一部となった。それ以降はさまざまな大陸へと分離していった。

先カンブリア時代
- 4,500 地球の誕生
- 3,600 最初の生命体
- 2,400 最初のバクテリア
- 1,850 最初の真核生物

単位：100万年前

地質年代の区分
地質年代は「紀」と「代」という単位に分かれており、多くは1830年代から1840年代に命名された。この区分基準に対しては、つねに見直しと改善が重ねられている。

古生代

カンブリア紀	オルドヴィス紀	シルル紀	デヴォン紀
535 最初の魚	485 骨をもつ最初の脊椎動物	425 最古の陸生植物	380 最初のクモ
	450 最初の陸生節足動物	375 最初の両生類、最初のシーラカンス	
544	488.3	443.7	416

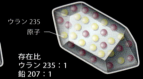

存在比
ウラン235：1
鉛207：0

形成時点
溶岩が結晶してできた鉱物にはウラン235という放射性元素の原子（黄色い点）が含まれている。ウラン235は徐々に崩壊し、最後には鉛207という元素に変化する。

存在比
ウラン235：1
鉛207：1

7億年後
ウラン235の半減期は7億年。つまり7億年たつとウラン原子の50%が崩壊して、鉛207に変化する。

存在比
ウラン235：1
鉛207：3

14億年後
残るウラン235のうち、さらに50%が崩壊して、ウランと鉛の原子の比率は1対3になる。つまりこの岩石が形成されてから14億年が経過したことがわかる。

存在比
ウラン235：1
鉛207：7

21億年後
現在の存在比はウラン1対鉛7なので、この岩石が3度の半減期を経たことがわかる。ウラン235の半減期は7億年なので、岩石の年齢は21億年となる。

年代区分の決定
標準的な地質年代区分は、地域単位の地質や化石の研究、それらの対比や絶対年代測定法などに基づいて決定される。地域的な地質調査のはじまりは、200年以上前にさかのぼる。当時、イギリス、フランス、ドイツの地質学者たちが、岩石層には推論可能な順序があり、岩石層の年代は、そこに含まれている化石（⇨ p.15）によっても特定できることが多い、ということに気づいた。つまり同じ化石を含んでいる岩石は、同じ時代の岩石となる。数千個もの化石を比較検討することで、何百万年もの時間に対して、詳細な相対的年代区分が決定されていった。

絶対年代測定法
正確な地質年代は、堆積物の層に含まれる火山灰などの岩石中の放射性元素によって特定できる。溶岩が固まると、新たに形成された元素が、その結晶構造に閉じ込められる。ウラン235（⇨左）やカリウム40のような放射性元素は、数百万年の時間をかけて、一定の割合で崩壊していく。元の元素（母）と崩壊の結果生まれた元素（娘）との存在比を測り、あらかじめわかっている崩壊率を使って計算すれば、その岩石の年代を知ることができる。炭素14を使った年代測定も、原理は同じだが、5万

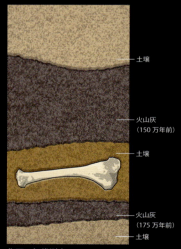

化石の年代測定
化石の放射性年代測定法は、その化石の近くにある火成岩（火山の溶岩や地層の一部として堆積した火山灰）の年代測定をよりどころにしている。化石の上下にある火成岩の年代を測定することによって、その化石の年代の範囲を推定する

地殻の変動と生物

1912年に大陸移動説を唱えたのは、アルフレート・ヴェーゲナー（1880～1930）というドイツの気象学者だった。彼はふたつの証拠をあげた。そのひとつは、大西洋に面している大陸の海岸線の形が似通っていることだった。たとえば、南アメリカの東海岸の形とアフリカの西海岸の形は「ぴったり合う」。ヴェーゲナーは、かつて大西洋は存在せず、すべての大陸がひとつにまとまって超大陸パンゲア（古代ギリシア語で「全世界」を意味する語）を形成していたと考えた。その説は、約2億5000万年前のペルム紀や三畳紀のものとされる岩石や化石が、南半球の地に共通して見られることによって立証された。当初、地質学者たちは、大陸が移動できるという証拠はないとして、この説に反対していた。しかし1950年代から60年代に集められた証拠から、地殻の下のマグマのゆっくりとした動きが大陸を動かしていることが明らかになった。

移動するプレート上の生物
同じ種の化石が異なる大陸から発見されるということは、それらの土地がかつてはつながっていたことを証明している。爬虫類の**メソサウルス**は、アフリカと南アメリカの両方のある地域で見つかった。この両大陸を合わせると、見つかった地域は連続する。

変動する気候

極端な天候不順によって作物の正常な収穫サイクルが乱されたときには、記録が残されることが多いので、数百年から数千年前の範囲に起きた大きな気温の変動は、歴史的文献によって確認することができる。また、氷床や氷河から掘削したコアの化学組成を調べることによって、40万年以上も前の気候変動を、1年、10年、100年といった周期で詳細に知ることもできる。コアの記録からは、北極の氷冠の拡大・縮小をともなう氷期と間氷期のサイクルがうかがわれる。さらに、湖や海洋底の堆積物、化石化したサンゴや化石化した樹木の年輪などを研究することにより、数百万年にわたる気候変動の記録を取ることが可能だ。

最後の氷河時代
最も極端な気候変動の例は、第四紀に訪れた最終氷期だ。北極の氷冠がシベリア、ヨーロッパ、カナダまで拡大し、それより小規模の氷冠もロッキー山脈、アルプス山脈、ヒマラヤ山脈から広がっていった。

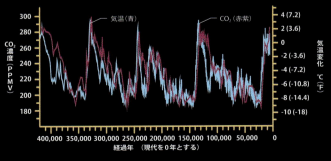

二酸化炭素と気温
南極の氷床コアをもとに作成された二酸化炭素のグラフ（⇒上）は、過去40万年のあいだに大きな気候変動が4回訪れたことを示している。グラフの山は間氷期の最高気温を、谷は氷期をあらわす。最終氷期は1万2000年前に終わった。

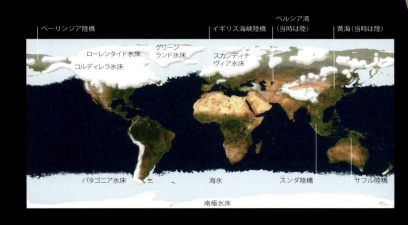

過去へ | 011

続々と誕生する生命

新生代は、恐竜の大量絶滅（白亜紀と第三紀の境界で起きたためK-T絶滅ともよばれる）とともに幕を開けた。その原因は、現在のメキシコ南部に巨大隕石が衝突したためではないかと考えられている。陸海を問わず、かつてない規模で動植物が影響を受け、おびただしい数の種が絶滅したり、生息数を激減させたりした。新生代はいわば貧しい環境から出発したことになるが、動植物にとっては、恐竜がいなくなった後のすきまに入り込んで進化できる機会が増えたことになる。最初の2000万年のあいだは、この新たな環境の恩恵を受ける主役が哺乳類となるかどうか、定かではなかった。当時、世界各地で肉食動物のトップに君臨していたのは巨鳥類やワニ類だった。飛べない巨大な鳥たちは、ヨーロッパや北アメリカではウマの祖先を捕食し、南アメリカではイヌ程度の大きさの哺乳類を捕食していた。現代のネコ類やイヌ類の祖先種が出てきたのはもっと後になるが、最終的には彼らが優位を占めた。

草原の拡大

恐竜が生息していた時代に気候が温暖だったことはよく知られているが、約1億年前を境に気温は下降を続け、新生代はだいたいが寒冷な時代だった。極地の気温が下がると各大陸の中心部は乾燥し、砂漠の出現につながった地域もあったが、広範囲にわたる草原の拡大につながった地域もあった。それまで草はさほど重要な植生の要素ではなかったが、2000万～2500万年前にプレーリー（広大な草原）があらゆる大陸に出現するようになると、今日と同じようにとても重要な地位を占めるようになった。

チチュルブ・クレーター
地球物理学の手法で作成した3D画像。現在はメキシコ南部の陸と海にまたがって地中に埋まっている。クレーターの直径は150 km以上あり、直径10 kmの小惑星が衝突した際の衝撃をうかがわせる。

セコイアの近縁種
メタセコイア・オクシデンタリスは、現在よりも気候が温暖かつ湿潤だった新生代の北アメリカ大陸中西部に広く繁殖していた。現在の乾燥した気候条件からすると、この種はアメリカ合衆国においては絶滅したことになる。

茎の両側に向かいあってつく対生葉

012 ｜ 過去を知る

極地に氷冠が出現したのは、新生代でも後半の1500万年前ごろで、氷冠は一定の大きさを超えると自己増殖をはじめる。氷量が少ない最初のうちは、冬にできた氷が夏には解けてしまうが、氷におおわれた面が広くなると、日光を反射することによって氷の温度が周辺の大気よりも低く保たれるようになり（アルベド効果）、氷が解けなくなる。

背ビレのような
隆起がある

最後の恐竜
コリトサウルスのような草食恐竜は、白亜紀の最後まで残っていたが、突然、姿を消した。

氷期

260万年前から現在まで続いている第四紀は、「大氷河時代」と呼ばれることもある。程度の差はあれ、この間には何度もの氷期が訪れた。氷期には北半球の大陸が厚い氷におおわれ、その影響は地球全体におよんだ。また氷床が拡大すると、ほとんどの動植物は南下していった。一方、間氷期には、地中海やカリブ海の温暖な気候が、今日のロンドンやニューヨークあたりまで広がっていった。

北方の哺乳類

ケナガサイ、マンモス、ホラアナグマ、ドウクツライオン、トナカイ、ホッキョクギツネなどの氷河時代の動物は、ヨーロッパの初期人類、とくに寒冷な気候に適応したネアンデルタール人とともに生息していた。これらの哺乳類は、冬のあいだは地衣類のような乏しい食糧でしのぎ、短い夏のあいだに繁殖する豊富な種類の植物を、大量に食べた。氷床が後退しはじめると、トナカイやホッキョクギツネは氷とともに北上したが、大型哺乳類は生息地の減少とともに滅びていった。

氷河
アルゼンチンのペリト・モレノ氷河。巨大な氷床に閉じ込められている水量の多さと、地形をも変形させてしまうほどの強大な氷河の力を感じる。

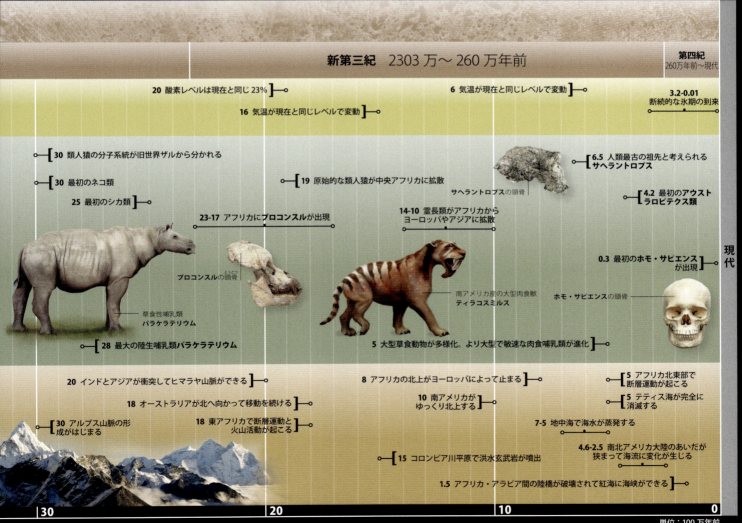

過去へ 013

古代の岩石
アメリカ合衆国ユタ州にあるブライス・キャニオン。白亜紀から第三紀にかけての1億年にわたる地層が、地質年代区分を決定するうえで重要な証拠を提供してくれる。

地質記録

かつて岩石や鉱物は、地中に不規則に混在するものと考えられていて、金なのか石炭なのか、建材には使えるのか、という有用性だけで分類されていた。やがて一部の地質学者が、地層には一定のパターンがあり、そこから地球の歴史にとって重要な証拠が得られると気づいた。

岩石層

すべての岩石はマグマから生まれる。マグマが冷えて固まると火成岩になる。地殻構造プレートが動いて地表を押し上げると山脈が誕生し、その瞬間から風化と浸食がはじまる。浸食によって崩れた火成岩の粒子は、流されて下流に運ばれ、川や湖、海などに堆積する。このようにして蓄積された堆積物からできた岩石が堆積岩だ。火成岩や堆積岩に極度の熱や力が加わって、焼かれたり変形したりすると、変成岩になる。地球の歴史は、岩石層、つまり地層から読み解くことができる。溶岩や火山灰の層が堆積物に混じることもあり、変成岩も役には立つが、地球の歴史について大半の情報を提供してくれるのは堆積岩だ。堆積岩層の構造を見れば、地球に起きた過去の出来事の順番がわかる。

細かい粒子の基質は急速に冷却されたことを示す

火成岩
マグマがゆっくりと冷えて固まった花崗岩、急速に冷却されてできた玄武岩などの結晶質岩には、大小の結晶が見られる。

層理

堆積岩
石灰岩や砂岩のような岩石の層は、累積した堆積物からできている。数十キロメートルもの厚みをもつ層もある。

黒雲母

変成岩
変成岩からは、形成の原因となった大きな圧力や高温の証拠が得られることがある。この片岩に含まれる黒雲母は、中程度の形成温度を示している。

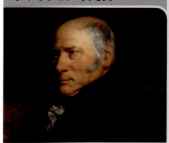

ウィリアム・スミス

イギリスの地質学者ウィリアム・スミス(1769〜1839)は、層序(地層の重なる順序)を解明し、地質図を作成するなどして、初めて系統立った地質記録をまとめあげた人物。運河の建設に携わりながら研究を行う実務派の地質学者だったスミスは、実地調査や測量を行う過程で、同じ化石群が、いろいろな場所から同じ順番で出てくることに気づいた。

過去を知る

化石記録

地球の歴史を理解する鍵は化石記録にある。化石とは古代の動植物の遺骸が石化したものだ。ウィリアム・スミス(⇨左ページ)は、生層位学の中核となる原理を発見した。生層位学とは、岩石層(地層)に含まれる化石に基づいて、岩石層の順序を決めたり、別の場所にある地層の年代を比較したり(対比)、一致させたりする学問だ。地質年代区分(⇨ p.10〜11)の概要は、1840年代までには完成した。その理論体系は、まずヨーロッパで作成され、のちに他の大陸でも応用された。化石は世界のどの地域でも、同じ年代の幅のなかで作られる。なかには示準化石(右)と呼ばれて、年代の間隔を明確に区別するための基準点として使用されるものもある。化石に基づいた地質年代区分は世界中で使用されていて、区分はますます細分化されている。

地質の変遷と化石

数百万年を経て積み重ねられた岩石は、ウィリアム・スミスがイギリス南部で発見したような、「レイヤー・ケーキ」状の地層を造りだすことがある。各層の堆積岩からは、その地質年代に形成された特有の化石が見つかる。三畳紀以降の各時代の代表的な化石は以下の通り。

化石群
どの化石種にも、誕生から絶滅に至る年代の範囲が明確にある。古生物学の分野では、それぞれの範囲と、たがいの重なり合いを注意深く記録することによって、世界各地でその土地ごとの地質時代年表を作成している。

示準化石
生存期間が短く、特徴が明確で、広範囲に分布する化石が示準化石となる。年代の範囲を細かく特定したり、異なる場所にある地層が同じ年代のものであることを証明したりするために用いられる。

2億5000万年前 三畳紀
三畳紀のイギリスは湖と川の時代だった。赤色泥岩と砂岩が蓄積し、当時生息していた淡水魚ディケロフィゲの化石を含んでいることがある。

1億9900万年前 ジュラ紀
温暖で浅い海洋が陸をおおっていた。イクチオサウルスなどの海生爬虫類がよく見つかる。

1億4500万年前 白亜紀
陸と海に堆積層を残し、白亜層(チョーク層)からはミクラステルなどのウニ類の殻がよく見つかる。

6500万年前 第三紀
海水面が下がり、気候が寒冷化した。この年代の湖の堆積物からは、淡水魚のアカエイ、ヘリオバティスの化石が見つかる。

260万年前 第四紀
氷床の縮小と拡大につれて海洋も前進と後退を繰り返した。人類化石は、気候の周期のどの段階からも、海や湖の沿岸部を中心に発見されている。

2億9900万年前	ペルム紀
3億5900万年前	石炭紀
4億1600万年前	デヴォン紀
4億4300万年前	シルル紀
4億8800万年前	オルドヴィス紀
5億4400万年前	カンブリア紀

化石とは何か

化石とは、かつて生きていた生物、つまり植物、動物、微生物の遺骸だ。地層年代を決定する手がかりとなるだけでなく(⇨ p.14〜15)、生命の歴史を解き明かすうえで重要な鍵を握っている。人類化石は、古代人類の解剖学的構造、食生活、移動、行動などに関する驚くべき詳細を明らかにしてくれる。

化石コレクション

化石蒐集の歴史は長く、過去に研究・分類されてきた化石は数百万個にのぼる。博物館や個人のコレクションには数えきれないほどの化石が収蔵されているが、じっさいに化石記録として残るための具体的要件(⇨ p.18)を満たした動植物種はむしろ少数派だ。したがって、当然のことながら、化石証拠だけをもとに生命の歴史全般を語ることはできない。しかし、独自の形態(構造)をもつ保存状態の良好な標本が1点でもあれば、新しい種を特定するには十分だし、複数の標本が発見されれば、その種についてさらに詳しいことが解明される。

硬い部分

化石として残るのは硬い部分のみで、古代生物が完全な形で残ることはまずない。アンモナイトやベレムナイトのような無脊椎動物の場合は殻が、ヒトや恐竜のような脊椎動物の場合は骨が残る。筋肉や内臓、皮膚などは急速に腐敗して消失する。骨や殻はほぼ原型をとどめたまま保存され、鉱物がそのすきまを埋める。

ピルトダウン人 偽造化石

ピルトダウン人の化石は、イギリスのピルトダウンで1912年に発見された。部分的な脳頭蓋と下顎骨が、ロンドン自然史博物館へ送られてきた。同館のアーサー・スミス・ウッドワードは、その化石が、原始的な顎と現生人類に近い頭をもった人類の祖先のものであると考え、エオアントロプス属(「暁の人」)と命名した。その後の科学者たちの研究によって、この化石が偽造であったことが判明したのは、1953年になってからのことだった。フッ素含量を使った年代推定法によれば、脳頭蓋はやや古い現生人類のものだったが、下顎骨は現代のオランウータンのものだった。

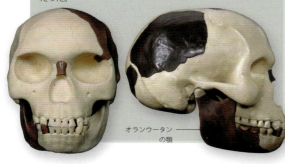

オランウータンの顎

ほぼ完全な全身骨格

イスラエルのケバラ洞窟で発見された、6万年ほど前のネアンデルタール人男性の部分骨格。ほぼすべての骨が当時の配置のままで、手首のいちばん小さい骨まで残っている。

体化石と生痕化石

化石には2種類ある。体化石は古代の動植物の全体もしくは部分的な化石であり、生痕化石は足跡や巣穴など、生物の行動のなごりの化石だ。ほとんどの体化石は、本来の内部構造を維持したまま、硬い部分が保存されていることが多い。化石が保存される通常の過程(⇨ p.18〜19)は、埋没、腐朽、置換、化石化だ。化石は見た目が美しく、その成り立ちが謎に包まれていたため、数千年にわたって蒐集の対象となってきた。昔の哲学者のあいだでは、高い山で見つかった貝の化石などについては真贋論争が起こり、中世になると、化石は宗教論争の対象にもなった。化石は古代生物の遺骸であり、進化の歴史を研究する機会を与えてくれるものだという正しい理解が生まれたのは、ほんの200年前のことである。

石化した森林
アメリカ合衆国のアリゾナ州ペトリファイド・フォレスト国立公園に見られる古代の樹の幹の断片。幹の内部は細部に至るまで保存されている。樹木の組織が、ゆっくりと鉱物に置き換えられながら腐朽したため、現在でも本来の構造を細部にわたって確認できる。

琥珀に閉じ込められたクモ

不変の保存
もともとの姿で保存されている化石はめったにないが、琥珀(化石化した植物の樹液)に昆虫が閉じ込められたり、泥炭地のなかに人体が保存されたりすることもある。

再結晶化
海生動物の多くは炭酸カルシウム(チョーク)でできている。酸性水、加圧、加熱によって、炭酸カルシウムの結晶形が変化することがある。

炭化した葉の痕跡

サンゴの外形は保たれているが、内部の微細構造は変わっている

炭化
植物はおもに炭素でできているため、植物化石はほぼ純粋な炭となって残ることが多い。石炭は完全に炭化した植物の遺骸だ。

印象化石、雌型と雄型
良好な状態で化石化した泥には、この葉のような構造の印象が、数多く残っていることがある。この化石では、乾燥した葉の色までが岩石に残っている。

置換化石
このみごとなアンモナイト化石は、丸ごと黄鉄鉱に置換されている。まず酸によって殻が溶けて、岩石中に自然の雌型ができ、硫化鉄がその空洞を埋めたと考えられる。

深く刻まれた肋

人類の足型
ケニアで発見されためずらしい生痕化石。150万年前のホモ・エレクトスの足跡とされている。この初期人類が、現生人類と同じように直立歩行をしていたことを証明している。

化石とは何か | 017

化石ができるまで

化石にはさまざまな種類があるが(⇨ p.17)、保存に至る一般的な流れは「死→埋没→腐朽→組織の鉱物置換→石化」である。鍵を握っているのは死後1カ月間で、このあいだに軟組織が失われ、適切な条件下であれば化石化がはじまる。

タフォノミー(化石の生成・保存に関する研究)は、数百年にわたって行われてきたが、最近の実験的研究や精緻な化学分析によって、大きな進展が見られている。多くの技術が犯罪の科学捜査、古生物学、古人類学の分野で実際に共有されている。現代の分析手法を使えば、さまざまな化学物質を、ごく微量であっても正確に検出することができる。科学捜査の現場では犯人を特定するうえでおおいに役立つし、古人類学の現場では、ある古代人が最後にとった食事内容、1年のうちのどの時期に死亡したかなどを特定するうえで、非常に有用な技術だ。

死

現代のシーラカンスはインド洋の深海にすんでいるが、かつては今よりも浅い海にいた。魚が死ぬと、死因がほかの生物による捕食であれ病気であれ、肉がただちに分解をはじめる。第1段階では、腸内に残っている最後の食事が化学反応を起こし、ガスが溜まることが多い。ガスが充満すると、遺骸は腹を上に向けて水面に浮かぶことがある。1日たつと、遺骸はガスの圧力で破裂するか、清掃動物によって食い荒らされる。その後、遺骸は沈んで、さらに海底で待っている魚類、カニ類、腹足類などの餌となる。清掃動物が骨まで食い尽くすこともあるが、通常は身と皮だけを食べ、骨は散逸する。

埋没

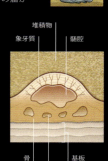

魚が完全無欠の化石となるためには、清掃動物の手の届かない、海底の無酸素泥のなかに短時間で埋まる必要がある。酸素がなければ、骨をばらばらにする捕食者も来ないし、微生物の活動も限定される可能性がある。ウロコや頭骨が泥におおわれると、骨のなかの髄腔やハバース管と呼ばれる細い管もそのまま残る。(図は堆積物におおわれたウロコの断面図)

堆積物
象牙質
髄腔
骨
基板
ハバース管

生きた化石
シーラカンスは、肺魚や陸生脊椎動物とも遠縁関係にある原始的な総鰭類の魚だ。インド洋の深海にすむ現生近縁種ラティメリア・カルムナエ(⇨写真上)が、2億5000万年も前の祖先型(⇨写真下)と非常によく似ているため、シーラカンスは「生きた化石」と呼ばれることもある。

腐朽

身体の部分は、それぞれ異なる順番で腐っていく。魚の組織には変化を起こしやすい（腐りやすい）部分と、起こしにくい（腐らない）部分がある。最も腐りやすいのは頭部の軟組織で、捕食されなかった場合でも、通常は数時間から数日のうちに腐りはじめる。現生のヤツメウナギで実験したところ、消滅までに要した日数は、口の組織が5日、心臓、脳、エラが11日、眼が64日、筋肉塊とヒレが90日、腸と肝臓が130日だった。魚類の場合、ウロコは腐朽を免れることがあるが、骨格に付着していないため、ごく穏やかな水の動きでも流されてしまう。

置換

骨格が化石となるこの過程は、化石化の全過程のなかで最も解明が遅れている。堆積物の重みで骨格が圧迫され、魚の骨格のあらゆるすきま（髄腔やハバース管など）に組織を通じて堆積物や鉱物がしみ込んでいく。通常、化石化した魚の骨は、生存中と同じようにリン灰石（リン酸カルシウム）でできていて、内部構造が維持されている。しかし上に載った堆積物が重すぎると、遺骸が圧迫されて、つぶれたり変形したりすることもある。

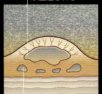

堆積物の重みでウロコの表面や髄腔が圧迫される

堆積物を通ってきた水が、溶解状態にある鉱物を取り込んで、ウロコの髄腔にしみ込んでいく

石化

化石化がここで止まることもあるが、この状態でも顕微鏡で見れば、みごとな細部を確認できる。しかし多くの場合、化石を取り囲む堆積物（泥や砂）が、粒状物の圧密作用や結合作用によって岩石（泥岩や砂岩）となり、その過程で化石はさらに圧迫され、その結果として、骨のなかで細部にわたる鉱物置換が起きる。

圧迫によりさらに平たくなる

堆積物が岩石に変化する

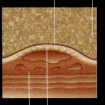

ウロコのなかの細かいすきまは、液体から結晶した鉱物に置き換えられている

ウロコ上部の象牙質では置換が起こりにくい

生きた魚から化石へ
この図はシーラカンスの化石化の過程を示したものだが、人類を含む哺乳類とその祖先の場合も変わらない。ひとつの動物が死んでから、埋没、腐朽、置換のプロセスを経て、石化して化石となるまでの流れを、視覚的に再現している。

古代霊長類イーダ
イーダという愛称のキツネザルに似た**ダーウィニウス**。ドイツにある5000万年前の湖底の地層から発見された。まれに見る良好な保存状態で、全身骨格のみならず、体組織や体毛までが油性の塊となって残っていた。

理想的な保存状態

現生人類は、地球上で最も適応力の高い生物のひとつで、あらゆる種類の環境で暮らしている。しかし、人類の個体が化石となるのに適した環境となると、限られてくる。

洞窟が化石にとって重要な理由はふたつある。ひとつは初期の人類が、暖かさと安全性を求めて洞窟をすみかとしたこと。したがって洞窟内で眠り、死ぬこともあった。もうひとつは、堆積物が蓄積しやすい場所であること。洞窟内に残った骨格は、時間をかけて土やフローストーン（新たに沈殿した石灰石）におおわれ、そのまま保存された。

洞窟のほかに化石化に適した優れた環境としてあげられるのが、土壌と火山灰が混じりあうアフリカ大地溝帯だ。この地域では初期人類たちが、湖で魚を捕まえたり、湖畔で植物の実や葉を採ったりしていた。広く一帯が堆積物におおわれ、火山灰によって骨が封じ込められた結果、化石の保存に理想的な条件が整った。初期人類のみごとな化石が何体か見つかっている。

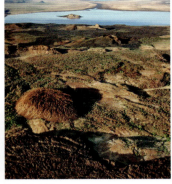

トゥルカナ湖
東アフリカにあるトゥルカナ湖周辺の岩石と土壌は、火山灰と溶岩でできている。1000万年にわたって火山活動が活発だったこの一帯には、最初期の人類化石が数多く保存されている。

鍾乳洞
インドネシアのフローレス島にあるリアン・ブア洞窟の入り口に、研究者や作業員が集まっている。この鍾乳洞で、**ホモ・フロレシエンシス**という小柄な人類（通称「ホビット」）の化石が発見された。

保存された人体

条件によっては、人体が化石化ではなく、自然によるミイラ化の過程をたどることもある。有名なのは、ヨーロッパ北部の湿地帯で発見された「沼地のミイラ」や、エッツィという凍結ミイラだ。デンマーク、ドイツ、オランダ、イギリス、アイルランドの泥炭地では、紀元前8000年から紀元1000年までの年代のものとされる遺骸が、これまでに約700体も発見されている。沼地のミイラは、数千年前の人々の食生活や衣服、生活様式などを教えてくれる点で非常に重要だ。

泥炭地は酸性で酸素が少ないため、非常に良好な保存が可能となる。強い酸性の泥炭は防腐剤の役割を果たし、皮膚を革に変え、衣服までも保存することがある。遺体が沼に投げ込まれると、普通ならば腐敗や昆虫の活動によって、数週間から数カ月間で失われる肉が、冷たい水によって守られる。また、沼の水に含まれるミズゴケやタンニンには抗菌作用があるため、防腐作用はさらに向上する。

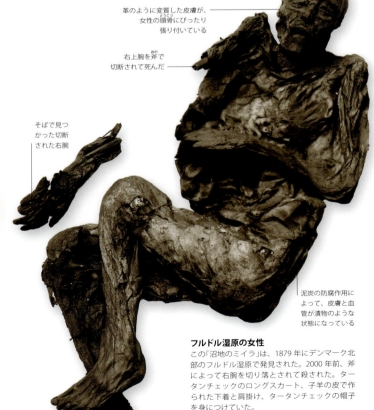

革のように変質した皮膚が、女性の頭骨にぴったり張り付いている

右上腕を斧で切断されて死んだ

そばで見つかった切断された右腕

泥炭の防腐作用によって、皮膚と血管が漬物のような状態になっている

フルドル湿原の女性
この「沼地のミイラ」は、1879年にデンマーク北部のフルドル湿原で発見された。2000年前、斧によって右腕を切り落とされて殺された。タータンチェックのロングスカート、子羊の皮で作られた下着と肩掛け、タータンチェックの帽子を身につけていた。

アイスマン
天然のミイラとして最も有名なのが、1991年にスイスとイタリアの国境近くで発見されたエッツィという愛称の凍結ミイラだろう。厚い毛皮の服を着て、銅刃の斧、フリント（硬い石）でできた短刀、14本の矢を納めた矢筒をたずさえて、5300年前の時代を生きていた。

化石とは何か | 021

活気あふれる発掘現場
約80万年前の人類化石の発掘で有名なスペインのグラン・ドリーナ遺跡。このように注目度の高い発掘現場では、調査隊の規模もかなり大きくなることがある。

祖先を探す

考古学の発掘現場での気の遠くなるような作業については、テレビ番組などでもおなじみかもしれない。考古学者が注意深く立てた計画に基づいて、ボランティアや学生たちが少しずつ堆積層を掘り進めていく。発見されたものはすべて、きれいに汚れが取り除かれ、写真に収められてから記録が取られ、保管される。

祖先を掘り起こす

発掘現場からは、どんなささいな情報ももらさずに引き出すことが求められるため、作業チームにはさまざまな分野の専門家が参加することもある。土壌や岩石の記録をとる堆積学者、土壌サンプルを集めて分析し、当時の環境を特定する手がかりとなるかもしれない花粉や胞子を探す花粉学者、発見された骨を特定する古生物学者、遠隔探査によって地下のようすを調べたり、発掘物の立体地図を作製したりする地球物理学者、また、骨や人工遺物を絶対年代測定法（⇨p.10）によって測定する放射性年代測定の専門家などだ。

考古学のなかにもさまざまな専門分野がある。遺跡での発掘を専門とするのはフィールド考古学者だが、発掘物の研究にはいろいろな専門分野が必要になる。人工遺物の研究をする文化考古学者、骨格の解剖学を専門とする形質人類学者（骨考古学者）、さらには骨や人工遺物の化学分析を担当することになる考古科学者などだ。

古代人の手
南アフリカのステルクフォンテイン洞窟で、**アウストラロピテクス**の左前腕と手が発見されたときの状態。完全な全身骨格のうちの一部が露出したところ。約250万年前の化石と考えられている。

基本的な手法

考古学者にとって現代の科学技術は非常に大切だが、発掘を成功に導く基本はこの200年間ほとんど変わっていない。つまり忍耐と慎重な手作業だ。調査場所の選定にしても、たまたま骨や石器が地表に露出していた場所が選ばれることが少なくない。そこから洞窟や、何らかの生活の痕跡にたどり着くこともあり、そうなればそこで発掘計画が立てられる。

付着物の除去とブラシ
遺跡の層を慎重に掘り進める際に使用される標準的な道具は移植ごてだが、堆積層が乾燥していて砂状のときにはブラシを使うこともある。

改善された点

19世紀以降、改善された点は3つある。第1は、掘削機を使って目当ての地層をおおっている表土を短時間で取り除くことができるようになったこと。ただし、埋まっている人工遺物を壊さないよう注意が必要だ。第2は、地図製作のための機器の性能がはるかに向上したこと。地球物理学的調査の手法やレーザー測定器などを使って、遺跡を3次元で正確に記録できる。第3は、研究室で使える古生物学や化学の技術の種類が格段に増えたこと。古代の環境の解明や発掘資料の年代測定が可能になった。

型をとる
発掘された原物の化石は壊れやすいことがあるため、研究中に損傷することがないよう、骨や頭骨の型をとることもある。こうしておけば、ほかの人と共有することも安全で簡単になる。

発掘現場で使われる道具
古人類学の現場で使われている道具は100年間変わっていない。正確かつ緻密な作業をするうえで、ハンマー、解剖用メス、ブラシにとって代わられる機械はない。

遺跡を読み解く

発掘現場の重要性の大半が明らかになるのは、発掘物が研究室に着いてからだ。頭骨や全身骨格を研究する前に、まずは注意深くていねいに汚れを取り除いて復元しなければならない。化学的な解析によって、古代人が使っていた道具に付着していた残留物を検出して食品を特定することや、骨に含まれる同位体を調べることなどから、食生活や出生地を特定できることもある。さらには骨の化学分析から、遺跡の年代を推定できることもある。発掘現場そのものや、その遺跡が置かれた状況によっても解釈は変わってくる。長い歴史のあいだに何度か居住場所とされた土地もあるが、その場合は、それぞれの居住層を特定したうえで解釈を進める必要がある。動物の骨、植物の遺存体、道具やそのほかの人工遺物、土壌や岩石試料などは、すべて遺跡の全体像を構築するために使われ、個々の居住年代における環境、食生活、行動の変化を明らかにする手がかりとなる。

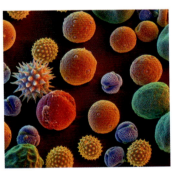

花粉
顕微鏡で見た古代の花粉の微細粒子。この粒子からその植物の種を特定することができ、古代の気温や降水量といった環境状態を知る手がかりになる。

発掘現場　記録を整えて地図を作る
年代を測定したり、その土地で起きていたことがらを解明したりするには、発掘物の位置を正確に記録することが不可欠だ。考古学の発掘調査では、地面を碁盤の目のように縦横1mごとに紐で区切る。そして何か見つかったときには、地面から掘り出す前に、そのつど専門の担当者が、発見した物の位置をただちに特定し、そのままの状態でスケッチする。表面をきれいに掃除して、すべての遺物が現れた状態になったら、写真に収めて恒久的な記録とする。さらに、地表と一つひとつの発掘物の位置の複雑な3次元測量を行うために、レーザー測量装置や光検知測距装置を使うこともある。

岩石層
この堆積層は、環境の変化を詳細に物語っている。いちばん上をおおっているのが火山灰の層で、その下に、小石状の石灰岩、泥岩、砂岩の各層があり、いずれも浅い海洋環境にあったことを示している。

祖先を探す | 023

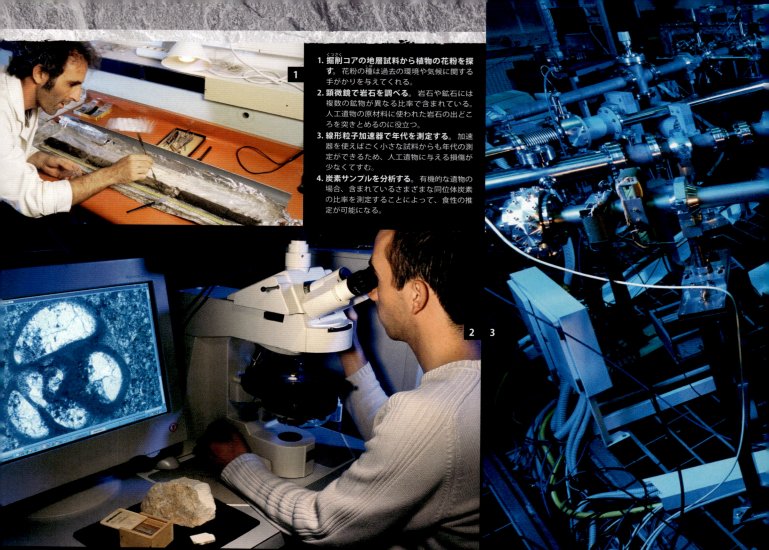

1. 掘削コアの地層試料から植物の花粉を探す。花粉の種は過去の環境や気候に関する手がかりを与えてくれる。
2. 顕微鏡で岩石を調べる。岩石や鉱石には複数の鉱物が異なる比率で含まれている。人工遺物の原材料に使われた岩石の出どころを突きとめるのに役立つ。
3. 線形粒子加速器で年代を測定する。加速器を使えばごく小さな試料からも年代の測定ができるため、人工遺物に与える損傷が少なくてすむ。
4. 炭素サンプルを分析する。有機的な遺物の場合、含まれているさまざまな同位体炭素の比率を測定することによって、食性の推定が可能になる。

考古科学

遺跡の眠っている場所を突きとめて発掘するため、さらには遺跡の年代を測定したり、発見された人工遺物を分析したりするために、考古学ではさまざまな科学技術を活用する。複数の技術を組み合わせることによって、そこに住んでいた人々の環境を知ることや、持ち物の出どころを突きとめることができるし、食生活をはじめとする日常生活に迫ることもできる。

考古学者は、ごく小さな窓から過去の世界をのぞかなくてはならないため、発見された証拠はあまさず最大限に利用する必要がある。遠隔探査をはじめとする画像技術の進歩により、世界中の辺境の地や立ち入りが困難な土地でも、遺跡がありそうな場所を特定することができるようになった。位置が判明すると、実際の発掘をどのように進めるかを決める前に、地球物理学的な調査を行って、何らかの構造があるかどうかを調査する。遺跡の年代を明らかにするためには、複数の年代測定法を組み合わせるのが一般的である。年代範囲のわずかな違いや試料の種類によって、適した測定法が異なる。さらに大きな課題は、当時の人々が暮らした環境や気候を確認することだ。生物は種によって好む環境が異なるため、その遺跡にどのような種の哺乳類、腹足類、甲虫類、植物、花粉が存在したかを突きとめれば、過去の気候と環境について多くを知ることができる。化学的な骨の分析によって、人々が食べていたものや、ときには出身地までわかることがある。さらにDNA解析を行えば、遺跡の近辺に埋められていた人たちがどのような関係にあったのか、また、どのような病気にかかっていた可能性があるのかなどを、明らかにすることもできる。化石以外のものも分析できる。たとえば石や金属の厳密な組成を調べれば、原料の産地がわかるので、過去にその原材料や物がどのように取引・交換されたのかを知ることができる。

5. **遺伝物質を解析する**。現生人類と初期人類の遺物からDNAを抽出して研究することによって、さまざまな人類の種が、進化の過程のなかでどのような関係にあったかを解明する手がかりが得られる。

6. 7. 8. **遠隔探査による測量**。広大で足を踏み入れることができないような土地でも、遠隔探査によって調査できる。電磁波の反射や放射を利用して、航空写真(6)や衛星画像(7)では認識できない、さまざまな地被植物、植生、遺構などを区別してとらえることができる(8)。

9. **年輪**。樹木の幹の年輪のなかに形成される模様を研究することによって、過去の気候を把握したり、場合によっては木製の遺物の年代を特定することができる。

骨片をつなぎ合わせる

頭骨や骨格は不完全な形で発掘されることが多いため、古人類学者による復元作業は多大なる想像力に頼って進められていると思われがちだ。確かに骨片をつなぎ合わせてひとつの頭骨を組み立てる作業は、究極のジグソーパズルではある。しかしそこに当て推量が入り込む余地はほとんどない。

断片的な発掘物

古代の頭骨や骨格の骨片の再構築には、3つのステップがある。まず、発掘者が発見時の詳細な位置関係を記録する。骨片どうしをしっかり関連づけておくことは、のちにそれらがどのようにつながるかを考えるうえでのヒントになる。これは、化石が最近の風化作用によって破壊されている場合には、とくに重要なポイントだ。次に、骨片を慎重に掘り出し、何ひとつ見落とすことのないよう、周囲の土をふるいにかける。最後に研究室で、解剖学者が可能な手がかりを総動員して復元作業に取り組む。複雑きわまりない作業を支えているのは、人体解剖学の知識や最新の分析ツール、そしてとほうもない忍耐力だ。

スケッチとメモ
発掘物をスケッチしたり解釈したりするには、すぐれた視覚的センスが求められる。1本1本の骨の稜線や縫合線(骨の結合部)を記録し、あらゆる部分を現生人類の骨と比較しながら、正確な記録と復元を行う。

ジグソーパズルを組み立てる
実物の骨片を用いる復元は、長時間におよぶ根気のいるプロセスだ。ここではスタンドやクランプを使って骨片を支えながら、80万年前の人類の頭骨を組み立てている。

ルーシーの復元
「ルーシー」の愛称で知られる**アウストラロピテクス・アファレンシス**の復元模型。1974年にエチオピアで見つかった部分的な骨格から復元された。実際に保存されていた部分は頭骨と骨格の一部だけだったが、左右の対称性を利用して足りない部分を補った。

すきまを埋める

壊れていない、完璧な全身骨格が発掘されることはまれだ。通常の腐朽の過程や、昆虫や動物によって遺骸が荒らされることを考えれば、骨が地中に埋まるまでのあいだに損傷したり散逸したりする可能性はある。実際、遺骸の多くが死亡時もしくは死亡直後の時点で損傷を受けていることは多い。さらに、遺跡が露出した後にさらされる風化作用によっても、頭骨や骨格は破壊され、散逸する。現代人の骨格に関する緻密な研究のおかげで、古人類学の分野では、かなり細かい破片となった骨片さえ特定できるようになったし、ばらばらに見つかった試料を改めて関連づける試みも行われるようになった。また最近では、コンピューターでバーチャルに骨片を立体再構築できるようにもなり、復元の分野に大変革がもたらされた。単独で発見された壊れやすい骨片標本であっても、スキャンさえしておけば、コンピューターの画面上では驚くほど精密に取り扱うことができるし、その過程で標本を損傷するリスクもない。すきまを埋めることもできるし、化石化の過程で起きた変形を明らかにして、元の形に戻すこともできる。

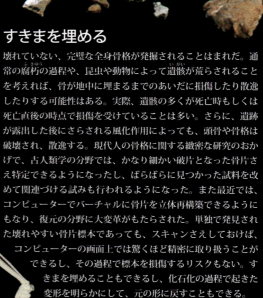

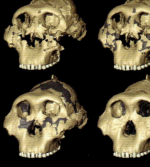

頭骨の復元
医療用のスキャン技術とコンピューターソフトを使って、バーチャルに復元された**パラントロプス・ボイセイ**の頭骨。欠けた部分については、左右の対称性を利用して補ったり、細いひびを埋めたり、ほかの化石と細部を比較するなどして復元した。

026 | 過去を知る

頭骨の骨片
スペインのシマ・デ・ロス・ウエソス洞窟から見つかった小さな骨のかけら。どの部分の骨か区別できないように見えるが、何時間にもおよぶ粘り強い作業の結果、完全に近い頭骨に復元された。

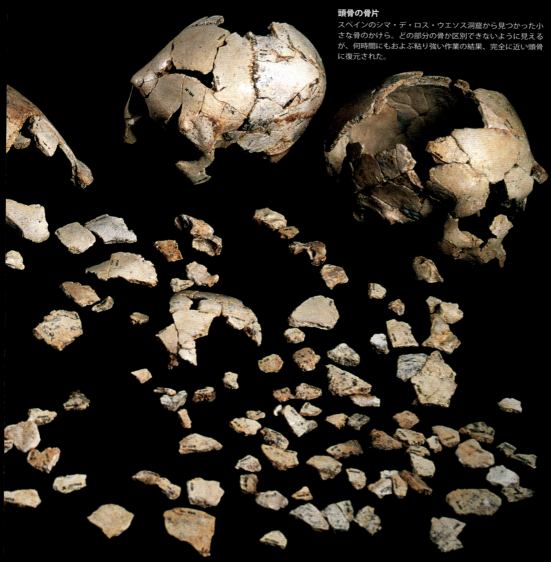

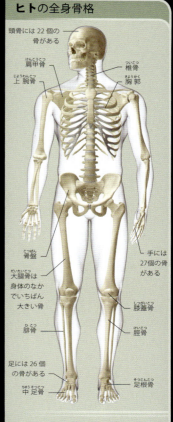

ヒトの全身骨格

頭骨には22個の骨がある
肩甲骨　椎骨
上腕骨　胸郭
骨盤
大腿骨は身体のなかでいちばん大きい骨
膝蓋骨
腓骨　脛骨
足には26個の骨がある
中足骨　足根骨

医学のおかげでヒトの骨格についてはかなり詳しいことがわかっているし、人類学の分野には、ひとつの集団内における形質の変異や、異なる集団間に見られる形質の相違について、詳細なデータが蓄積されている。これは個々の化石人骨を研究するうえでも、古代の集団どうしを比較するうえでも、きわめて重要な参考資料となる。

違いを理解する

食生活、気候、経歴、年齢などの要因によって、現生人類のなかでも骨格には大きな違いがある。貧しい食生活は、脚の骨が湾曲し、低身長症をもたらすクル病のような病気につながる場合がある。寒冷な気候に住む人々は、温暖な気候の人々よりも背が低く、がっしりした体型になる傾向がある。身長や体型などの特徴は、父母や祖父母から受け継ぐこともある。男性と女性のあいだでも骨格に差がある。女性の骨盤は出産という要件を満たすため、男性のものよりも縦方向に短くて横幅が広い。筋肉質の腕や脚をもつ男性の手足や指の骨は、太くて長い傾向がある。また、遺跡で見つかる男性の骨には、女性の骨よりも傷が多い。これは厳しい狩猟生活の証拠だと考えられる。

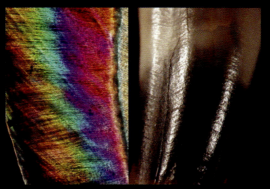

歯が物語ること
ネアンデルタール人の子どもの歯の成長線をはっきりととらえた合成画像。左側の斜め線が歯の内部の成長線で、右側の水平方向の曲線が歯の外表面の成長線。本数と長さを確認することによって、死亡時の年齢はおよそ8歳だったことがわかった。

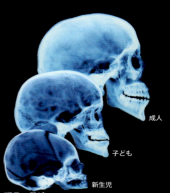

頭骨の発達
新生児、子ども、成人の頭骨のX線写真。形と構造が変化する。新生児の頭骨に見られるすきまは、成人になると消えて、縫合線となって残っている。子どもの乳歯は、成人では永久歯に生え変わっている。

骨片をつなぎ合わせる | **027**

骨に生命を吹き込む

人類学の研究者たちは150年以上ものあいだ、人類の祖先の容貌を再現しようと試みてきた。しかし昔のイメージは漫画じみているだけでなく、根強い先入観を反映している。研究者たちが、特定の人類をどれほど「原始的」だと考えていたかをうかがわせる。

骨について知る

現在、古人類学の分野には、復元を助ける数々の科学的な方法が取り入れられている。人体解剖学の分野に蓄積された豊かな知見も非常に有用だ。古代人の復元に用いられている技術は、身元不明の犯罪被害者の頭骨からその容貌を復元する、科学捜査の技術と同じだ。捜査の結果から特定された顔の持ち主と復元模型とが、恐ろしいほど似ていることがある。

頭骨の復元は時間と費用のかかるプロセスだが、人類の進化に対する科学的な関心の高さは、時間・手間・費用の大きさをしのいで余りある。壊れた頭骨をつなぎ合わせ（⇨ p.26〜27）、3Dスキャンにかけて立体画像を作る。この画像は、コンピューターで実験的な研究を行ったり、合成樹脂で立体の復元模型を作ったりするときに役に立つ。

スキャン装置のなかへ
現生人類の頭骨とネアンデルタール人の頭骨の骨片が、CTスキャン装置に入っていく。一つひとつの物体について、多数の「輪切り」画像を撮り、これが立体復元模型のもととなる。

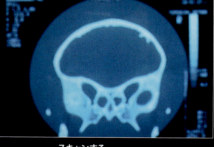

スキャンする
ネアンデルタール人の子どもの頭骨のCTスキャン画像。この化石は、1926年にジブラルタルのデヴィルズ・タワーで発見された。脳頭蓋、鼻、口蓋へと上から下へ切り取った断面を示している（写真上方が頭頂部）。

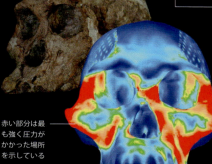

圧力によるひずみ
後ろにある標本をもとに、**アウストラロピテクス・アフリカヌス**の頭骨を、工学技術のひとつである有限要素法で解析した画像。ここでは、硬いものを咀嚼することで骨に生じたひずみの度合いが色で示されている。この人類種の食生活に関する直接的な証拠が得られる。

赤い部分は最も強く圧力がかかった場所を示している

ヒトの耳の複製

粘土で顔の筋肉を作る

皮膚の厚さを示すくぎ

028　過去を知る

髪は1本1本
植毛される

骨に肉付けする

復元で最もむずかしいのは肉付けだ。一般的な方法はふたつあり、これらは科学捜査においても活用されている。ひとつは、解剖によって詳細に解明されているヒトの頭部の軟組織に関する知識を用いるものであり、もうひとつは、頭骨に残されている手がかりを利用して、外的特徴の形や向きを決めるものだ。現生人類とチンパンジー（⇨ p.54〜55）のおもな顔面筋は、すべて共通している。したがってホモ・ハビリスのような初期の人類にも同じ筋肉があったという推測は、理にかなっている。この筋肉を、塑像用粘土を使って付けていく。骨の表面のでこぼこした部分が、どの筋肉がどの程度太かったかを推察する手がかりとなることがある。

層を足していく
主要な筋肉が粘土でできた。耳や鼻には骨の部分がないため、形の復元がむずかしい。現生の類人猿やヒトとの比較、頭骨に開いた鼻部の形状などから、鼻や耳の向きやおよその大きさがわかる。

遺伝的な証拠

生物学の分野では、ヒトゲノム（現生人類の個体がもつ全遺伝情報）が解明されている。また、世界のさまざまな土地の人々の遺伝情報を比較することで、異なる集団のあいだには、進化の過程でどのような関係があったのかなど、人類の移動経路（⇨ p.176〜177）に関する研究が進んでいる。

このような研究は、分子時計という概念に基づいて進められている。この概念は、種が異なればゲノムも異なるが、その差異の大きさは、共通祖先から分岐した年代までの時間と比例する（⇨ p.58）というものである。たとえば、ヒトとチンパンジーのゲノムは非常に近いが、ヒトとサメのゲノムはかけ離れている。ゲノムの差異の大きさが、ある2つの種が分岐した時点からの時間の目盛りとなるのだ。ネアンデルタール人のように、DNAを抽出して現生人類のDNAと比較することができたまれな例もあるが、それ以前の初期人類のDNAになると、研究対象とならないほど崩壊が進んでしまっていることが多い。

ガラス製の義眼

ラテックス製の皮膚、色や質感は実物に近い

頭部の復元模型
完成した**ホモ・ハビリス**の復元模型。何千時間にもおよぶ根気のいる作業の結果だけあって、説得力のある出来栄えだ。ただし皮膚の最終的な色と質感は確かではない。

DNAの抽出
DNAサンプルを抽出するために、ネアンデルタール人の骨にドリルで穴をあけているところ。ネアンデルタール人ゲノムプロジェクトの一環として、遺伝物質が抽出され、塩基配列の解析が進行中だ。いずれ現生人類とネアンデルタール人の関係について新たな知見をもたらすだろう。

骨に生命を吹き込む | 029

復元

正確な人類学模型を作るのは、高い専門性を必要とする仕事だ。初期の人類の頭部を復元できる技術をもつ工房が世界に数カ所ある。すぐれた技術者が生みだす頭部の立体模型は、まるで生きているようで、驚くほど真に迫っていることがある。

古生物を専門とするオランダ人アーティストのアドリー・ケニスとアルフォンス・ケニスは、人類の頭部復元の全工程を手がける。復元模型の製作には知識、芸術的センス、想像力、熟練が求められる。質の高さを決定づけるのは、何年もかけて蓄積された背景知識の量だ。しかし古代人の容貌のなかには、瞳の色のように、どうしても確実な情報が得られない要素もある。ここで取りあげているのは、頭部復元の工程と完成したネアンデルタール人（⇒p.150〜159）の頭部である。とくに型取りから成型の工程と芸術的な仕上げの作業に、焦点を当てている。型取りの手法は、復元模型の製作に一般的なものであり、また貴重な頭骨や骨の研究用レプリカを作るときにも使われる。型取りに使うシリコンゴムは、原型に刻まれた1本1本の筋やひびまで、もらさず写し取ることができる。この復元工房では、さらに模型の頭部も、人間の肉のようにやわらかいシリコンゴム素材で造形しており、これは何よりも重要である。

1. **頭骨を厳密に調べる。** 頭骨模型を丹念に調べるケニス兄弟。ざらざらした部分や、鼻の開口部の正確な角度や形に注目している。
2. **皮膚の厚さを示すくぎを付ける。** 人間の顔の肉や皮膚の厚さはおよそ決まっている。たとえば額の肉は薄く、頬の肉は額よりも厚い。
3. **筋肉の構造を塑像する。** ヒトや類人猿の解剖学に基づいて、塑像用粘土で筋肉を足していく。
4. **塑性粘土の層を重ねていく。** 皮膚はシート状に薄くのばした粘土で作る。
5. **顔を成形し、質感を加える。** 皮膚に質感を与え、唇の形を作ると粘土の頭部が完成する。
6. **シリコンゴムを塗る。** 頭部全体にシリコンゴムを塗る。ゴムを使うと柔軟性のある型を作ることができる。

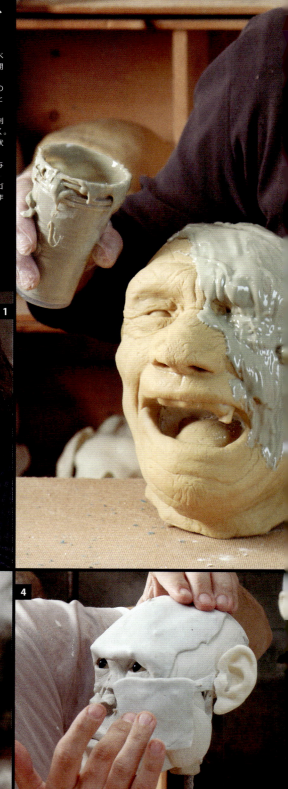

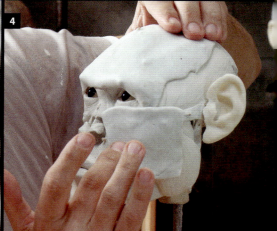

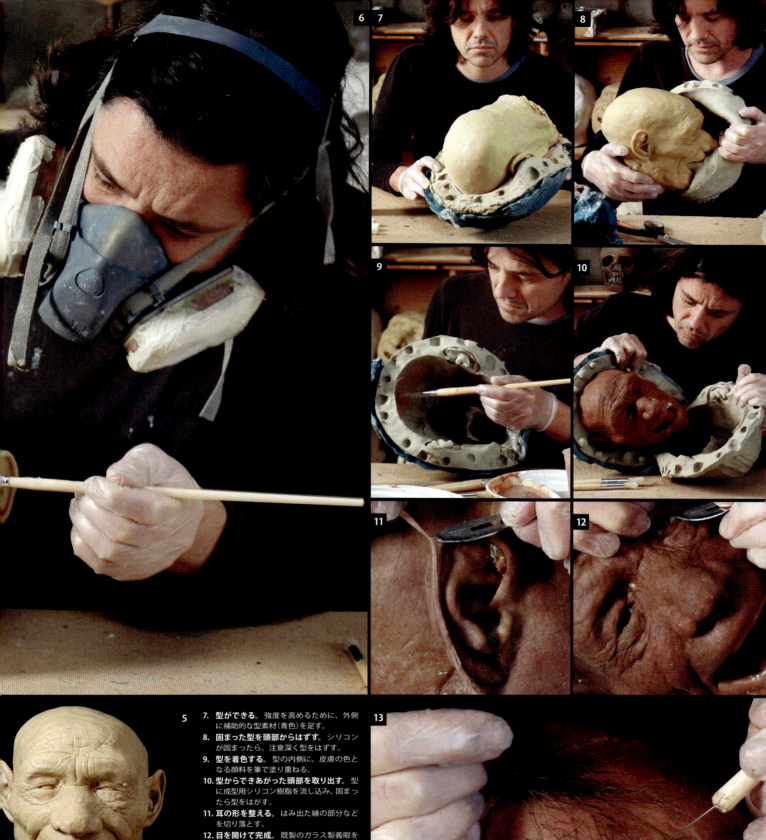

7. **型ができる。** 強度を高めるために、外側に補助的な型素材（青色）を足す。
8. **固まった型を頭部からはずす。** シリコンが固まったら、注意深く型をはずす。
9. **型を着色する。** 型の内側に、皮膚の色となる顔料を筆で塗り重ねる。
10. **型からできあがった頭部を取り出す。** 型に成型用シリコン樹脂を流し込み、固まったら型をはがす。
11. **耳の形を整える。** はみ出た縁の部分などを切り落とす。
12. **目を開けて完成。** 既製のガラス製義眼を入れる。
13. **頭皮に植毛する。** 本物らしさを出すため、髪の毛は1本1本植える。

行動を読み解く

人類の祖先の身体構造を詳細に研究すると、彼らがどのような外見をしていたかだけでなく、どのような行動をとっていたかも見えてくる。さらに、生活の道具や壁画などの人工遺物も、行動を読み解く鍵となることがある。

道具

初期人類の道具のつくりが少しずつ複雑になっていくことは、考古学ではかなり前から認識されていた。旧石器時代から中石器時代、新石器時代へと、ほとんど加工されていない小石から部分的に成形されたフリント（岩石の一種）を経て、打ち欠いたり磨いたりして作られた繊細なフリントまで、石器は時代とともに徐々に洗練されていく。かつては個々の石器の年代を測ることができなかったため、相対的に順番をつけて並べていた。旧石器時代の道具や武器のなかには、あまりに粗いつくりのものもあるため、まったく成形されていないのではないかと考えた研究者も多くいた。現在では、正確な年代測定技術と遺跡どうしの慎重な比較、さらには現代の打製石器の作り手の努力によって、道具の種類やモード（様式）ごとの詳細な特徴が明確になり、年代の順序も明らかになった。

細石器（細かい刃）を埋め込んである

モード 5
細部まで作り込んだ細石器を、槍や小刀などに取り付けている点が、大きな特徴。

モード 3
30万～3万年前の石器。鋭利な剝片を得るために、あらかじめ考えた手順に従って砕石を行った形跡がある。

モード 2
旧石器時代の大型ハンドアックス（握斧）。170万～10万年前まで続いたとされるアシュール文化の一時期のもの。

モード 1
タンザニアのオルドヴァイ峡谷から見つかった最もシンプルな礫器。260万～170万年前。

モード 4
4万5000～3万5000年前の石器。鋭利な刃を作るための安定した砕石法が確立していたことがうかがわれる。

 鋭い刃

モード 6
新石器時代になると、石を磨いたり研いだりして均一な形状にした石器が誕生する。

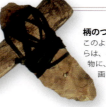
柄のついた斧
このように複雑な道具からは、この斧を作った人物に、複雑な作業の計画を立てて遂行する能力がそなわっていたことがうかがわれる。

脳

脳組織は化石化しないため、直接研究の対象とすることはできない。幸運なことに、哺乳類の脳はほぼ頭蓋腔いっぱいに詰まっているため、頭蓋腔の容量を計測すれば、およその脳の大きさを知ることができる。かつては頭蓋腔にカラシの種子を注ぎ込み、その種子の体積を測って測定した。現在では3Dスキャンによって、もっと正確な測定が可能だ。しかし大型動物も大きな脳をもっているので、知能を測るには、絶対的な脳の大きさではなく、相対的な大きさを測ったほうがよいだろう。下図に示したように、身体の総容積と比較した脳容積は、時とともに大きく変化した。知能を測るもうひとつの物差しは、計画を立て、問題を解決する能力の有無だ。複雑な道具を作るようになったことからも知能の発達がうかがわれる。

身体と脳の大きさの割合
全身に占める脳の大きさの比率（⇒下図）は、アウストラロピテクス・アファレンシスではわずか1.2パーセントだったが、ホモ・サピエンスでは2.75パーセントまで増えている。

 1.2%
370万～300万年前
アウストラロピテクス・アファレンシス

 1.36%
330万～210万年前
アウストラロピテクス・アフリカヌス

 1.17%
230万～140万年前
パラントロプス・ボイセイ

 1.56%
200万～120万年前
パラントロプス・ロブストス

 1.58%
240万～160万年前
ホモ・ハビリス

 1.46%
180万～3万年前
ホモ・エレクトス

1.69%
60万～45万年前
ホモ・ハイデルベルゲンシス

1.98%
43万～4万8000年前
ホモ・ネアンデルタレンシス

2.75%
30万年前～現在
ホモ・サピエンス

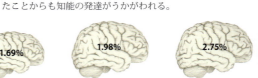

言葉を話す能力の獲得

人類の祖先が初めて言葉を発したのはいつだったのか、人類学の分野ではずっと議論が続いている。発声器官である喉頭は、軟組織でできているため化石化しない。したがって、人類の祖先の発声器官の解剖学的構造を知るには、別の角度から証拠を集めなければならない。喉頭がぶらさがっている舌骨は、化石として残ることもあり、多少の手がかりを提供してくれることもある。一方で口の大きさや形、発声をつかさどる神経が通る頭骨の孔の大きさもまた、発語の可能性に関する詳細を明らかにしてくれる。しかし声道についての解剖学的な詳細を知ることは不可能だ。現生人類の言語は話されるものばかりではないし、ヒトの発声器官の構造は類人猿にかなり似ているので、言葉を話す能力を習得するか否かの手がかりは、身体の構造よりも脳にありそうだ。

舌骨
舌を固定しているU字型をした骨で、喉頭は舌骨からぶら下がっている。舌骨はほかの骨とはつながっていない。

舌骨の大角なら、下顎骨のすぐ下にあるのが、触って確認できるかもしれない

032　過去を知る

文化

初期の人類の脳の大きさは頭骨の化石から推測できるが、行動を理解するためにはその能力がどのように発揮されたかを知る必要がある。「文化」とは、表象的な思考や社会的学習能力から生まれた知識、信念、行動の様式をあらわす一般的な用語だ。文化のある側面は、実用的な道具や武器の製作に見られる。しかし、人類の文化は芸術や抽象的・表象的思考の発達にも関係している。たとえば、何ら実用的な機能をもたなくても、深い表象的意味をそなえたオブジェを作る行為などのように。このような文化が初期人類のなかに最もはっきりと認められたのが、ヨーロッパのみごとな洞窟壁画だ。なかでも古いものは3万2000年前に描かれている。しかし、人類最古の芸術表現がどれなのかという問題については、まだ議論が続いている。線を刻んだレッド・オーカー（酸化鉄）のかけらや、マカパンスガット洞窟（南アフリカ）で見つかった、手を加えてはいないが顔のように見えるために取っておかれたと思われる小石も、一種の芸術表現と考えることができる。

ヴィーナス像
様式化された女性の彫像。写真はフランスのレスピューグから出土したもの（2万6000～2万4000年前）。このような小立像は、先史時代の遺跡にはめずらしくない。

顔のように見える石
アウストラロピテクスは、この小石を顔として認識したと思われる。

自然の模様

レッド・オーカーに刻まれた紋様

彫る
意図的に彫り刻まれた複雑な紋様をもつものとしては、現在までに見つかっているもののなかで最も古い（7万7000年前ごろ）。南アフリカのブロンボス洞窟で発見された。

洞窟壁画
生き生きとした動物のイメージを伝える、有史以前の芸術として名高いラスコーの壁画。オーロックス（野生のウシ）や、高地に生息する小型のウマが描かれている。フランス南西部のラスコー洞窟で発見され、約1万7300年前のものとされる。

霊 長 類の出現は6500万年ほど前、恐竜の時代が終わった後だ。初期の霊長類は熱帯雨林に生息していた。樹上で生活し、ものをつかめる手足をもっていた。進化するにつれて樹上生活への適応性を高め、両眼視を発達させて、かなり正確に距離を判断できるようになった。今日、霊長類は400種以上いて、大半が今でも樹の上で暮らしているが、ヒトをはじめとするいくつかの種は、地上で生活している。

進化

進化の概念は、現代の生物学や人類学研究の基礎をなすものである。現在の進化論の原型は、1859年にチャールズ・ダーウィンによって示されたもので、種はそれぞれ枝分かれしながら1本の「生命の樹」として、あらゆる地質年代にわたって枝をのばしている、というものだ。

進化とは

生物が世代を経るうちに変化を起こすプロセスを、進化と呼ぶ。ひとつの祖先から多くの子孫が生まれるという意味においては、創造的プロセスとも言える。たとえば、現在、最古の鳥として知られる1億5000万年前の始祖鳥は、1万種いる現生鳥類すべての祖先にいちばん近い。つまり、最初の鳥が空を飛ぶ能力を獲得し、それによって得られたあらゆる機会を利用していくなかで、羽毛や翼、軽量の骨格、優れた視覚といった適応をさまざまに組み合わせた新たな種が生まれていく。そこからさらに進化的な放散が重ねられた結果が、現在の鳥類だ。進化の鍵は自然選択にある。生き残り、繁殖し、次の世代に自分の特性を伝えることができるのは、置かれた環境に最も適応できた種の個体だ。そのなかから最も適応した子どもたちが繁殖して個体数を増やし、最終的にはまったく新しい種が生まれる。

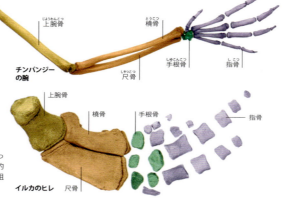

腕とヒレ
イルカのヒレとチンパンジーの腕。見た目はまったく違うし、使われる目的も異なるが、解剖学的には基本的に同じだ。何千万年も前に、共通の祖先をもっていたことがわかる。

遺伝子と遺伝

現在の遺伝学のような知識をもちあわせていたわけではないが、ダーウィンは進化のプロセスに遺伝が不可欠であることを知っていた。20世紀になると、彼が探し求めていた遺伝暗号は、あらゆる生物のほぼすべての細胞核に存在する染色体に含まれていることが明らかになった。ヒトの細胞にはそれぞれ2万〜2万5000個の遺伝子が含まれていて、その一つひとつに決まった特徴を作りだす指示が記されている。その指示は、おもにDNA分子のなかに暗号化されている。DNA分子には、塩基と呼ばれる4種類の化学物質が2個ずつ組み合わされた「塩基対」が含まれている。各遺伝子は、塩基対の決まった配列によって暗号化されている。

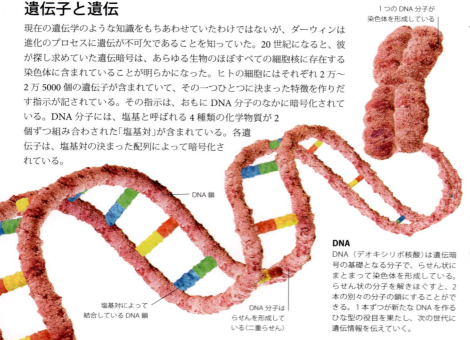

DNA
DNA（デオキシリボ核酸）は遺伝暗号の基礎となる分子で、らせん状にまとまって染色体を形成している。らせん状の分子を解きほぐすと、2本の別々の分子の鎖にすることができる。1本ずつが新たなDNAを作るひな型の役目を果たし、次の世代に遺伝情報を伝えていく。

食性の特殊化
周囲から隔絶されたガラパゴス諸島のウミイグアナは、海にもぐって海藻を食べる。しかし、ウミイグアナの最も近縁の種は、低木の茂みで草や葉を食べる。

適応

生物には変異がある——それが進化の鍵だ。決まりきったものは何ひとつない。周りを見回してみればわかるように、黒髪の人もいれば赤毛の人もいるし、背の高い人もいれば低い人もいる。1つの種における個体間の身体的特徴の変異は、正常な範囲でもかなり大きい。適応は、生物が特定の機能に合わせて獲得した特質なのだ。たとえば霊長類は、変化に富んだ森林環境で生きるために、両眼視(⇨右)と大きな脳を発達させた。霊長類の多くは、木から木へ空中移動するのに適した長くて力強い腕と、枝をつかめる手足をもっている。さらにスムーズに移動できるよう、枝に巻きつけることができる尾を発達させたサル類もいる。適応の内容は、生息環境の変化に応じて絶えず変化していく。たとえば気温が下がれば長い体毛をもつ個体が有利となり、数を増やすかもしれない。

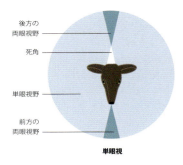

視野
霊長類の眼は前向きに付いていて、両眼の視野が重なる範囲が広い。そのため、木から木へと跳び移るときなどに、かなり正確に距離を測ることができる。シカなどの被捕食動物の場合、眼が頭部の側面についているため、視野自体はかなり広いものの、大部分が単眼視野となる。

地理的変異
アムールトラ(シベリアトラ⇨左)は、南方に生息する4つの亜種よりも厚い毛皮におおわれている。4亜種のなかでもスマトラトラ(⇨下)は最も体格が小さく、毛の色も濃いため、別種の可能性もある。

種とは何か

種とは何か——これは、ダーウィンの時代から生物学者たちによって論じられてきたテーマだ。種は生命体の基本的な区分であり、現在、地球上には1000万以上の種が存在するといわれている。このうち哺乳類は5000種、さらにそのうちの約435種が霊長類だ。種を定義する方法は数多くあるが、一般的な定義は、「異なる種どうしは自然環境下では交配しない」と「種は遺伝学的に明確な違いをもつ」のふたつだ。ヒトやネズミのように地球上にあまねく存在する種もあるが、多くは地理的にかなり限定され、1つの島にだけ、森のほんの1区画にだけ生息している種もめずらしくない。ほとんどの種は人為的な操作によらなければ異種交配はしないが、野生で交雑に成功する種もある。人工交配の例は、ウマとロバのあいだに生まれるラバもしくはケッテイ(駃騠)と呼ばれる交配種だ。ただし交配種が子孫を残すことはできない。

チャールズ・ダーウィン
チャールズ・ダーウィン(1809〜82)は19世紀の傑出した科学者である。著書『種の起源』は出版された1859年当時、大きな反響を呼んだ。ダーウィンはそのなかで、1858年にアルフレッド・ラッセル・ウォレスと共同で発表した進化論をさらに掘り下げ、あらゆる現生種はすべてつながっていて、その関係は地理的分布に反映されていること、また、化石生物と現生生物の関係や、あらゆる生命体がたった1本の巨大な「生命の樹」のなかでつながりあっていることも示した。詳細な生態学的研究や人工交配の実験に基づいて、自然選択(「適者生存」ともいう)による進化のモデルを提唱した。

進化 | 037

分類

分類学とは、生物を進化的関係によって同定（分類上の所属を決定する）し、グループ分けする学問だ。現代の分類手法は、地球上のすべての生命体の共通祖先を明らかにすることをめざしている。

分類の方法

初期の分類方法では、全体的な類似性をもとにグループ分けを行った。スウェーデンの植物学者カール・リンネ（1707〜78）が考案した分類体系は、現在でも使われている。リンネは共通する形態学的な特徴（形状や構造）に基づいて分類区分を設け、それぞれのグループを共通点でまとめていき、「種」から「界」に至る階層を作りあげた。しかしダーウィン以降は、系統学に基づいて分類するべきだという考えかたが広まっていった。系統分類においては、生物を形態や遺伝的形質に基づいてクレードと呼ばれるグループに分類する。そして、1つのグループ内だけに共通している特徴があれば、そのグループ内の生物は進化的近縁度が高く、共通祖先から枝分かれした年代が比較的最近だと判断する。系統学（または分岐分類）の誕生によって、脊索動物（生まれてから死ぬまでのある段階で、脊椎の前身となる組織をもつ動物）の分類は、かなり修正された。現在では、たとえば一部の恐竜については、爬虫類との共通祖先よりも、鳥類との共通祖先のほうが、現在に近いことが確認されている。リンネは自分が作った分類体系に用いる世界共通の言語として、ラテン語を選んだ。現在でも、ほとんどの分類学者がラテン語を使用している。それぞれの種に、「属」と「種」をあらわす2つの単語からなる固有のラテン語名が付けられている。たとえば、およそ200万年前以降に現れた人類は、すべて**ホモ**という属名をもつ。ただし**ホモ・サピエンス**（賢い人の意）と呼ばれるのは、現生人類だけである。

共通祖先
分岐図の動物群はすべて、約5億4000万年前に現れた共通祖先である最初の脊椎動物につながっている。分岐的進化を繰り返してこのような枝ぶりの系統樹ができあがる。

霊長類の系統樹

2つのグループが分岐してからの時間が長くなればなるほど、DNAの違いは大きくなる。十分な注意を払えば、2つのグループが共通祖先から分岐した年代を計算することも可能であることがわかった。その考えかたを分子時計という（⇨ p.29, p.58）。しかし、検査に伴うわずかな誤差が、年代の推定結果に数百万年の開きを生むこともある。霊長類の化石のなかから形態学的に違いの明らかなものを選んで、放射性年代測定法を利用して計算すれば、2つのグループが分岐に要した最低限の時間の長さを知ることができて、分子時計の微調整にも役立つ。ヒトと最も近縁なのはチンパンジーで、約740万年前に分岐した。ガラゴやキツネザルとはかなりの遠縁になる。全霊長類の共通祖先の生息年代は、白亜紀までさかのぼる。

霊長類の近縁関係
最新のDNA解析の結果に基づく、おもな霊長類グループの系統樹。霊長類は暁新世の初頭に枝分かれをはじめたが、今日の霊長類のさまざまな科が現れたのは、それから何百万年も後のこと。

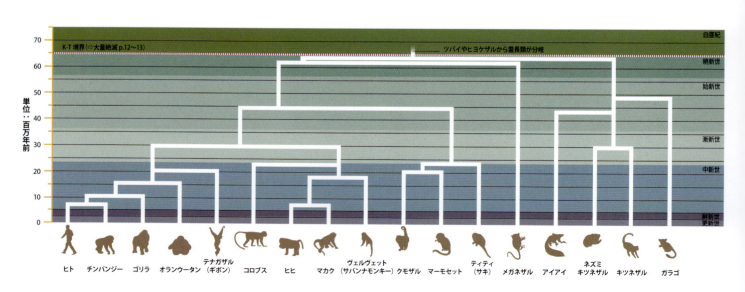

霊長類とは

霊長類には定義となるような固有の特徴がないため、分類がむずかしい。ある特徴はほかの動物のグループにも見られるし、ある特質はすべての霊長類に当てはまるとは限らない。さらに、骨格ではなく軟組織の構造に関わる特徴や、行動上の特徴は、化石の特定には役立たない。そのため、いくつかの特徴を組み合わせて考える必要がある。霊長類が広範囲の生息域（人類はあらゆる大陸に住んでいる）を手に入れることができた理由は、形態の特殊化が比較的進まなかったことと、行動の適応性が高かったことがあげられる。すべての種が樹上生活をするわけではないが、どの現生霊長類も、木登りに適応した何らかの特徴をそなえている。

メスの特徴
有胎盤哺乳類である霊長類は、出産し、乳腺から出る乳を子に与える。ほとんどの霊長類は、このアカゲザルのように1対の乳房を胸にもつ。ロリスやキツネザル、ガラゴやメガネザルなどは、2、3対の乳房をもつことがある。ただし、種によっては、必ずしもすべての乳房が機能しているわけではない。

1対の乳房

複雑な視覚系
前向きに付いた両眼で見て、奥行きを知覚することができる。ほとんどの霊長類は優れた色覚をもつ。青や、緑から黄色にかけての色相を識別することができ、赤を識別できるものも多い。

体格のわりに大きな脳を収める頭骨

可動域の広い肩
類人猿、とりわけ右写真のシアマン（別名フクロテナガザル）のようなテナガザルの仲間は、非常に可動域の広い肩をもち、腕をあらゆる方向に大きく動かすことができる。

胴体をまっすぐに立てる
霊長類のなかには、身体を起こした状態で動いたり休んだりするグループがある。類人猿に見られる特筆すべき特徴で、写真のボノボのように上半身を立てて座る習慣をもち、ときにはそのまま立ちあがる。

ものをつかめる手足
手と足には5本ずつ指がある。ものをつかみやすい形をしていて、指球の触覚も敏感なため、対象物を強く握ったり、正確につまんだりできる。

敏感な触覚をもつ指球

拇指対向性（親指が残りの指と向き合う）

脊椎

骨盤

下垂した陰茎
すべての霊長類のオスは、下垂した陰茎と陰嚢内に下りる睾丸をもつ。ただし陰茎の長さには著しい変異があり、なかには鮮やかな色の陰茎をもつ種もいる。

指先を保護する平爪
指によっては鉤爪のある霊長類もいるが、ほとんどは敏感な手足の指先を、平爪で保護している。一部のオランウータンを除くすべての現生霊長類の足の親指には、平爪が生えている。

足の親指には平爪が生えている

かかと

サルの尾
霊長類のなかにはこのオマキザルのように、ものをつかむことのできる尾をもち、木登りのときに5本目の手足のように使うものもいる。長い尾をもつサルもいれば、ごく短い尾のサルもいる。類人猿には尾がいっさいない。

分類 | 039

最古の霊長類

北アメリカで6500万年前に生息した、きわめて原始的なプルガトリウスを除けば、暁新世の霊長類であるプレシアダピス類の大半は、現生霊長類の祖先となるには特殊化が進みすぎていた。現生種の特徴をもつ霊長類が増えたのは、もっと後の始新世になってからだった。

亜熱帯性海洋
古第三紀の初期には、極地に永床はなく、北極や南極周辺も含めて世界中の海洋が温暖だった。

古第三紀の地球

古第三紀の暁新世と始新世においては、地球の大部分の気候は温暖で安定していて、季節による寒暖差もあまりなかった。そのような気候条件が、現在の温帯地域に広く分布していたようだ。始新世のあいだに気候はますます温暖化し、それに伴って降水量も増えた。5000万年前には、かなり高緯度の地域においても、植生は明らかに熱帯雨林のもので、「滴下先端」(葉の形状を表現し、雨水の切れをよくするため、長い下向きの尖った先端をしていること)の特徴をそなえた植物や、つる植物(木本性のよじ登り植物)などが広く分布していた。年間の平均気温は、最低でも25℃はあったと考えられる。また、樹木の年輪の成長パターンからは、季節による気温差がほとんどなかったことがうかがえる。さらに、マングローブやニッパヤシの化石が見つかることから、沼沢林の地域もあったことがわかる。植物相は、現在の東南アジア、すなわち今日の霊長類が生息する典型的な環境にかなり近かった。初期の霊長類が進化したのはこのような環境だった。

古第三紀の世界地図
ヨーロッパと北アメリカは、一時的に陸続きだった。南アメリカとアフリカとの距離は、まだ現在の半分しかない。依然として、テティス海がアフリカと、ヨーロッパ、アジアを隔てている。

凡例
- 古代の陸塊
- 現代の陸塊

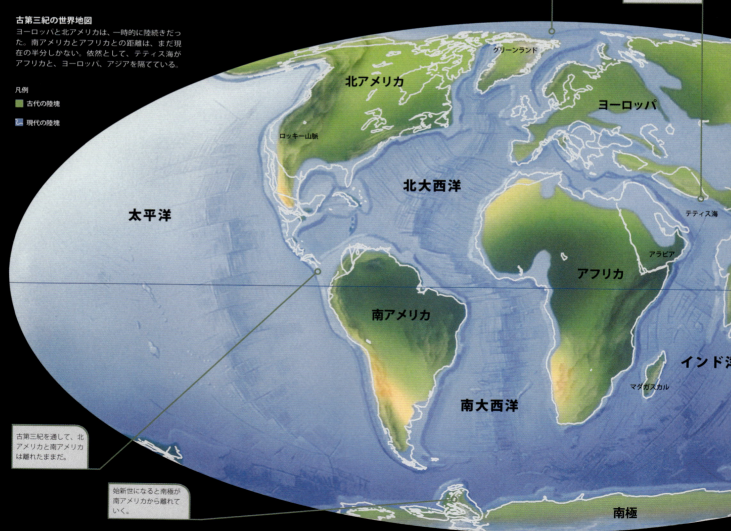

テティス海が消滅するにつれて、アフリカとアジアがつながる。

古第三紀を通して、北アメリカと南アメリカは離れたままだ。

始新世になると南極が南アメリカから離れていく。

初期の霊長類

5600万年前に暁新世が終わるまでのあいだで、霊長類として知られているのは、プレシアダピス類(⇨右、ドリオモミス)のみだろう。霊長類に典型的な大臼歯をもっているが、脳は小さく、顔は高くて奥行きがある。ほとんどが指先に鉤爪をもつが、**カルポレステス**だけは、親指がほかの指と離れていて、平爪が生えている。プレシアダピス類の大半には、成長を続ける大きな切歯があるが、犬歯や小臼歯はなく、現生類人猿の祖先となるには、すでに特殊化が進みすぎていた。ヨーロッパや北アメリカに広く分布したものもあったが、ほかは分布地域が限られていた。現生霊長類の祖先となった最初の典型的なグループは、暁新世後期のモロッコに生息した**アルティアトラシウス**だが、発見されているのは歯の化石のみだ。その後まもなく、始新世になると、曲鼻猿類(アダピス類⇨右)や直鼻猿類(オモミス類⇨右下)が出現して、急速な多様化がはじまった。

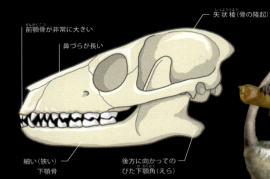

アダピス類
アダピス類とその近縁種には、現生曲鼻猿類(ロリス、ガラゴ、キツネザル)の祖先が含まれる。化石はヨーロッパ、北アメリカ、アフリカ、アジアで発見されていて、始新世を通して(そのうち1グループは中新世の後期まで)繁栄した。眼窩はかなり小さく、昼行性だったと思われる。

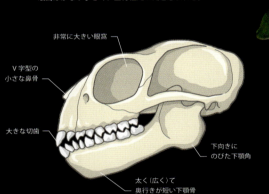

オモミス類
オモミス類とその近縁種は、始新世と漸新世の北アメリカ、ヨーロッパ、アフリカ、アジアに生息した。最古の直鼻猿類であり、おそらくはメガネザル、サル、類人猿、ヒトの祖先と思われる。かなり大きな眼窩をもつものもあり(⇨上の図)、夜行性だったようだ。歯を見ると、果実を食べていた種と、昆虫を多く食べていた種がいたことがわかる。

インドが北へ移動してアジア大陸とつながり、ヒマラヤ山脈が形成される。

ドリオモミス
初めて学術文献に記載されたのは2007年。プレシアダピス類に含まれるミクロモミス科に属し、暁新世後期の北アメリカに生息した。霊長類に典型的な、ものをつかめる手足をしていたが、脳が小さく、まだ原始的だった。大きさはおよそネズミくらいで、花や果実を食べながら木の枝のなかで暮らしていた。

熱帯雨林
暁新世と始新世のあいだ、地球上の陸塊は、現在では温帯となっている地域も含めて、ほとんどが熱帯雨林の植生におおわれていた。

ダーウィニウスの全身骨格
始新世のダーウィニウスの未成体。2009年に発表されたときには、人類の系統における「ミッシング・リンク(失われた環)」の発見として大々的に喧伝されたが、疑問を呈する研究者は多い。

ロリス科とガラゴ科

熱帯アジアに生息するロリスと、その近縁で熱帯アフリカに生息するポトは四足歩行で、特殊化した手足で枝やつるにしっかりつかまりながら、目立たない動きで木々のあいだをゆっくりとすり抜けていく。サハラ以南のアフリカに生息するガラゴは、まったく逆で、大きな足と長い後ろ脚を使って、垂直の茎や木の幹にしがみついたり、木から木へと跳び移ったりする。ロリス科とガラゴ科は、移動運動の適応は異なるし、分岐したのは5000万年ほど前なのだが、両者はキツネザル科とともに曲鼻猿亜目を構成する。そしてキツネザル科同様、梳き櫛状の歯と、毛づくろい用の鉤爪をもっている(⇨下)。生息地の環境はサル類と同じだが、日中に採食するサルとの競争を避けて、夜間に活動する。この両者とキツネザルは、ほかの霊長類よりも嗅覚が鋭い。

セネガル・ブッシュベイビー
すべてのガラゴ同様、動かすことのできる大きな耳をしていて、聴覚が鋭い。大きな眼には反射層があるため、夜目が利く。

スロー・ロリス
日が暮れると活動的になり、雨林の林冠に登って木の新芽や果実、粘性樹液、小動物を探す。尾はとても短く、ふだんは密生した体毛に埋もれている。

キツネザル科

マダガスカル島のみに生息する。少なくとも4000万年にわたり、アフリカ本土の霊長類とは隔離された環境で進化を遂げてきた。豊富な生態的地位(ニッチ)を埋めながら多様化した結果、現生種は体重が30gのものから7kgのものまで100種を数える。過去200〜300年の人間活動の結果で絶滅した12種のなかには、大型類人猿ほどの体格のものもいた。「四足歩行」派と、直立姿勢で木から木へジャンプする「垂直しがみ付き」派に分かれる。夜行性が多いが、島内には競合するサルがいないため、日中に行動するキツネザルもいる。ほぼすべてが、前に突き出した「梳き櫛」状の歯をもっている。これは下の切歯と犬歯をくっ付けて、くしのように使える歯だ。両方とも斜め前方に生えている。これを使って毛づくろいをしたり、木の皮から粘性樹液をこそげ取ったりする。毛づくろいのために特殊化した鉤爪が、足に生えている。

コビトネズミキツネザル
現生霊長類のなかで最も身体が小さいネズミキツネザルの1種で、体重はやっと40〜45g。マダガスカル島東部の雨林のなかで、果実や粘性樹液、昆虫を食べている。

アイアイ
夜行性で群れを作らない。マダガスカル島のキツネザルのなかでも際立った特徴がある。細長い中指を使って、枯れ木のなかから幼虫を探し当ててほじくり出す。

ワオキツネザル
乾いた森の地面と樹上で日中に活動する。30頭程度までの群れを作り、メスが主導権を握っている。娘たちは母親のもとに残る傾向があるが、群れのなかで地位を争わなくてはならない。

メガネザル科

外見はガラゴに似ているが、相違点は多い。まず、夜間の視界を助ける反射層が眼の後ろに付いていない(光に照らされても眼が光らない)。鼻は、ガラゴのように無毛で湿ったタイプではない。また、上唇が切れ目なくつながっていて、梳き櫛状の歯はない。これらはサル類、類人猿、ヒトと共通の特徴なので、直鼻猿亜目に分類されているが、分岐したのは6000万年以上前だ(⇨ p.38)。脳がかなり小さいことが原始的だが、足の甲の骨がとても長く、後ろ脚も長い。そのため、東南アジアの島々の雨林のなかを、枝から枝へと大きくジャンプしながら跳び移ることができる。夜行性でありながら反射層をもたないハンディを、特大サイズの眼が補ってくれるので、夜間でも狩りができる。

フィリピンメガネザル
厳密な意味で肉食性の現生霊長類は、この種のみだ。餌の大半は昆虫だが、トカゲ、ヘビ、鳥、コウモリも食べる。フィリピンメガネザルとニシメガネザルは、全哺乳類のなかで、身体に対する眼の大きさが最も大きい。

真猿類の起源
しんえん

真猿類(サル類、類人猿、ヒト)は、メガネザル同様、オモミス類(⇨ p.41)の子孫だ。奥行きの短い顔や骨質の中耳、歯の特徴に共通点がある。北アフリカで発見された始新世初期の**アルジェリピテクス**が最古の化石真猿類だと考えられていたが、2009年に新たな化石が発見されてからは、アルジェリピテクスは曲鼻猿類かもしれないという可能性が出てきた。まちがいなく真猿類とされる化石は、約4000万年前の始新世中期のものだ。顎骨、数個の頭骨片と足骨の化石が、エジプトや中国、ビルマやタイで発見されている。最も有名なのが、体重わずか60〜130gで、湾曲した長い犬歯をもつ**エオシミアス**だ。ビルマで発見された頭骨の骨片には、眼窩の後ろに骨質の壁が見られた。真猿類の典型的な特徴だ。

エジプトピテクス
漸新世初期にエジプトのファイユームに生息した。樹上で生活をしていて、歯のようすからは果実を食べていたことがわかる。

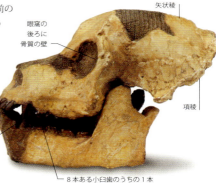

矢状稜 / 眼窩の後ろに骨質の壁 / 項稜 / 長い犬歯 / 8本ある小臼歯のうちの1本

ファイユームの調査現場

エジプトのファイユームは、古第三紀の化石霊長類が発見された、きわめて重要な発掘現場だ。始新世と漸新世の区分(3390万年前)をまたぐ、300万年にわたる化石層がある。初めて発掘されたのは20世紀初頭だが、1960年代に古生物学者エルウィン・サイモンズが率いるアメリカ・エジプト合同調査隊が発掘にあたって以来、霊長類の系統を明らかにするいくつかの新発見があった。

最古の霊長類 | 043

新世界ザル

新世界ザルとして知られる南アメリカと中央アメリカの広鼻猿類は、すべて森林地帯に生息し、高い樹の上で生活している。ヨザルが唯一の夜行性グループだが、それ以外の新世界ザルはみな日中に活動し、優れた色覚をもっている。

新世界に渡る

6500万年前の古第三紀初頭には、南アメリカは完全に孤立した大陸だった。南大西洋はすでに現在の半分程度の広さとなっていたし、北アメリカとは広大な海洋によって隔てられていた（⇨ p.40）。暁新世初期の南アメリカには、単孔類、有袋類、異節類（アルマジロ、ナマケモノ、アリクイなど）や、午蹄中目に分類されるめずらしい有蹄類などがいた。単孔類と午蹄中目のグループは絶滅したが、有袋類と異節類は今も南アメリカで健在だ。その後、古第三紀後期になるまで、化石記録は途絶える。そのあいだに地球の気候が寒冷化したが、南アメリカはおおむね温暖なまま推移し、植生は熱帯だった。そこへ突如として広鼻猿類のサルが現れる。いったいどこから、どうやって南アメリカ大陸にたどり着いたのかは謎だ。おそらく流木のようなものにでも乗って来たか、南大西洋に一時的にできた陸橋を渡って来たのだろう。最古の新世界ザル、**ブラニセラ**の化石は、ボリビアの2600万〜2500万年前の遺跡から発見された。チリやアルゼンチンでは、中新世の遺跡からサルの化石が数多く見つかっている。

豊穣の土地
広大な川幅のアマゾン川流域を中心とする南アメリカの雨林には、地球上のすべての植物種の20%が生息する。他に類を見ない新世界ザルの多様性は、その森によって支えられてきた。

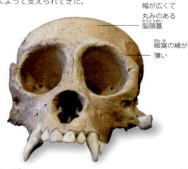

カイポラ
クモザルの近縁だが、体格は2倍近く大きい（体重約20kg）。1992年にブラジルのバイアにある第四紀後期の洞窟から、完璧に近い頭骨が発見された。

幅が広くて丸みのある脳頭蓋
眼窩の縁が薄い

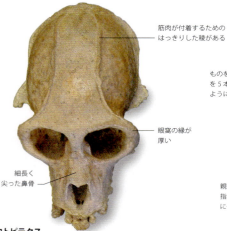

筋肉が付着するためのはっきりした稜がある
眼窩の縁が厚い
細長く尖った鼻骨

プロトピテクス
カイポラの遠縁で、同じくブラジル産の巨大なサル（体重25kg）だった。カイポラ同様、人間に狩り尽くされて絶滅したと思われる。

長くて厚みのある体毛
ものをつかめる尾を5本目の手足のように使いながら木を登る
親指がほかの指と同じ向きに付いている

ホエザル

霊長類

現生サル類

ひと口にサルといってもさまざまだ。新世界ザルは、彼らだけで広鼻猿類という独自のグループを形成している。一方、旧世界ザルは、類人猿やヒトとともに、狭鼻猿類という別のグループに属している。両者とも4500万年前にアフリカに生息していたと思われる共通祖先の子孫だ。狭鼻猿類はアフリカやユーラシア大陸に残り、広鼻猿類の祖先は南アメリカへ渡った。両者の最も顕著な違いは鼻の形だ。広鼻猿類の鼻は鼻中隔が厚くて鼻孔が外側を向いている。狭鼻猿類の場合は、鼻中隔が薄く、鼻孔は前下方を向いている。狭鼻猿類では、親指がほかの指と離れて対向して付いており、小臼歯が上下の顎の左右に2本ずつ生えている。一方、広鼻猿類の小臼歯は、3本ずつ生えてる。体格の大きい広鼻猿類は、ものをつかむことができる尾をもっているが、狭鼻猿類にはそのような尾はない。新世界ザルは、サキ科、クモザル科、オマキザル科の3科に分かれる。

― 平らで後方に傾斜した額

サキ科
ウアカリやサキは、ガイアナとアマゾン川中流域、とくに氾濫林に生息している。小型から中型の体格で、おもに種子を食べる。近縁のティティはより広範囲の生息域をもち、おもに果実を食べるが、葉や昆虫、小型の脊椎動物も食べるという、幅広い摂食内容をもつ。

ハゲウアカリ

― 鼻孔が外側を向いている
― ものをつかむことができる尾

クモザル科
新世界ザルのなかで最も身体が大きく、体重は最大で10kgある。どの種にも、ものをつかむことができる尾がある。ホエザルは、メキシコ南部からアルゼンチンにかけて、クモザルのなかで最大の生息域をもつ。朝、よく通る声で鳴くことからその名が付いた。クモザルやウーリーザル、また絶滅危惧種のムリキは、雨林のみに生息する。

ブラウンクモザル

ウーリーザル

― 分厚い顎ひげの下に隠れている巨大な舌骨で声を響かせる

オマキザル科
比較的身体が小さく、多様なサルがいるが、ノドジロオマキザル以外はみな、ものをつかむことができない長い尾をもっている。マーモセットは粘性樹液などを食べ、タマリンはおもに果実を食べるが、リスザルは昆虫を食べることが多い。夜行性のヨザルは、ほかのサルに比べると色覚が劣るものの、優れた嗅覚をもつ。

― 細長い指ですきまにいる昆虫を探る

ゴールデンライオンタマリン

ヨザル

地理的隔離

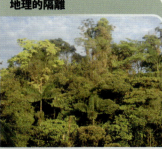

この20年間に発達した生物の多様性を分析する新技術、とりわけDNAの塩基配列の解析によって、霊長類の新種が数多く発見された。たとえばホエザルやマーモセットの場合、アマゾンの雨林で隔絶された環境で生息してきた個体群のあいだには、DNAに違いがあることがわかった。

新世界ザル | 045

初期類人猿と旧世界ザル

ヒト上科（類人猿とヒトを含む）の最大の特徴は、特殊化した脊柱と四肢であり、旧世界ザルの最大の特徴は、高度に変化した大臼歯である。両者は約3000万年前、漸新世のあいだに共通祖先から枝分かれした。

新たな機会

2300万年前に新第三紀がはじまったときから、地球の気候は徐々に寒冷化と乾燥化が進み、森林が減少する一方で砂漠や草原が拡大していった。インドが北上を続けてユーラシア大陸に接近すると、テティス海が消滅し、ヒマラヤ山脈が巨大な壁となって隆起した。海水位が上下するたびに、アフリカとアジアが分離と接合を繰り返した。北アメリカとユーラシア北部からは雨林が消えたが、アフリカから南アジアや東南アジアにかけては、雨林が連続する時期もあった。霊長類は、森がつながっている時期にアジアまで生息域を広げ、その後、森林が分断されてしまうと隔離された環境のなかで、独自の進化と多様化を遂げた。アフリカで草原が拡大したことは、人類の祖先が森から出て、直立の姿勢を身につける結果につながったのかもしれない。

プロコンスル
樹上生活をする尾のない四足動物で、2300万〜1700万年前の東アフリカに生息した。類人猿と類縁関係にあるが、祖先ではない。プロコンスルとして知られる4つの種の体格には、20kgから90kgまでと差がある。

アフリカのサル類

現在知られている最古の化石旧世界ザルは、1900万〜1500万年前にアフリカに生息した、原始的なヴィクトリアピテクスだ。現生のオナガザル科のサル（⇨右ページ）と比較すると、大臼歯の特殊化が完全には進んでおらず、硬い果実や種子類を食べていたと思われる。旧世界ザルは、はじめのうちは原始的な類人猿よりはるかに生息数が少なかったが、中新世のあいだに数を増やし、多様化を遂げ、のちにアフリカから出てアジアやヨーロッパへと広がっていった。一方、類人猿の数は減っていった。旧世界ザルとの競争の結果と考えられる。

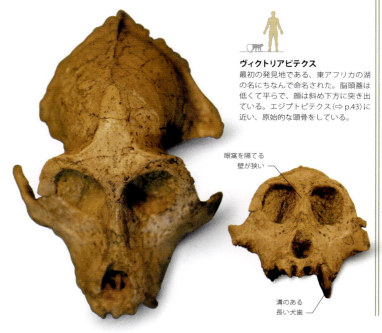

ヴィクトリアピテクス
最初の発見地である、東アフリカの湖の名にちなんで命名された。脳頭蓋は低くて平らで、顔は斜め下方に突き出ている。エジプトピテクス（⇨p.43）に近い、原始的な頭骨をしている。

最古の類人猿

最古の類人猿の可能性があるカモヤピテクスは、チンパンジー程度の体格で、漸新世後期（2700万〜2400万年前）にアフリカに生息していた。化石霊長類の場合、多くが歯しか見つかっていないうえに、初期類人猿の歯は旧世界ザル以上に原始的なため、これまでに相当数の漸新世と中新世の旧世界ザルが、誤って「類人猿」に分類されてしまったのではないかと考えられる。ただし中新世前期において、類人猿の生息数が多く、多様化していたことはまちがいない。最もよく知られているプロコンスル（⇨上）のほかにも、さまざまな種類の類人猿が東アフリカを中心に生息していた。最小は、オスの成体でも体重がわずか4.3kgしかないミクロピテクスだ。

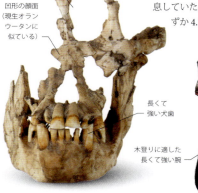

シヴァピテクス
1250万〜850万年前、ヒマラヤ山脈のシワリク・ヒルに生息していたオランウータンの系統の原始的な1属。大きな大臼歯からは、種子や硬い果実のような歯ごたえのある食べ物を食べていたことがうかがえる。

ドリオピテクス
900万〜1200万年前の骨格がフランスで発見され、1856年に初めて記載された。以前は多くの人が、ドリオピテクスがヒト・チンパンジー・ゴリラのグループに含まれる原始的な類人猿だと考えていた。

旧世界ザル

オナガザル科のことであり、少なくとも140の現生種が含まれている。現生霊長類のなかでは、1000万年前から現在に至るまで、最も多様で繁栄している科である。繁栄の秘訣はおそらく特殊化した歯列(耐久性に優れた大臼歯と、長くてナイフのように鋭い犬歯)にあると考えられる。すべて昼行性で、四足歩行をする。生活の場は、ほぼ樹上のものからほぼ地上のものまでと幅広い。顔は平板なものから、イヌのように長いものまで、尾はごく短いものから非常に長いものまでいる。いずれも残りの4本の指と対向した親指をもち(拇指対向性)、全部の指に平爪が生えている。またいずれも坐骨結節の表面に、角質化した無毛の臀部(尻だこ)をもっている。大半が、性によって体格(最大で、オスの体重はメスの3倍程度)、犬歯の大きさ、体色などが大きく異なる性的二形を示す。生息地はアフリカとアジアで、ほとんどが熱帯に生息するが、一部は日本の降雪地帯や中国西部の高山地帯にも見られる。オナガザルとコロブスという2つの亜科がある。

コロブス亜科
主食である葉や、ときには種子を、微生物のすむ複雑な胃袋で発酵させる。頬袋はない。

アカコロブス

テングザル

オナガザル亜科
ヒヒ、マカク、グエノンはすべてオナガザル亜科に属する。類人猿(ヒト)と同じような単純な胃をしていて、雑食の傾向が強い。いずれも食べ物をためておける大きな頬袋がある。

適応と繁栄

旧世界ザルの多くが地方の農地を荒らす。アジアでは都市部に生息するものもいて、インドでは、アカゲザルが町や村、大都市を徘徊し、食べ物を盗む。グレイラングール(⇨右)は、ほかのサルよりもおとなしく、ヒンズー教では聖なる生き物とされている。彼らがいると、体格で劣るアカゲザルが恐がって近寄らないようなので、歓迎されている。

鼻面
新世界ザルとちがい、旧世界ザルの鼻中隔の幅は非常に狭く、鼻孔は前を向いている。

歯
犬歯は、とくにオスでは長く鋭い。大臼歯には横に走る隆線が2本ある。

ふつうの臀部
変形した坐骨結節の上に硬い尻だこがある。

アルファオスの臀部
オスのマンドリルの尻は顔を擬態して、色が赤と青になっている。アルファオス(群れのボス)の地位を獲得すると、顔の色も尻の色もいっそう鮮やかになる。

マンドリル

スノー・モンキー（ニホンザル）
旧世界ザルの生息域では最北になる、日本の本州に生息している。冬に深い雪が積もる地域では、温泉で身体を温めることを覚えたサルもいて、温泉につかりながら毛づくろいし合うこともある。

現生類人猿

チンパンジー、ゴリラ、ヒトは霊長類の1グループ（ヒト科）を構成している。「アフリカ類人猿」とも呼ばれ、ドリオピテクス（⇨ p.46）に似た祖先の子孫であるとする専門家が多い。同時代にアジアに生息したシヴァピテクスからは、オランウータンが生まれた。テナガザルはそれよりも以前に分岐している。

類人猿とは何か？

類人猿の歯は旧世界ザルの歯ほど特殊化が進んでいないが、頭骨の特殊化は旧世界ザルよりも進んでいる。類人猿には尾がなく、ほとんどの哺乳類で尾を形成している尾椎が短く、一部は癒合し、前方に湾曲して尾骨（⇨ p.52）を形成している。類人猿は身体を起こして座ることや、直立することが多い。上半身の重さを支えるため、腰椎の数が減り、1個ずつの長さは短く、頑丈になっている。胸幅が広く、肩関節の可動域が広いため、身体の横にも頭の上にも腕をのばすことができる。

テナガザルは、きわめて長い腕をもち、その腕で枝につかまり、身体をぶらんこのように揺らしながら枝から枝へと移動する（この移動方法を「腕渡り」と呼ぶ）。霊長類のなかでは中ぐらいの体格で、もっぱら果実を食べる。

シアマン
東南アジアの雨林に生息する。テナガザルのなかでは最も体格が大きく、最大では14kgの体重がある。

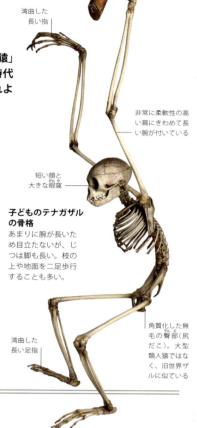

- 湾曲した長い指
- 非常に柔軟性の高い肩にきわめて長い腕が付いている
- 短い顔と大きな眼窩

子どものテナガザルの骨格
あまりに腕が長いため目立たないが、じつは脚も長い。枝の上や地面を二足歩行することも多い。

- 湾曲した長い足指
- 角質化した無毛の臀部（尻だこ）。大型類人猿ではなく、旧世界ザルに似ている

大型類人猿

テナガザル（小型類人猿と呼ばれることもある）よりもはるかに大きくがっしりした体型で、腕、脚、親指ともに短い。もっぱら樹の上を生活の場とするオランウータンは、雨林にのみ生息し、今日の生息地はボルネオ島とスマトラ島しかない。オランウータンに比べてはるかに地上で過ごす時間が多いゴリラは、さまざまな種類の森林に生息する。樹上でも地上でも生活できるチンパンジーは、疎林サバンナでも生きられる。テナガザル同様、どの大型類人猿も果実食が中心だ。ただしゴリラは、季節的に果物が少なくなるときや、手に入らない生息地にいる場合には、地上の草本植物を食べるし、チンパンジーに至っては、サル類、小型のレイヨウ類、そのほかの小型哺乳類も食べる。

チンパンジーは、最大で120頭強の社会集団を作って生活をする。オスどうしは親戚関係にあるが、メスは別の集団に移動することも多い。ゴリラは、シルバーバックのオスが率いる10〜40頭の群れで生活する。オランウータンは単独行動だが、若者たちは7〜8歳まで母親と過ごす。オランウータンやゴリラのオスの体重は、メスの2倍以上もある。

ボノボ
コンゴの熱帯林にすむチンパンジーの1種で、体格は少しほっそりしている。普通のチンパンジーとは行動面の違いがいろいろあるが、とくに集団内での緊張を和らげるために、あらゆる年齢の個体間で性的行動をする点が特徴的。

- 若いときの顔の皮膚はピンク色だが、年齢とともに色が濃くなる

チンパンジー
若いチンパンジーのリラックスした姿勢と表情には、気分が現れている。大半の霊長類と同様、チンパンジーも表情としぐさで意図を伝える。

- ものをつかめる手と足

ボルネオオランウータン
オランウータンとは、マレー語で「森の人」という意味。ほかの大型類人猿の体毛は黒や茶色がかった黒が多いが、オランウータンの体毛はおおむね長くて赤茶色だ。寝ている時間以外はだいたい食べ物を探している。

050 | 霊長類

ニシゴリラ
すべての類人猿と同様、ゴリラの赤ん坊も出生時には母親に完全に依存していて、最初の5カ月間は片時も母親のそばを離れない。3〜4歳で乳離れするが、その後も母子の絆は強い。

類人猿の解剖学的構造の比較

大型類人猿とヒトの骨格における重要な違いは、歩きかたに関係している。どちらも習慣的に上体を起こして座り、まっすぐに立つことも多いため、短くて頑丈な脊柱腰部を必要とする。ただし、つねに2本の脚で歩く「直立二足歩行」をするのは、ヒトだけだ。ゴリラやチンパンジーは指を曲げて、中節骨の手背面で体重を支えるナックル・ウォーキング(指背歩行)と呼ばれる四足歩行をする。そのため、強靭な手と手首が必要とされる。オランウータンが地上を四足歩行するときには、手のひらの縁に体重をかけている。ただし彼らの場合は木の上で過ごす時間も多いため、樹上生活にもよく適合した骨格を発達させている。ヒトの足の親指は、残りの指と同じ方向を向いているが、ヒトに次いで地上で過ごす時間が長いゴリラの場合は、親指がほかの指とかなり離れて付いている。チンパンジーの場合はさらに離れている。オランウータンの足の親指は、極端に短く、離れて付いている。これはあたかも腕を4本もっているかのように、自在に木々のあいだを移動することができるよう、足の形が手の形に近

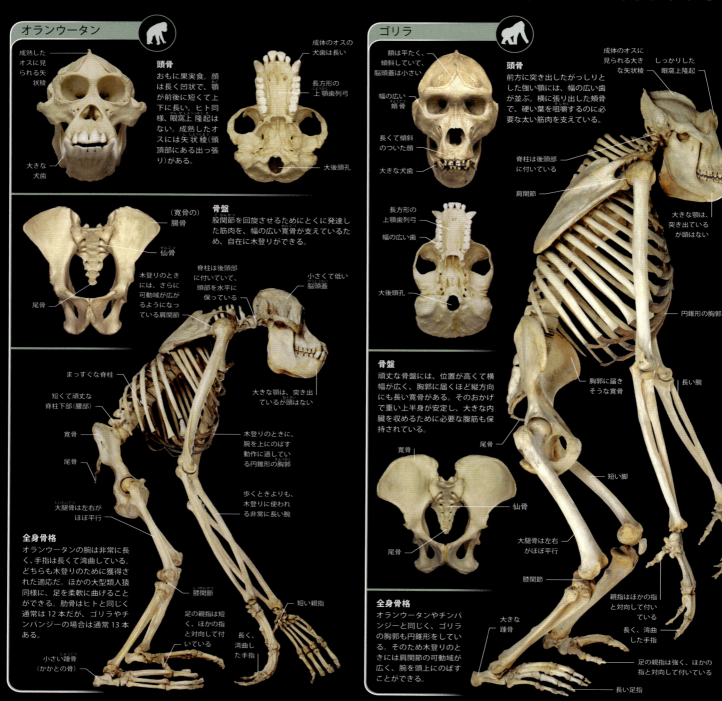

づいてきた結果である。
ヒトの頭は脊柱の真上にあるため、頭骨の大後頭孔(脊髄が通る大きな孔。脊髄はそこから脳へと続く)の位置は、大型類人猿に比べずっと前寄りにある。
霊長類の最大の特徴のひとつは、知能の高さである。身体のわりに大きな脳をもち、類人猿ではさらにその傾向が強い。チンパンジーの脳の大きさは305〜485 cm^3、オランウータンは302〜545 cm^3、ゴリラは403〜672 cm^3である。現生人類は身体の大きさと比較して最も大きな脳(1000〜2000 cm^3)をもち、その大きさは脳頭蓋の形にも現れている。ゴリラやオランウータンの頭骨(および骨格)には苦しい性癖が見られるが、チンパンジーやヒトではそれほどでもない。そのほか、摂食内容の違いによっても、頭骨に違いが出てくる。

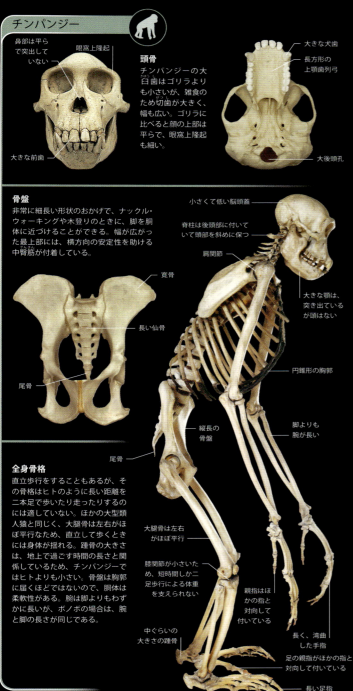

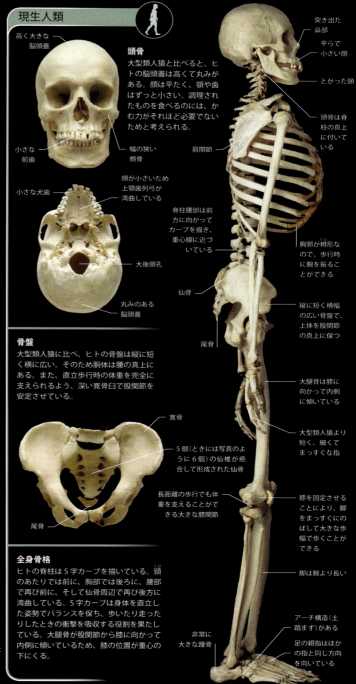

現生類人猿 | 053

類人猿とヒト

大型類人猿とヒトは「ヒト科」というひとつの科に属している。科学者は、ヒトは類人猿の一種だとさえ考えている。ヒトはさらにヒト科のなかの「ヒト族（ホミニン）」に属しているが、そのなかで現在も残っているのは一種しかない。遺伝的に見れば、ヒトはチンパンジーに最も近く、チンパンジーもゴリラよりヒトに近い。

人類、それとも類人猿？

化石記録で人類と類人猿を区別するのはむずかしい。DNAによれば、チンパンジーと私たち人間の共通祖先は、約740万年前に生息していたことになるが、この年代の化石を探すことは以前よりもむずかしくなっている。研究者たちはこれまでずっと、現生人類の系統がはじまるのは、二足歩行（⇨ p.53, 69）や奥行きの短い顎、短くて頑丈な犬歯と関連する特徴が最初に見られた時期だと推測してきたが、これは明快な基準とは言えない。議論の余地が多く、ほとんどの専門家の賛同を得られていない説ではあるが、最近では、「ヒトとチンパンジーとゴリラの共通祖先では、二足歩行への特殊化がすでに進んでいた」という説も出ている。もっともナックル・ウォーキングがチンパンジーとゴリラにおいて、別々に進化した

頭骨の比較
ピエロラピテクスのような類人猿には、眼のまわりにプロコンスルや、エジプトピテクス（⇨ p.43）にも見られる原始的な傾斜が残っていたが、一方で、1300万年ほど前にはすでに、顔の下半分にアウストラロピテクスに見られるような初期人類との共通点が現れはじめていた。

ピエロラピテクス
- 眼窩周辺が奥へ傾斜している
- 前顎骨が垂直で長い
- 長く湾曲した犬歯

アウストラロピテクス・アファレンシス
- 眼窩周辺は垂直
- 前顎骨が垂直で長い
- 短くて頑丈な犬歯

054　霊長類

1. **雨よけの葉** オランウータンは、枝を使って果実をこじ開けるなど、道具を使う能力が高いことで有名だ。大きな葉を頭にのせて雨をよけることもよくある。
2. **小枝を使ってシロアリを釣る** チンパンジーが長い茎や小枝を使ってアリ塚からシロアリを釣ることは、昔から知られている。それぞれの個体群によって、異なる採取法がある。
3. **葉っぱのスポンジ** チンパンジーは、樹の幹のうろにたまっている水を飲みたいときには、葉を使って「スポンジ」を作る。野生のオランウータンも、同じことをしているところを観察されている。
4. **クルミ割り** チンパンジーやオランウータンに比べるとゴリラが道具を使うことはめったにないが、2つの石をハンマーと台にして木の実を割る、というみごとな例もある。

人間のすることは何でもできる……

大型類人猿は、サルやテナガザルなどの能力をはるかに超えた技術や知能をもっている。夜寝るためには複雑な寝床を作るし、社会生活においては戦略的な計画を実行できる。野生のチンパンジーやオランウータンは、シンプルな道具を作って、それを使用する現場まで運んでいく。これは先を見通し、計画を立てることのできる証拠だ。また、異なる道具を順序立てて使うこともできる。チンパンジーは石の上に木の実を置き、別の石でそれを割る。深い水たまりを渡るときに、枝を使って深さを確かめながら歩いていたところを観察されたゴリラもいる。

研究室における実験によると、大型類人猿は心理学的に複雑な問題を解決することができる。さらに鏡で自分を認識することもできる。私たち人間と同じように、自己認識があるのだ。

言語能力

大型類人猿に、人間（およびお互いどうしと）との簡単なコミュニケーションを教える試みがなされてきた。初期のプログラムでは手話を用いた。特殊なシンボルを使ったプログラムでは、ボノボがみごとな成績を出している。

可能性は否定できない。類人猿のいくつかの進化系統では、中新世後期に短い犬歯を独自に進化させている。イタリアで見つかった700万～900万年前の**オレオピテクス**は、二足歩行の特殊化を見せていたようだし、短い顔と小さな犬歯をもっていたが、私たち**ヒト属（ホモ属）**の直接的な祖先でないことは、ほぼ確実だ。440万年前に生息した**アルディピテクス・ラミダス**は、まだ樹上性の類人猿だったが、ときどきは二足歩行をしていたし、小さめの犬歯と短い顎をもっていた。ヒトとまったく同じ二足歩行、人類型の歯列、そしてついには脳の拡大という、完全な発達が見られるようになったのは、もっと後のアウストラロピテクスが進化したとき（420万年前以降）と、その後の初期ヒト属の種が進化したとき（240万年以降）のことだ。

近い親戚

ヒトとチンパンジーのDNAはいったいどのぐらい違うのだろうか？ 計算方法によって答えは変わってくる。ノン・コーディングDNA（いわゆる「ジャンク（がらくた）DNA」）では、約1.2％だが、コーディングDNA（実際の遺伝子）ではずっと少なく、意外にもたったの0.6％しか違いがない。一方、ゲノム全体で見ると、相当量の塩基が削除・挿入されているため、その差は大きく開いて約5％となる。ほとんどの計算方法は、ノン・コーディングDNAにおける相違を「本当の」違いとして計算している。いずれにしても、ヒトとチンパンジーが非常に近縁であることに変わりはない。ヒトがゴリラの祖先と分岐したのはほぼ1000万年前、オランウータンの祖先とは約1500万年前だが、チンパンジーと分かれたのは、わずか740万年前のことだ。

DNAの違い

ノン・コーディングDNAの違いをパーセンテージであらわすと次のようになる。ヒトとチンパンジーの差が1.2％。ヒトおよびチンパンジーと、ゴリラとの差が1.6％。ヒト、チンパンジーおよびゴリラと、オランウータンとの差が3.1％だ。

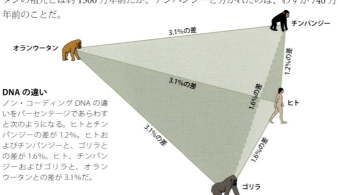

ジェーン・グドール

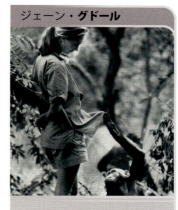

イギリスの霊長類学者（1934～）。1960年にタンザニアのゴンベ国立公園でチンパンジーの研究をはじめた。野生のチンパンジーが道具を作るところを観察した最初の人物。彼らの社会、行動面の柔軟性、情緒、協同で行う狩り、隣接する集団との戦いなどを記録した。

類人猿とヒト | 055

人類
HOMININS

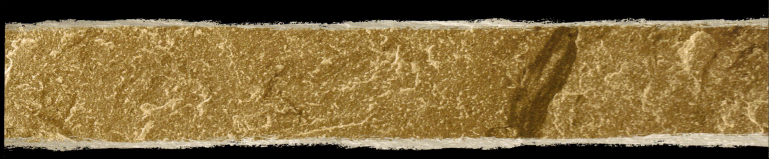

人類（ホミニン）という言葉は、約700万年前にチンパンジーの系統と分かれた後の、現生人類とそのほかのすべての種を含む系統を示す。ここで紹介されている23種の人類は、現在の化石記録のすべてである。私たちの祖先となったのはその一部で、多くは新たな種を生みだすことなく絶滅してしまった。人類の種どうしの関係は複雑で未解決の部分も多いが、化石をさまざまな側面から研究することによって、いくつかのグループ（属）に分類することができる。私たちホモ・サピエンスが属しているヒト属（ホモ属）もそのなかのひとつだ。

人類の進化

人類の進化を示す化石記録は、少なくとも700万年前までさかのぼる。初期の人類遺跡はアフリカの東部、中部、南部にあり、後期の人類遺跡はヨーロッパやアジアの各地から数多く発見されている。150年近くにおよぶ科学的調査の結果、人類の進化には明らかに普遍的なパターンがあることがわかった。

サヘラントロプス・チャデンシス

アウストラロピテクス・アファレンシス

アウストラロピテクス・アフリカヌス

ヒトになる

ヒトは、解剖学的にも行動学的にも、ほかの霊長類と多くの共通点をもっている。その密接な生物学的な類似点は、DNA（⇨p.36）によっても裏付けられている。DNAによれば、ヒトに最も近縁の現生種はボノボとチンパンジーだ。チンパンジーとヒトのゲノムには、1％程度しか違いがない（⇨p.55）。それはすなわち、近い共通の祖先をもっていることを意味する。遺伝子の突然変異は、異なる系統においてもほぼ同じような率で起きるので、変化の蓄積を時間に置き換えて、分岐した年代の推定に用いることができる。この「分子時計」という考えかたによれば、私たちとチンパンジーの共通祖先が生きていたのは、1000万〜700万年前のあいだと考えられる。古人類学における課題は、その共通祖先がどのような姿をし、どのような行動をしていたか、さらにはどのような淘汰圧（自然選択を迫る力）が、最初の人類の出現をもたらしたかを解明することなのだ。

5000万年前
同じ種の個体は、同じ遺伝子構造をもっている。しかし時間とともに、同種内の2つのグループが、それぞれ異なる淘汰圧に直面したり、あるいは同じ淘汰圧に異なる形で直面したり、またはその両方のケースに同時に直面したりすることがある。

分子時計
ここに示した仮定においては、4つの遺伝子が2つの種を分化させる。これらの遺伝子がもつ既知の突然変異率から、共通祖先の年代を逆算することができる。

2500万年前
グループどうしの交わりがどんどん減っていく。交雑の機会や意欲が減少し、突然変異（丸で囲んだ遺伝子）が2つのグループの相違を際立たせていく。

現在
最終的には、交雑が不可能となり、別の種となるまで、両グループのゲノムに突然変異が増えていく。

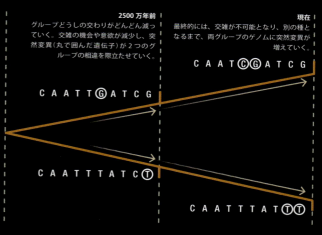

ヒトという種

現生動物を研究対象とする生物学においては、「交配できる自然個体群のグループで、ほかのグループとは生殖的に隔離されているもの」を1つの種として定義するのが主流だ。これを「生物学的種概念」と呼ぶ。一方、古人類学者の場合は、絶滅した人類の種の行動を観察することはできないため、種を区別する特徴の手がかりを化石そのものに求めざるを得ない。骨の形態上（形状）の違いを利用して、化石をいくつかの集団に分類し、もしそのなかに際立った違いをもつ集団があれば、新種として提案される。たった1個の、非常に変わった化石標本のみをよりどころとして、1つの種が定義されることもある。新たな発見があるたびに化石記録に対する理解が深まり、それによって人類の種が命名しなおされたり、再定義されたり、グループ分けされたり、あるいは排除されたりする可能性がある。

アフリカの祖先たち

これは、700万年におよぶ人類の進化の系統樹のうち、アフリカで発見された種の一部を並べたものだ。こうしてみると直線的な進化を遂げてきたように見えるが、実際の人類の進化図は、むしろ数本の枝をもつ木のような形をしている。たとえば、ホモ・ハビリスとホモ・エルガスターは同時代に生息していた。

ホモ・ハビリス　　ホモ・エルガスター　　ホモ・ハイデルベルゲンシス　　ホモ・サピエンス

遺伝学

遺伝学は、進化プロセスの中心にあるしくみを明らかにする学問だ。身体形質は、遺伝子（私たちの細胞の染色体のなかにあるDNAの遺伝する単位）のなかに暗号化されている。自然選択や地理的隔離、突然変異やそのほかのプロセスなどの要因が、時の経過とともに、集団の遺伝的特徴を変えたり、新種を生みだしたりする。遺伝学の研究によれば、すべての現生人類は、約20万年前に存在したひとりの個体を共通祖先とする子孫であり、ごく近縁の関係にあるという。また、ネアンデルタール人のDNAからは、現生人類とネアンデルタール人が交雑していた可能性が明らかになった。

ミトコンドリア・イヴ

私たちはミトコンドリアDNA（mtDNA）を母方からのみ受け継ぐ。ミトコンドリアDNAの系統どうしの違いを比較し、それらの違いの発生率を推定することによって、「ミトコンドリア・イヴ」として知られる共通の女性祖先まで、その系統をさかのぼることができる。

DNA核型
ヒトのゲノムは46個の染色体で構成されているが、私たちの近縁である大型類人猿の染色体は48個ある。ヒトの系統では、ほかの類人猿との共通祖先から受け継がれた2つの染色体が融合して、ヒト2番染色体が形成された。

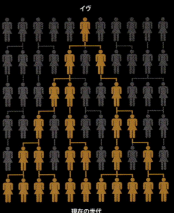

イヴ

現在の世代

人類の進化　|　059

人類の系統樹

遺伝子と化石の証拠から、最初の人類がアフリカに現れたのは800万〜600万年前のあいだで、それ以降、数多くの種の人類が現れたと思われる。彼らの系統的な関係は、複雑に入り組んでいるようだ。比較的最近になるまで、どの時期においても複数の種が同時に存在していた。

時とともに現れたさまざまな傾向

サヘラントロプス・チャデンシスやオロリン・トゥゲネンシスのような標本からは、最初期人類の体格があまり大きくなかったこと、脳の大きさは現生類人猿と同じくらいだったこと、直立歩行と木登りの両方が可能な身体的特徴をそなえていたことなどがうかがわれる。その後、時間の経過と淘汰圧の変化に応じて、それまでにない特徴をもった集団が現れた。その特徴のなかには、進化に関係する傾向が数多く見られる。たとえば、いくつかの種には、硬く繊維質の食べ物をかむのに理想的な力強い顎と大きな奥歯が現れる。また別の種には、体格のわりに大きな脳や、小さめの顎や歯が現れる。歩行は二足歩行が主流になり、さらに後の人類の特徴としては石器の使用があげられる。

凡例
- サヘラントロプス
- オロリン
- アルディピテクス
- ケニアントロプス
- パラントロプス
- アウストラロピテクス
- ホモ

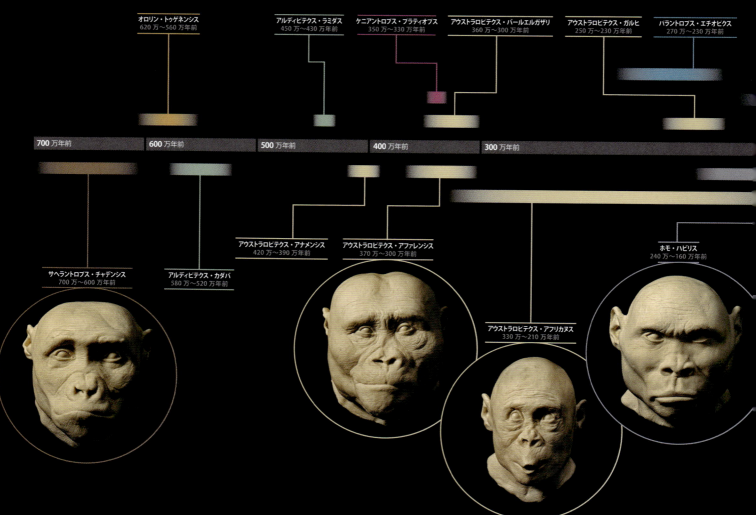

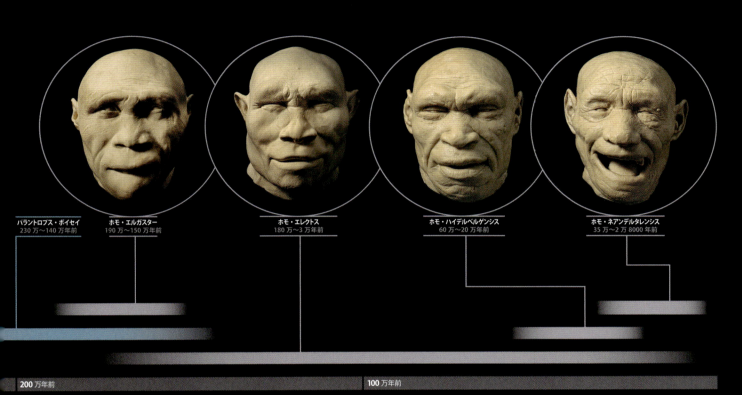
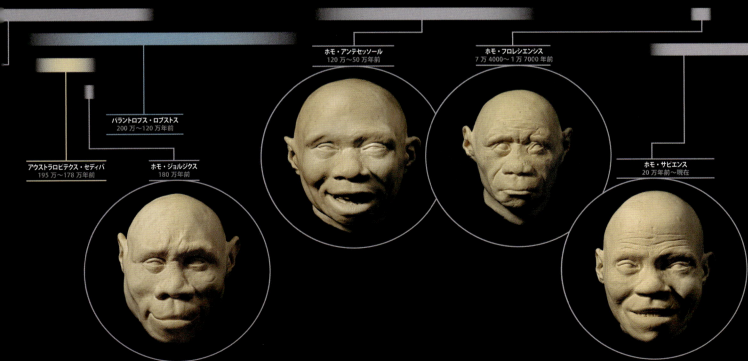

人類の系統樹

サヘラントロプス・チャデンシス
Sahelanthropus tchadensis

サヘラントロプス・チャデンシスは、ヒトとチンパンジーの最後の共通祖先と同じ時期に生きていたが、人類の系統樹のなかの位置づけについては、わからないことのほうが多い。

サヘラントロプス・チャデンシス	
▶ 名前の意味	チャドのサヘルの人
▶ 年代	700万〜600万年前
▶ 身長	不明
▶ 脳容積	320〜380 cm³
▶ 場所	チャドのトロス・メナラ遺跡
▶ 化石記録	頭骨1点、数点の下顎骨片と歯

サヘラントロプス・チャデンシスは、それまで初期人類の調査が集中的に行われていた東アフリカ大地溝帯や南アフリカから遠く離れた、チャドで発見された。記載されたのは2002年。

発見

フランスとチャドの大学や研究機関からなる合同調査隊、フランス・チャド古人類学調査隊は、2001年、チャドのジュラブ砂漠のトロス・メナラ地域で化石を発見した。絶対年代は明らかではないが、ほかの遺跡で発見された動物化石との比較から、700万〜600万年前のものと推定される。骨は9体からのもので、比較的完全な頭骨が1つ、頭骨片が4つ、歯が数本あった。それ以外の身体の部分の化石は見つかっていないため、ほかの初期人類の骨格との比較はむずかしい。頭骨には中新世の類人猿に似た特徴と、のちの人類に似た特徴がある。しかし、いずれのグループからも時間的・地理的な隔たりがあるため、新たな人類種と考えてよさそうだ。

発見時の状態
発見された唯一の頭骨には、「トゥーマイ」(現地語で「生命の希望」という意味) という名が付いている。さらさらした砂地の表面に露出した状態で発見されたことから、比較的最近に元の場所から動かされたか、あるいは埋めなおされた可能性もあり、正確な年代の特定はむずかしい。

身体の特徴

サヘラントロプスは、ケニアントロプスやホモ (ヒト属) など、のちの人類と共通する特徴をもつ。犬歯が比較的小さく、先端がすり減っていて、エナメル質は類人猿よりも厚い。また、類人猿と比べると顔はかなり平らだが、厚みのある眼窩上隆起が左右に連続している。しかしそのほかの多くの点では、類人猿の現生種や絶滅種に似ている。頭蓋腔容積は小さく、後頭部は先端を切り落とした三角形のような形になっている。このように、原始的な特徴と、その後の進化的特徴の両方をもつところから、サヘラントロプスをヒトとチンパンジーの最後の共通祖先の近縁として、人類の系統樹のなかに位置づけるべきだという意見もある。

コンピューターによる頭骨の復元

CTスキャンを使ってデジタル復元したサヘラントロプスの頭骨。後ろに向かって長く、のちの人類のように、底部が水平で顔面は垂直だ。楕円形の大後頭孔が頭骨の前寄りにあって、下向きに開いていることから、直立した脊柱の上に頭部が載った状態でバランスが取れていたと思われる。これらの特徴は、アウストラロピテクス・アフリカヌスやホモ・サピエンスといった二足歩行をする人類と共通しているが、ほかの類人猿には見られない。

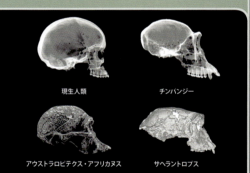

現生人類 / チンパンジー
アウストラロピテクス・アフリカヌス / サヘラントロプス

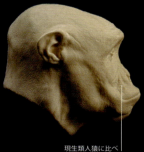

現生類人猿に比べてかなり平らな顔

頭骨 完全な形状とは言えないものの、顔が短いこと、現生類人猿ほど前に突き出ていないこと、頭蓋冠前面の高い位置についていることなどが、明らかに見てとれる。左右の眼窩は間隔が離れていて、眼窩上隆起がしっかりと張り出している。CTを使って復元した頭蓋腔容積はおよそ365 cm³ だったので、脳の大きさは、現生類人猿のなかでも小さいほうの種と同じくらいだ。

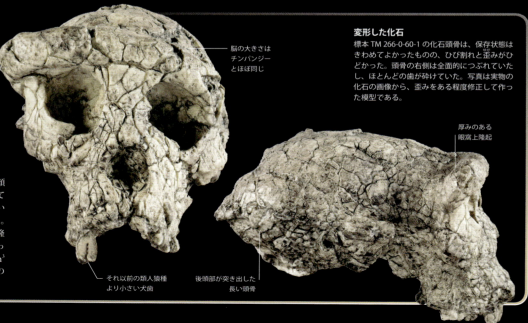

脳の大きさはチンパンジーとほぼ同じ

それ以前の類人猿種より小さい犬歯

後頭部が突き出した長い頭骨

厚みのある眼窩上隆起

変形した化石
標本 TM 266-0-60-1 の化石頭骨は、保存状態はきわめてよかったものの、ひび割れと歪みがひどかった。頭骨の右側は全面的につぶれていたし、ほとんどの歯が砕けていた。写真は実物の化石の画像から、歪みをある程度修正して作った模型である。

気候変動
人類進化への影響

気候の変動は、人類の進化にどのような役割を果たしたのだろうか。過去1000万年にわたる地質学的な証拠を見ると、サハラ以南のアフリカでは、気温が低下傾向にあり、また、東アフリカ大地溝帯の隆起によって乾燥化が進んでいたようだ。それが、森林から草原への移行をうながす要因になったと思われる。こうした長期的な傾向に加えて、短期的にも極端な気候変動があったため、アフリカ東部の湖沼群では水位が上昇と低下を繰り返した。

サバンナ仮説

アフリカの気候変動と人類の進化を関連づける仮説はいくつかある。昔からの根強い説がサバンナ仮説で、乾燥化が進んでサバンナの範囲が拡大したことが、二足歩行や脳の大型化を推し進めた、というものだ。その根拠として、土壌に含まれる放射性元素のデータ（⇨ p.10）、動物相の化石、海洋堆積物、そして気候変動の時期と新しい人類種の登場との相関関係などがあげられている。開けた草原を移動する方法として最も効率的だったのが直立歩行であり、それに付随して自由になった両手を使って、物を運んだり道具を作ったりできるようになったのではないか、というのがサバンナ仮説の考えかただ。しかし近年では、この説に疑問を投げかける証拠が見つかっている。気候変動と人類進化の因果関係は、実際にはかなり複雑なようだ。

律動的気候変動仮説

人類の進化におけるおもな特徴が、サバンナで生きるという淘汰圧に応じて現れたものだとすれば、サバンナ以外の居住環境から同じような特徴をもった人類の化石が見つかるとは考えにくい。ところが現在では、森林地帯からもアルディピテクスの化石が発見されているし、アウストラロピテクス・アナメンシスの化石も草原と川辺林が混在する環境から発見されている。これは、人類の身体的適応性が非常に高かったことを意味するのではないだろうか。そのため、湿潤であろうと乾燥していようと、平原であろうと森林であろうと、幅広い居住環境で繁殖することができたのだ。最近の研究によって、アフリカの気候が極端に変わりやすかったことが明らかになっている。ということは、植生や水資源も相当に不安定だったはずだ。リック・ポッツの「変動選択仮説」では、ゆるやかな気候変動とは異なる短期間の気候の大変動の結果、元の居住地域に適応して発達した人類の特徴が、急激な環境変化に適応するための特徴に取って代わられてしまった、と考えた。マーク・マスリンとマルティン・トラウスはこの考えをさらに発展させ、「律動的気候変動仮説」を打ち出した。これは、雨季と乾季のあいだの移行期に、短期間での極端な気候変動が何度かあったため、その淘汰圧が新種の人類の出現に影響を与えた可能性がある、という説だ。

人類と極端な気候

人類の新種が現れるタイミングと極端な気候変動の時期は、おおむね一致しているようだ。人類の身体面や行動面の柔軟性は、幅広い環境条件に対応できるよう進化を遂げてきたのかもしれない。

森林地帯
アフリカの類人猿が、現在でも密林や疎林に生息しているということは、そのような環境が初期人類の進化にとっても重要だった可能性を示唆している。初期人類のように二足歩行をする地上性の霊長類は、熱帯性の密林よりも、開けた季節性変化の大きな疎林で暮らしていた可能性が高い。しかし、密林よりも食糧資源が当てにならない環境においては、食物の種類や獲得行動を柔軟にする必要があった。

草原
アフリカのサバンナや草原の居住環境は、森林地帯よりも開けている。また、陸生哺乳類や植物の多様性や生息数も、森林以上に豊かな傾向がある。しかし、木の実やイモ類などの塊茎、動物の死骸の骨髄といった食糧資源の多くは、道具を使わなければ手に入らないものだった。

人類の属
- ヒト属（ホモ属）
- アウストラロピテクス属
- パラントロプス属
- ケニアントロプス属
- アルディピテクス属

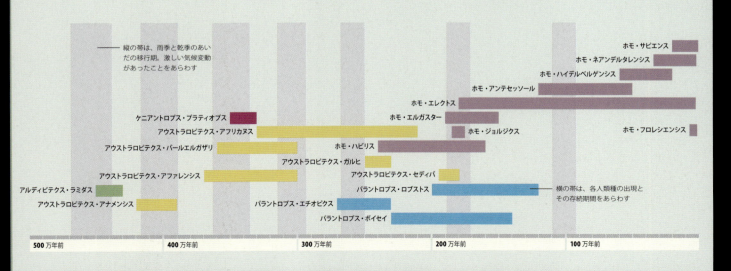

サヘラントロプス・チャデンシス／気候変動　065

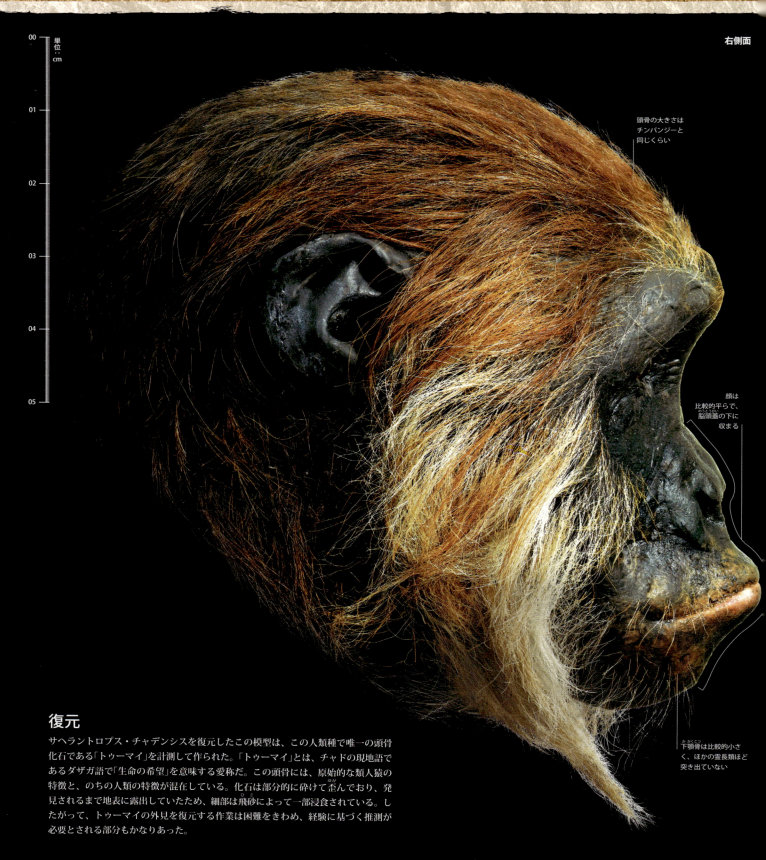

右側面

頭骨の大きさは
チンパンジーと
同じくらい

顔は
比較的平らで、
脳頭蓋の下に
収まる

下顎骨は比較的小さ
く、ほかの霊長類ほど
突き出ていない

復元

サヘラントロプス・チャデンシスを復元したこの模型は、この人類種で唯一の頭骨化石である「トゥーマイ」を計測して作られた。「トゥーマイ」とは、チャドの現地語であるダザガ語で「生命の希望」を意味する愛称だ。この頭骨には、原始的な類人猿の特徴と、のちの人類の特徴が混在している。化石は部分的に砕けて歪んでおり、発見されるまで地表に露出していたため、細部は飛砂によって一部浸食されている。したがって、トゥーマイの外見を復元する作業は困難をきわめ、経験に基づく推測が必要とされる部分もかなりあった。

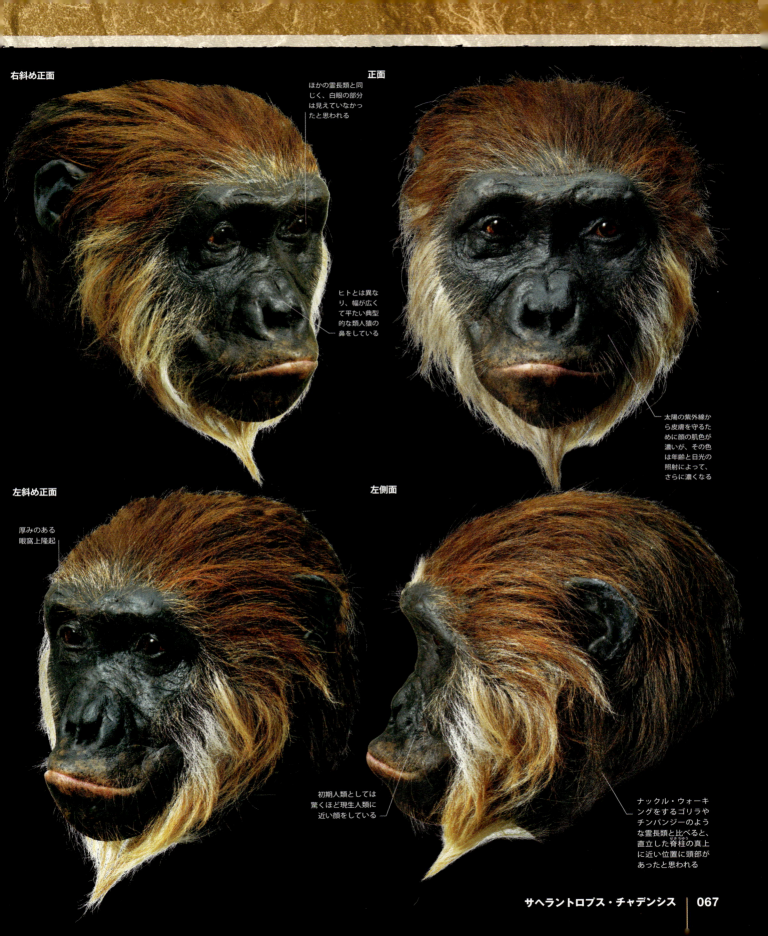

オロリン・トゥゲネンシス　Orrorin tugenensis

最初に二足歩行をした人類として有力視されるオロリン・トゥゲネンシス。古代の湖周辺の疎林や湿性草原で暮らしていたとみられる。

発見

1974年、古生物学者マーティン・ピックフォードは、ケニアのチェボイトにある中新世後期の堆積層から大臼歯の化石を発掘した。咬合面の咬頭が低く、エナメル層が厚いという人類の特徴をもちながら、当時知られていたどの人類種にも当てはまらなかった。ピックフォードは翌年、これを**オロリン・トゥゲネンシス**と命名したが、さらに30年近くを経て大発見をする。ピックフォードとフランスの古生物学者ブリジット・セヌが率いるフランスとケニアの共同研究チームは、再びこの地を訪れた。そして2001年、複数の個体の歯や、腕や脚の骨の断片を発見したと発表した。オロリン・トゥゲネンシスは、人類のなかで、最初に直立歩行をした種のひとつかもしれない。

身体の特徴

ヒトの大腿骨（太ももの骨）の骨幹は、二足歩行の荷重に耐えられるよう、頑丈な円柱形をしている。オロリン・トゥゲネンシスの大腿骨は骨幹の上部がとくに太く、二足歩行をしていたことを物語っている。一方で、上腕骨の形やわずかに曲がった指からは、上肢にも体重負担能力があったことがうかがわれる。犬歯が尖っていること、大臼歯の咬合面が低いこと、そして上顎の前歯が大きいことから、果実や種子を食べていたと推測される。これらを考え合わせると、樹上と地上の両方で過ごす生活様式が浮かび上がってくる。

3本の異なる大腿骨の断片が発見されている。ただし、二足歩行を証明できる保存状態にあったのは、そのうちの1本のみだ。

オロリンの大腿骨
大腿骨には、二足歩行を示唆する特徴がいくつかある。骨盤の寛骨臼に接する大腿骨骨頭が丸いこと、骨頭と骨幹の角度、周辺筋肉の付着痕の位置などが、二足歩行する人類と似ている。

オロリン・トゥゲネンシス
- **名前の意味**　トゥーゲン・ヒルズの最初の人
- **年代**　620万～560万年前
- **身長**　不明
- **脳容積**　不明
- **場所**　ケニアのトゥーゲン・ヒルズ、ルケイノ層にあるチェボイト
- **化石記録**　顎骨、歯、腕の骨・大腿骨・指骨の断片

アルディピテクス・カダバ　Ardipithecus kadabba

アルディピテクス・カダバの犬歯は大きくて突き出ている。しかし、アウストラロピテクス・アナメンシス（⇨ p.74）やアウストラロピテクス・アファレンシス（⇨ p.78～79）など、のちの人類の祖先である可能性がある。

発見

2004年、3人の人類学者、アメリカのティム・ホワイト、日本の諏訪元、エチオピアのブルハニ・アスフォーは、エチオピアのアワシュ渓谷中流域から出土したわずかな骨片化石群の名前を付け直して、**アルディピテクス・カダバ**とした。その化石群はそれまで10年間にわたって発掘されてきたものだったが、最初のうちはアウストラロピテクスだと考えられ、のちにアルディピテクス・ラミダスの亜種ではないかと考えられていた。しかし現在では、歯の解剖学的構造や地質学的年代から、別種とされている。同じ場所からは、4本牙ゾウのデイノテリウムや、3趾（3本指）ウマのヒッパリオンなどの絶滅種、湿地帯や森林地帯を生息地とする現生種の化石が見つかっている。

アワシュの景観
アルディピテクス・カダバが生息していた当時のアワシュには、森林と草原が混在していて、泉や沼、小さな湖があった。現在のような乾燥した景観ではない。

身体の特徴

アルディピテクス・カダバの歯には、大型類人猿と共通する特徴がいくつか見られる。犬歯が大きく、臼歯の咀嚼面よりも突き出ている。また、犬歯は上から下まで摩耗している。現生類人猿でも、歯をかみ合わせることによってこのような摩耗が起きる。しかし、臼歯のエナメル質は、チンパンジーより厚く、のちの人類種よりは薄い。おそらく果実や柔らかい葉を食べていたと思われる。四肢の骨片のなかには、アルディピテクス・カダバのものとされながら、是非をめぐっていまだに意見が割れているものもある。足指の向きや形からは、ものをつかめる足をしていたように思われるし、腕の大きさからは、アウストラロピテクスと同じ程度の体格だったと推測されるが、さらに完全な骨格が見つからないかぎり、新たな結論を導き出すことはむずかしそうだ。

アルディピテクス・カダバ
- **名前の意味**　現地アファール語で「家族の大もとの祖先」
- **年代**　580万～520万年前
- **身長**　不明
- **脳容積**　不明
- **場所**　エチオピアのアワシュ渓谷中流域
- **化石記録**　下顎骨・腕の骨・手骨・足骨・鎖骨の断片

直立二足歩行
解剖学的な特徴

身体をまっすぐに立てて2本の足で歩く「直立二足歩行」は、ヒトの最大の特徴のひとつである。ほかの霊長類も後ろ脚で立って食べ物に手をのばしたり、短時間なら2本足で平地を横切ったりすることもあるが、すぐに四足歩行や木登りに戻る。二足歩行は私たちの祖先に多大な恩恵をもたらした。長距離を効率的に移動できるようになったこと、太陽光線に当たる面積を最小限にすることで適度な体温を保ちやすくなったこと、目線が高くなって捕食動物を見つけやすくなったこと、両手が自由になり、道具を使えるようになったことなどがあげられる。二足歩行を可能にした適応は、私たちの骨格のあらゆる部分に見られる。

○ ゴリラ　　○ ヒト

胸郭
ヒトの胸郭は樽形をしている。そのおかげで胴体を曲げることや腕を自由に振ることができ、二足歩行の際にもバランスを取りやすい。ゴリラの胸郭は円錐形なので、大きな内臓をおさめることができるし、肩の可動域が広くなるため、木登りのときに手を頭上にのばすことができる。

骨盤
ヒトの骨盤は、ほかの霊長類に比べると上下に短く、左右に広い。脊柱の底部は、股関節の寛骨臼近くまでのびてきている。この形状のおかげで上半身を支え、腰を振って、直立歩行の際にバランスを保つことができる。

足
ほとんどの霊長類の足は、親指がほかの指と離れていて、足裏は平らだ。ものをつかむことや、四足歩行に適応した形状になっている。ヒトの場合は親指がほかの指と同じ方向を向いて並んでいて、アーチ(土踏まず)が高く、かかとの幅が広いため、つま先で蹴り出すことや、歩行にかかる荷重を吸収することができる。

大後頭孔
脊髄は、頭骨にある大後頭孔と呼ばれる大きな孔を通っている。四足の動物では、大後頭孔の位置が頭骨の後方寄りにあるが、二足の人類の場合は、垂直な脊柱の真上に頭骨が載る形になるので、大後頭孔が頭骨底部の下に完全に収まる。

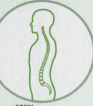 

脊柱
直立姿勢を維持するため、ヒトの脊柱はゴリラよりも頭と腰のあたりで大きく湾曲している。このS字カーブは、身体の重心を両足の真ん中の直上近くに保ち、歩行時の脊柱の働きを助ける。

ゴリラのナックル・ウォーキング
現生種のうちで最もヒトに近いチンパンジーやゴリラが地上を移動する際には、手のひらや指ではなく、指の甲(指背)を地面につけて体重を載せる「ナックル・ウォーキング」という歩行方法をとる。

大腿骨
ヒトの大腿骨は、骨盤から受けた体重を膝から足へと伝えるため、関節の表面積が広く、骨幹は正中線(重心線)のほうに傾いている。それに対してヒト以外のほぼすべての霊長類の大腿骨は短く、左右がほぼ平行で、関節も小さい。

直立二足歩行 | 069

アルディピテクス・ラミダス　Ardipithecus ramidus

数多くの化石が発見されており、ほぼ全身の部位の骨がそろっている。初期人類の進化における二足歩行のはじまりや、生息域の選択に関する新たな知見をもたらしてくれる。

発見

1992年、エチオピアのアワシュ渓谷中流域のアラミスで、日本の人類学者の諏訪元が、人類の臼歯を1つ発見した。この地区は、森林に生息した動植物の化石の小片をはじめとする、豊富な古人類学の資料が出土することで知られていたが、人類の化石証拠が見つかったのは初めてだった。諏訪が発見した標本は、その翌年にアメリカの人類学者ティム・ホワイトが、大半は歯で占められた、少なくとも17個体に属する化石を発見したとき、一緒に新種「アウストラロピテクス・ラミダス」として記載された。1995年には属名がアルディピテクスに変更され、現在では100点を超える標本をもつ人類種となっている。なかでも標本ARA-VP-6/500は、きわめて完全な骨格である。これらの化石の多くは、時代の特定が確実にできる環境から出土しており、生存年代は450万～430万年前のあいだと考えられている。

ギデイ・ウォルデガブリエル
エチオピア生まれの地質学者。東アフリカのミドル・アワシュ・プロジェクトをはじめとする、数多くの重要な化石標本の発見に関わってきた。

身体の特徴

これほど古い人類種にしてはめずらしいことだが、数多くの個体の部分的な化石が発見・記載されており、全身のほぼすべての部分の骨が見つかっている。これらの標本の分析からは、身長がそれほど高くなく、性的二形（性別による体格差）もほとんど見られなかったことがわかる。また、腕や手足には、運動パターンの混在、つまり二足歩行と樹上生活の両方をしていたことを示唆する特徴が、数多く見られる。歯の状態からは幅広い食生活がうかがわれるが、のちの人類よりも脳は小さい。

- 身長　女性：1.2 m
- 体重　女性：50 kg
- 脳容積　300～370 cm³

「アルディ」——最古の人類の骨格
1994年11月、エチオピアの古人類学者ヨハネス・ハイレ=セラシエは、露出していたアラミスの粘土層の地表から、2本の人類の手の骨を見つけた。その後すぐに指の骨が、さらに大腿骨と下腿骨が発見され、1995年の暮れまでには、1個体の骨格に属する骨の断片が100点以上発掘された。化石化が不十分だったため崩れやすく、安定的な状態にするには、研究室での何年間にもわたる綿密な作業が必要だった。標本ARA-VP-6/500の部分骨格は、「アルディ」という愛称で呼ばれている。壊れてはいるものの、完全に近い頭骨、両腕と両手の骨、骨盤、片脚、両足の部分骨格がある。犬歯と頭蓋腔容積が小さめで、ほかの標本に比べて顔のつくりが華奢なことから、女性のものとされた。

アルディピテクス・ラミダス

- **名前の意味**　地上の類人猿のルーツ
- **場所**　エチオピアのアワシュ渓谷中流域　アラミスと、ゴマ（ハダール付近）

- **年代**　450万～430万年前　化石の上下にあった火山灰層を絶対年代測定法によって測定して決定

800万年前／現在／700万年前／100万年前／600万年前／200万年前／500万年前／300万年前／400万年前

- **化石記録**　ほぼ完全な骨格1点のほか、さまざまな個体の頭骨・下顎骨・歯・腕の骨の断片

アルディの生きていた環境

初期人類の化石が出土するアワシュ渓谷中流域は、アルディピテクス・ラミダスの生きていた環境を教えてくれる証拠の宝庫だ。化石化した木片や種子、レイヨウやサルなどの哺乳類の化石骨は、まさにそこが、めったに干ばつの起こらない時期の疎林もしくは密林であったことを示している。複数個体の歯の安定同位体元素を研究したところ、食生活の大半は低木や高木の産物だったようだ。つまり、アルディピテクス・ラミダスは、のちの人類の大半が住んでいたと考えられる、開けたサバンナや草原よりも、森林地帯を好んだことを示している。

森の住人たち
コロブス（オナガザル科、写真上）やクーズー（レイヨウの一種、写真下）をはじめ、アルディピテクス・ラミダスと一緒に化石が見つかっている動物種の多くは葉食性で、今日でも森林に生息している。

070　人類

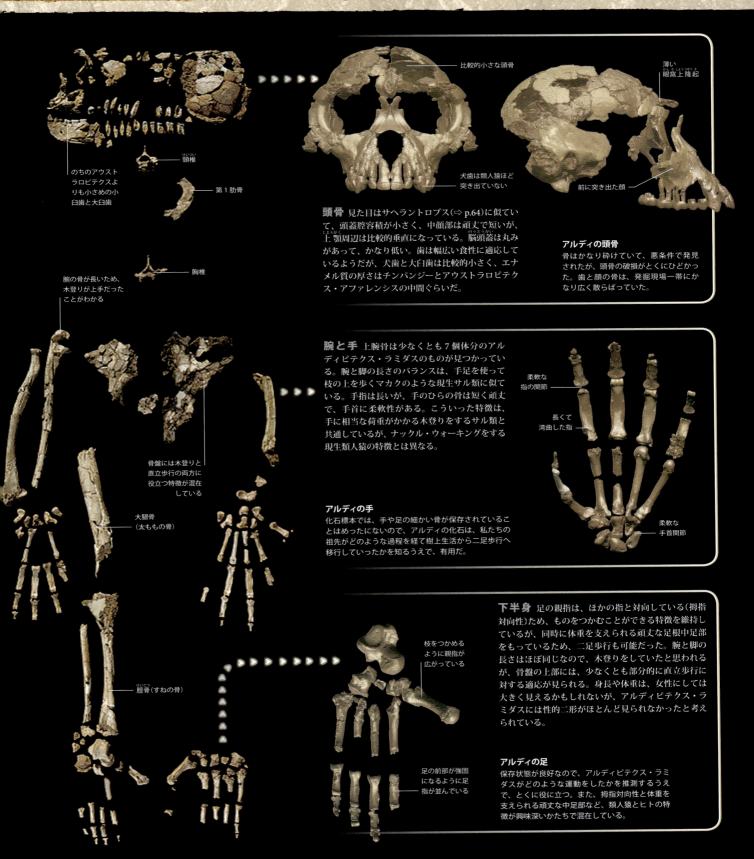

アルディピテクス・ラミダス

森林の開けた場所では、木に登って果実や木の実を採るものもいれば、休んだり食事をしたりするものもいる。

食生活の証拠

歯のエナメル質の厚さと安定同位体元素含有量の分析から、食生活を推測できる。その結果、歯を摩耗させる食物を食べていなかったこと、森林で手に入る果実や木の実、葉を中心に食べながら、昆虫や卵、小型哺乳類なども食べていたかもしれない、雑食性であったことがわかった。

独特の手

手と手首は、チンパンジーのものとはかなり異なり、ナックル・ウォーキングよりも、木に登ったときに、手のひらで体重を支えるのに適していた。つまり、専門家のこれまでの推測とは異なるが、ヒトとチンパンジーの最後の共通祖先は、現生類人猿と同じような動きかたはしていなかったと考えられる。

アウストラロピテクス・アナメンシス　**Australopithecus** *anamensis*

アウストラロピテクス・アナメンシスの化石には、現生の類人猿とヒトの特徴が混在している。直立歩行も木登りもできた可能性が高い。

アウストラロピテクス・アナメンシス

- **名前の意味** 湖畔に住む南方の類人猿
- **年代** 420万～390万年前
- **身長** 不明
- **脳容積** 不明
- **場所** ケニアのトゥルカナ湖およびカナポイ、エチオピアのアワシュ渓谷中流域のアラミスおよびオモ盆地
- **化石記録** 上・下顎骨、歯、および腕の骨・大腿骨・指骨の断片

発見

これまでに記載されたアウストラロピテクス・アナメンシスの化石のほとんどは、ケニアのカナポイ遺跡とトゥルカナ湖畔のアリア・ベイ遺跡で出土したものだ。1965年以降、これらの発掘現場では、複数の個体からの化石が発見されてきたが、いずれも断片的なものばかりだった。1994年、下顎骨と外耳道からなる標本 KNM-KP29281 を模式標本として、人類種の定義がなされた。同じような断片的な化石は、エチオピアのアワシュ渓谷中流域のアラミスやオモ盆地でも発見されている。この種を認める人類学者がいる一方で、ひとつの人類種とするには変異の範囲が大きすぎるとして、懐疑的な見かたを示す研究者もいる。

身体の特徴

頭骨は断片的にしか見つかっていないが、上顎骨は幅が狭くて正面を向いており、歯列は長く、左右平行だったようだ。切歯と犬歯は突き出ているが、頤は著しく引っ込んでいる。外耳道は狭く、現生人類よりもチンパンジーに近い。歯の大きさは個体によってばらつきがあるが、全体的に見ると大臼歯は小さめで、エナメル質が厚い。これらの特徴から、果実や種子、葉を食べていたと考えられる。脛骨、前腕骨、指骨からは、脚にも腕にも体重を支える力があったことがわかる。どの程度の二足歩行をしていたかをめぐっては、激しい論争が続いている。

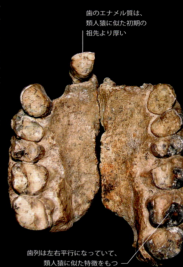

歯のエナメル質は、類人猿に似た初期の祖先より厚い

歯列は左右平行になっていて、類人猿に似た特徴をもつ

歯のついた上顎骨
標本 KNM-KP29283 は、1994年にケニアのカナポイで発見された。415万年前のものとされている。

砂漠での発掘作業
人類の化石を探し出すのは、時間と根気のいる作業だ。写真は、ケニアのアリア・ベイでの作業のようす。掘り起こした土を目の細かいふるいにかけ、細かい骨片も見逃さないよう、注意深く確認している。

アウストラロピテクス・バールエルガザリ　Australopithecus bahrelghazali

化石記録はきわめて少ないが、アフリカ大地溝帯から西へ2500kmも離れた場所で発見されたことに、重要な意味がある。

身体の特徴

模式標本 KT12/H1 は成人の下顎骨の前部で、切歯1本、犬歯2本、小臼歯4本が付いている。顎の前部はかなりの高さと幅があり、犬歯は現生人類に比べると大きい。全体的な大きさや形のバランスはアウストラロピテクス・アファレンシス（⇨ p.78）にかなり近いのだが、小臼歯のエナメル質が比較的薄く、3本の歯根があるなどのわずかな形質の違いから、別種とされた。アウストラロピテクス・アファレンシスの地域的変異種であれ別種であれ、初期の人類が、これまでに考えられていたよりもはるかに広い地域に分布していたということを証明した点で、この化石は重要な意味をもつ。

発見

チャドの国土の大半では、鮮新世の堆積層が第四紀後期の厚い堆積層によっておおい隠されている。そのため古代の化石は少なく、ときおりボーリング孔から見つかる程度だ。しかし、バール・エル・ガザル周辺には、鮮新世の堆積物が露出した古代の河床がある。1993年、フランスの古生物学者ミシェル・ブルネ率いる発掘調査団は、この地でさまざまな脊椎動物の化石を見つけた。そのなかには、7本の歯が残っている初期人類の下顎骨の一部（標本 KT12/H1）もあった。ほかの遺跡で見つかった、年代の明確な動物相化石との関連から、この化石は360万〜300万年前のものとみられる。

アウストラロピテクス・バールエルガザリ
- 名前の意味　バール・エル・ガザルに住む南方の類人猿
- 年代　360万〜300万年前
- 身長　不明
- 脳容積　不明
- 場所　チャドのバール・エル・ガザル
- 化石記録　下顎骨の一部と歯

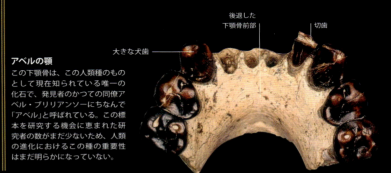

アベルの顎
この下顎骨は、この人類種のものとして現在知られている唯一の化石で、発見者のかつての同僚アベル・ブリリアンソーにちなんで「アベル」と呼ばれている。この標本を研究する機会に恵まれた研究者の数がまだ少ないため、人類の進化におけるこの種の重要性はまだ明らかになっていない。

後退した下顎骨前部／切歯／大きな犬歯

ケニアントロプス・プラティオプス　Kenyanthropus platyops

1999年にほぼ完全な頭骨が発見された。アウストラロピテクス・アファレンシスと同時期に、平らな顔をした初期人類が存在していた証拠と考えられるかもしれない。

身体の特徴

模式標本 KNM-WT 40000 はほぼ完全な頭骨だが、地質学的な諸過程を経て変形している。大きさはアウストラロピテクスの変異内だが、中顔部はやや平らだ。大きな頬骨が前に向かって張り出し、硬口蓋の幅は広いが、鼻の開口部の幅は狭く、耳の穴も小さい。歯はほとんど残っていないが、大臼歯の1本は極端に小さく、エナメル質がかなり厚い。変形しているため頭蓋腔容積を測るのはむずかしいが、ほかの部分の寸法から、リーキーはアウストラロピテクスやパラントロプスの変異内に入るのではないかとみている。

発見

1990年代には、先史時代の大半の時期に複数種の人類が共存していたことが明らかになっているが、400万〜300万年前に存在したアウストラロピテクス・アファレンシスが知られているだけである。2001年、ケニアのトゥルカナ湖の西側で発見された化石から、同時期のものであるケニアントロプス・プラティオプスという新しい種が確認され、記載された。それらの化石には、変形した頭骨（標本 KNM-WT 40000）と、上顎骨（標本 KNM-WT 38350）があった。2011年、その近くのロメクウィで330万年前の石器が発見され、これらの種のいずれかまたは両方が、ヒト属の出現する以前から道具を作った可能性があると推察される。

ケニアントロプス・プラティオプス
- 名前の意味　平らな顔のケニア人
- 年代　350万〜330万年前
- 身長　不明
- 脳容積　不明
- 場所　ケニアのナチュクイ累層のロメクウィ
- 化石記録　頭骨、上顎骨、歯

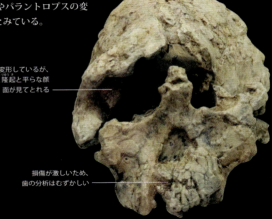

かなり変形しているが、眼窩上隆起と平らな顔面が見てとれる

歪んだ証拠
変形が著しいため、この頭骨を、アウストラロピテクスと同時期にまったく別の人類種が存在した証拠として採用していいかどうか、古人類学者のあいだで意見が割れている。

損傷が激しいため、歯の分析はむずかしい

アウストラロピテクス・アファレンシス
Australopithecus afarensis

アウストラロピテクス・アファレンシスは、現生人類、すなわちホモ・サピエンスが属するヒト属（ホモ属）の祖先ではないかと考えられている。

アウストラロピテクス・アファレンシスは、初期人類のなかで最もよく知られている人類種のひとつだ。東アフリカではこれまでに男性、女性、幼児を合わせて数百体分の骨断片が発見されている。調査の結果、地上と樹上の両方で生活していた証拠や、性的二形が極端だった証拠が見つかった。

発見

エチオピアのアファール三角地帯といえば、3つの地殻構造プレートがぶつかっている場所として、地質学者のあいだでは昔からよく知られていた。1970年代になると、この一帯できわめて豊富な化石を含む遺跡が相次いで発見され、人類学者のあいだでもすっかり有名になった。ドナルド・C・ジョハンソンはハダールで数多くの人類の化石を発見したが、最初の発見は、1973年に見つけた2本の大腿骨上部と直立歩行への適応を示す膝関節だった。ジョハンソンの調査団がその発見を公表した翌年の1974年には、メアリー・リーキー（⇨ p.94）が、それより南方のラエトリで発掘を開始した。エチオピアで発掘を続けていたジョハンソンの調査団は、ほどなく320万年前のものとされる骨格の一部（標本AL-288-1、愛称「ルーシー」）を発見した。1977年と1980年には、アメリカの人類学者ティム・ホワイトが、1974年以降にラエトリで発見された化石に関する記述を発表した。1978年にはジョハンソン、イヴ・コパン、ホワイトの3人が、これらの標本のなかの1点、成人の下顎骨（標本LH4）を、新種である**アウストラロピテクス・アファレンシス**の模式標本として発表した。エチオピアのハダール、マカ、アラミス、ディキカ、タンザニアのラエトリ、ケニアのトゥルカナ湖西岸をはじめとするこの地域一帯では、過去20年にわたって、さらに多くの化石が発見されている。

化石ハンター

ドナルド・ジョハンソン（写真左側）率いる発掘調査団は、アウストラロピテクス・アファレンシスの最初の骨格を発見し、「ルーシー」と名付けた。のちに13人からなる「最初の家族」の化石も発見した。いずれもアウストラロピテクス・アファレンシスで、鉄砲水のような洪水に襲われて、同時に命を落としたと考えられている。

- 脳頭蓋が小さいため、脳も小さかったと思われる
- 顔の下部が前に突き出ている
- 額が低く狭い
- 顎は引っ込んでいる

頭骨と歯

顔が大きく、頰骨が広い。鼻部が長く、鼻と口との間隔は狭い。左右の眼窩の間隔が狭く、脳頭蓋は眼の後ろあたりで幅が狭くなっている。顔の下部と歯列は前に突き出ている。上顎の長い犬歯と切歯のあいだにはすきまがあり、口を閉じると下顎の犬歯がそのすきまにぴたりとはまる構造になっている。

アウストラロピテクス・アファレンシス

- **名前の意味** アファールに住む南方の類人猿
- **場所** タンザニアのラエトリ、エチオピアのホワイトサンズ、ハダール、マカ、ベロフデリエ、フェジェジ、ケニアのアリア・ベイとトゥルカナ湖西岸
- **年代** 370万～300万年前　おもに化石の上下層の火山灰を絶対年代測定法によって測定して決定
- **化石記録** 成人の部分的な骨格、ほぼ完全な乳幼児の骨格、完全な膝関節、四肢骨の断片とそのほかの骨、複数の下顎骨と部分的な脳頭蓋

ディキカ・ベビー

- 化石化の過程で頭蓋腔が堆積物で満たされた
- 顎骨には乳歯が残っていて、永久歯も生えようとしていた

2000年から2003年にかけて、ディキカ（エチオピア）にある330万年前の堆積層からアウストラロピテクス・アファレンシスの幼児の骨格の一部が発見された。歯の生えぐあいや骨の成熟度から見て、死亡当時3歳ぐらいだったと思われる。指が長く、湾曲しているため、この種にとって樹上での行動がどの程度重要だったのか、さらなる疑問が生まれている。

上半身

現生人類よりも腕は長かった。腕と大腿骨の長さの比率が現生のヒヒに近く、身体の大きさのわりには腕の骨の断面積が大きいことから、腕で上半身を支えていた可能性も考えられる。手指は、オランウータンのように長く湾曲している。しかし肋骨の湾曲具合から、胸郭は現生類人猿のような円錐形よりも、現生人類のような樽形に近い形状をしていたことがわかる。また、脊柱は比較的細いものの、上半身をまっすぐ立てていた可能性が高い。

ルーシー

標本AL-288-1は、調査団が発見の歓喜に湧いていたときに発掘現場でかかっていたビートルズの曲、ルーシー・イン・ザ・スカイ・ウィズ・ダイヤモンズにちなんで「ルーシー」と名付けられた。ルーシーは、その当時までに見つかっていた化石のなかで、最も完全な人類の骨格だったが、すぐに新種と認識されたわけではなかった。アウストラロピテクス・アファレンシスに分類されたのは、後になってからだ。

078 | 人類

身体の特徴

アウストラロピテクス・アファレンシスの化石は数百体分あり、骨格のほぼすべての部分がそろっている。身体のわりに脳頭蓋は小さいが、顔と顎は大きい。胸郭は直立姿勢に向いていて、脚の形からは直立歩行が可能だったことがうかがわれる。その一方で、腕の長さなどの特徴から、木登りも得意だったと思われる。この化石群には、非常に大きな個体と非常に小さな個体がある。個体間の体格差が別の種の存在を意味するのか、著しい性的二形によるものなのか、議論が続いている。

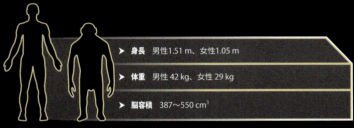

- 身長　男性1.51 m、女性1.05 m
- 体重　男性42 kg、女性29 kg
- 脳容積　387〜550 cm^3

カダヌームー

2005年までは、上肢と下肢の両方を含む部分的な骨格が見つかっているアウストラロピテクス・アファレンシスは、ルーシーだけだった。しかし2005年1月、ヨハネス・ハイレ＝セラシエ調査団の一員だった、エチオピアの化石ハンター、アレマイエフ・アスフォーが、エチオピアのアファール地域にあるコルシ・ドラ脊椎動物出土地第1地点で、新たに1体を発見した。この発見によって、アウストラロピテクス・アファレンシスの理解に新たな章が開かれた。

通称「カダヌームー（大男）」は、358万年前のものとされ、身長や四肢の長さの比率、歩行様式に関して、新たな証拠を提供してくれた。研究者によると、カダヌームーはルーシーよりはるかに大きく、おそらく男性だったと考えられている。のちの人類と比較すると、下肢は短めだが、骨格の随所に直立歩行への適応が見られる。化石としてめったに見つからない肩甲骨も発見されているが、そこにも枝からぶら下がったり、垂直に木登りをしたりしていた形跡は、ほとんど見られない。肋骨の形からは、胸郭がそれまで考えられていたほど円錐形ではないことがうかがわれ、大腿骨はバランスをとりやすいよう、内側に傾いている。

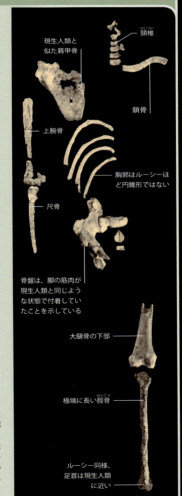

大男の骨格

カダヌームーの頭骨と歯は、見つかっていない。種の分類を判断するうえで最も重要な部分を欠いた化石を、アウストラロピテクス・アファレンシスとして認めることに異論をはさむ研究者もいるが、現時点では、ルーシーやディキカ・ベイビーの近い親戚だろうということで、ほとんどの研究者の意見が一致している。

下半身
脚は現生人類に比べると短いが、大腿骨は内側に傾いていて、大腿骨上部の断面積が広い。上下が短く左右に広い形状の骨盤が、私たち現生人類よりもカーブのゆるやかな脊柱下部と関節でつながっている。足首と足の骨からは、平らで動きのよさそうな足が想像されるが、現生類人猿に比べれば足全体の長さは短く、親指はそれほど対向していないようだ。

アウストラロピテクス・アファレンシス | 079

考古学

古代を知るための情報源は、人類の化石だけではない。考古学上の記録には、ほかにも数多くの種類の物的証拠（石器、加工された材料、動植物の遺存体、地形の変化など）が含まれる。古人類学の現地調査は、さまざまな分野から専門家が集まって、発掘現場そのものと発掘遺物を解釈する共同作業の場だ。研究対象のなかには足跡や動物化石もある。

保存された足跡

1935年に初めてラエトリを訪れたメアリー・リーキーが、再び同地へ戻って調査を開始したのは、1974年のことだった。アウストラロピテクス・アファレンシスの模式標本となった化石をはじめ、新たな化石が続々と見つかったが、研究者たちを最も興奮させたのは、連続した足跡の発見だろう。ゾウ、キリンなどさまざまな動物に混じって、人類の足跡が残っていたのだ。彼らが湿った降下火山灰のうえを歩いた後に固まった地面に刻まれた足跡は、360万年前とされる火山灰層に挟まれて保存されていた。足跡は、ふたりのもので、うちひとりは体格が大きく、おそらく3人目が彼らの後ろを歩いていたと思われる。発見以来、ラエトリの足跡は、初期人類の歩きかたに関する議論の中心となった。一部の人類学者は、足の親指がわずかにほかの指と離れているため、現生人類の足よりも指がよく動いたのではないかと指摘する。また、かかととつま先の足跡がほかの部分よりも深くくぼんでいることから、私たちと同じように、かかとから着地してつま先で蹴り出す歩きかたをしていたにちがいないと主張する研究者もいる。

見覚えのある足跡
ラエトリで発見された足跡には、アファレンシスが歩くときに、足の各部にどのように体重をかけていたかの証拠が保存されている。足の骨に見られる特徴と併せ考えると、アファレンシスの歩きかたは、チンパンジーが立って歩くときの歩きかたよりも、私たち現生人類の歩きかたにかなり近かったことがわかる。

完全な膝関節
化石標本で、膝関節を構成する両方の骨が保存されていることは、大変めずらしい。この化石から、アファレンシスの歩きかたについて、貴重な情報が得られた。

- 膝関節の上部が股関節に向かって傾いているため、直立歩行していたことがわかる
- 脛骨の上端部分は、より重い体重を支えられるように広くなっている。二足歩行の基本的な特徴だ

時間をさかのぼる
ラエトリの火山灰に足跡を残したのは、アウストラロピテクス・アファレンシスだけではない。写真右上（右ページ）には、ヒッパリオンという絶滅した3趾（3本指）のウマの足跡が見える。

現代人のような歩きかた

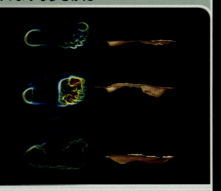

ラエトリの足跡(下)の立体的な輪郭や断面を、現代人が普通に歩いた場合(上)と、膝と腰を曲げて類人猿のような歩きかたをした場合(中)の2通りで比較した2009年の実験。つま先とかかとの地面へのめり込み具合を見ると、ラエトリの足跡は現代人が普通に歩いた場合の足跡に近い。これは初期人類の進化において最初の300万〜400万年のあいだにヒトのような直立歩行が発達したことを示す強力な証拠だ。

道具が使用された証拠

石器使用の最古の証拠は250万年前の東アフリカで発見されている。しかし最近になって、339万年も前に石器が使用されていたという間接的な証拠が見つかった。2009年、ディキカ・リサーチ・プロジェクトの調査団がエチオピアのアワシュ渓谷下流域のディキカ第5地点(DIK-5)で考古学調査を行った。この地域は豊富な化石記録が出土する土地として知られていて、とくにほぼ完全なアウストラロピテクス・アファレンシスの幼児標本DIK-1-1(通称「ディキカ・ベイビー」)が発見されたことですでに有名だった。調査の過程で、表面に奇妙な痕のある有蹄類の化石(2本の骨、大きな肋骨の部分と小さめの大腿骨の断片)が見つかった。最新の画像技術を使って精査したところ、この痕は、骨が化石化するより以前に付けられたものであること、石器の刃先やハンマーストーンなどの道具が使用された可能性があることなどがわかった。痕が付いている位置から、動物の脚や胸郭から肉をそいだり、骨髄を取り出すために骨を粉砕していた証拠だと考える研究者もいる。もっともそのために使われたはずの石器が見つかっていないため、この説には異論も多い。

骨に残る解体痕？

A1とA2は刃物の痕(カットマーク)、BとCはハンマーストーンの痕ではないかと考えられている。それが事実であれば、現在わかっている最古の道具の使用年代は、さらに100万年ほどさかのぼることになる。

A1とA2は鋭利な刃をもつ石器によって付けられた可能性がある

火山の噴火
サディマン火山は足跡が見つかったラエトリ遺跡から20 kmほど東にある。360万年前には非常に活発な火山活動をしていて、頻繁な噴火によって円錐形になった。はるか昔に死火山となり、今日では山腹がかなり浸食されている。

体格の違い
アウストラロピテクス・アファレンシスには、極端な性的二形（性別による体格差）があったと考える研究者がいる一方で、体格に差があるのは種が異なるからではないかと考える研究者もいる。ラエトリの足跡は、体格差のあるふたりが一緒に歩いた跡だと思われる。

アウストラロピテクス・アファレンシス
荒涼たる風景のなか、数人のグループが、最近降ったばかりの火山灰の上を歩いて足跡を残していく。

謎の足跡
この足跡が横に並んで歩くふたりのものであることは明らかだが、右側の大きい足跡のなかには、輪郭のはっきりしないものがいくつもある。後ろから、その大きい足跡をたどるように歩いた第3の人物がいたためにそうなったのではないかと考える研究者もいる。

共存する動物たち
東アフリカのなかでも、この地域の生息環境は今日の環境と近いため、同じような動物がいても驚くにはあたらない。アウストラロピテクス・アファレンシスと並んで、サバンナに生息する20種以上の動物（キリン、レイヨウ、サイ、スイギュウ、ゾウなど）の足跡が見つかった。イラストは巨大な**デイノテリウム**。

足跡の形成
ラエトリの足跡ができるためには、いくつかの出来事が決まった順番に起こらなければならなかった。まず噴火によってきめ細かい粉末状の火山灰が降り、地面に層ができる。その上を人類が歩いて足跡をつける。次に霧雨のような軽い雨が降り、太陽が出て、足跡のついた層が固まる。その後さらに別の噴火が起き、足跡が最終的に発掘されるまで、火山灰がおおい隠す。

単位：cm
00
01
02
03
04
05

右側面

頭頂部に沿って、骨稜の発達が少し見られる

髪は現生アフリカ類人猿と同様、黒い直毛だったと思われる

眼窩上隆起ははっきりして

鼻は低くて横幅が広く、鼻孔は前を向いていたと思われる

下顎は上下に広く、はっきりとした頤はなかった

復元

この模型は、男性の成人の頭骨と下顎骨の断片をもとに復元された。年齢の異なる17人からなる、「最初の家族（ファースト・ファミリー）」という通称で知られる化石群に含まれていたものである。もっと後に出現するヒト属と比較すると、明らかに原始的な風貌をしていて、私たちの祖先である中新世に生息した類人猿と共通する特徴が多い。脳頭蓋は非常に小さく、顔の上部は幅が広くてへこんでおり、鼻は平らで鼻孔は前を向いている。顔の下部は現生類人猿と同様、上下の顎が突き出た突顎である。

084 ｜ 人類

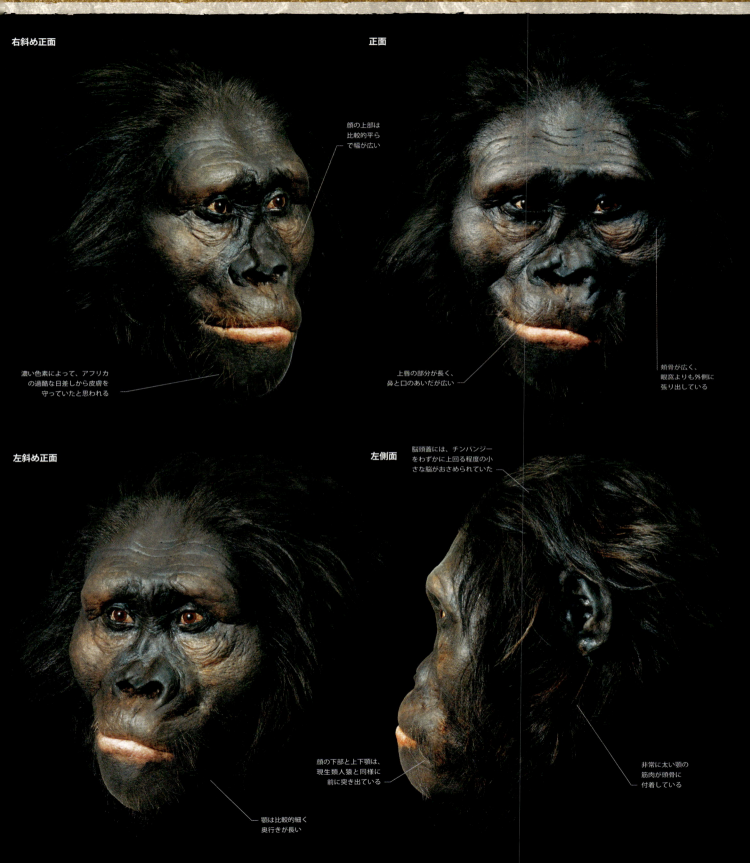

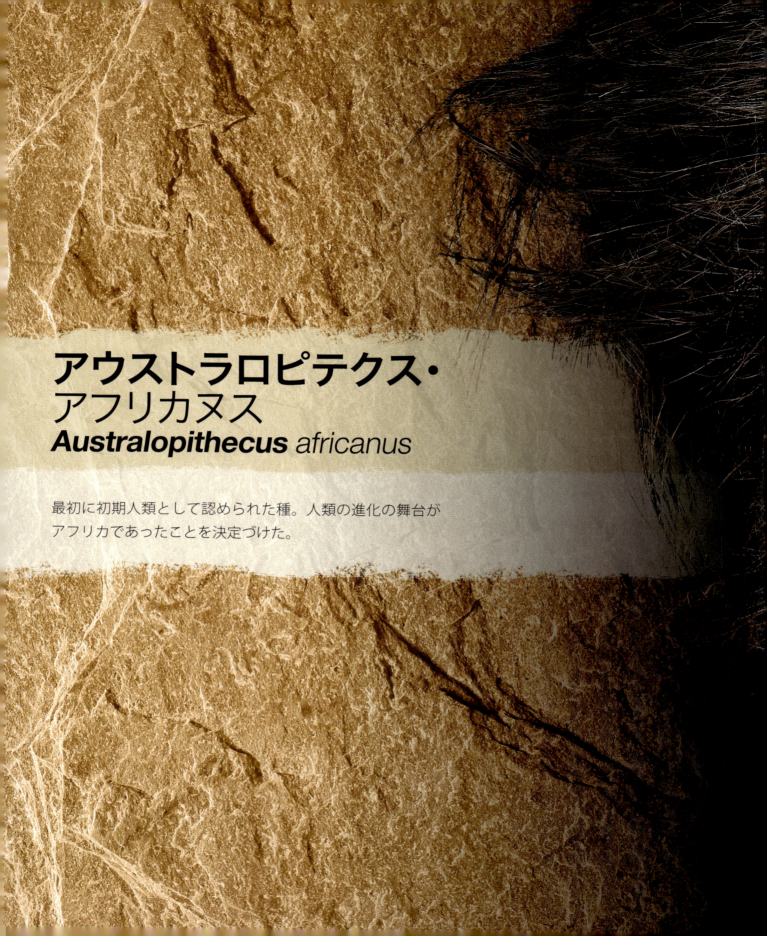

アウストラロピテクス・アフリカヌス
Australopithecus africanus

最初に初期人類として認められた種。人類の進化の舞台がアフリカであったことを決定づけた。

アウストラロピテクス・アフリカヌスの化石の発見によって、人類の祖先がアフリカ大陸に存在したことが証明された。また、初期の人類の脳は小さかったにもかかわらず、直立歩行が可能だったこともわかった。

発見

チャールズ・ダーウィンは、人類発祥の地はおそらくアフリカだろうと考えていたが、1920年代後半になるまで、ヨーロッパとアジア以外で人類の化石が発見されたことはなかった。すべてが変わったのは1924年、ひとつの箱が、ヴィットウォーターズランド大学（南アフリカ）で解剖学を専門としていたレイモンド・ダート教授の元に届いたときだった。箱にはいくつもの化石と岩石が入っていた。出土地はカラハリ砂漠の端、タウング地域にあるバクストン石灰岩採石場。とくに神経解剖学を専門としていたダートは、化石のひとつが、非常にまれな霊長類の「頭蓋腔鋳型」であることに気づいた。それは化石化するときに自然にできたもので、一緒に見つかった子どもの頭骨の一部とぴたりと一致した。垂直に立った額、なだらかな眼窩上隆起、華奢な構造といった特徴から、すぐに「現生のサルとヒトのあいだに位置する、類人猿の絶滅種の化石にちがいない」と確信した。1925年、ダートはこの種をアウストラロピテクス・アフリカヌスと命名。それ以降、ステルクフォンテインとマカパンスガットの洞窟の堆積物からは数多くの化石が発見されており、なかにはほぼ完全に近い頭骨や全身骨格もある。

レイモンド・ダート

レイモンド・アーサー・ダートは1893年、オーストラリアのクイーンズランドに生まれた。クイーンズランド大学で生物学、シドニー大学で医学を修めたのちイギリスへ渡り、第1次世界大戦中は軍医として従軍する。1923年からは解剖学の教授としてヨハネスブルグのヴィットウォーターズランド大学で教鞭を執り、その1年後、当時では最古となる人類の子どもの頭骨「タウング・チャイルド」を発見する。その後、研究内容を批判されたことや、アウストラロピテクス・アフリカヌスに関する主張が認められなかったことを苦にして、古人類学の研究からはしだいに遠ざかってしまった。しかし、アフリカヌスの化石「タウング・チャイルド」に関する自説が立証されたことを見届け、95歳でこの世を去った。

アウストラロピテクス・アフリカヌス

▶ **名前の意味** アフリカの南の類人猿

▶ **場所** 南アフリカのステルクフォンテイン、マカパンスガット、タウング、グラディスヴァーレなどの鍾乳洞

▶ **年代** 330万〜210万年前
相対年代推定法による。絶対年代測定法によって年代を特定された、東アフリカの遺跡から出土した化石と一致する化石が、洞窟内で見つかっている。

800万年前／現在
700万年前／100万年前
600万年前／200万年前
500万年前／300万年前
400万年前

▶ **化石記録** 複数の部分的な頭骨、多数の下顎骨、そのほかの骨格からの骨断片

ステルクフォンテイン洞窟群
最も重要な化石遺跡群のひとつ。ヨハネスブルグの北西に位置し、アウストラロピテクス属、パラントロプス属、初期ヒト属（ホモ属）などが出土している。現在はユネスコの世界遺産に認定されている。

身体の特徴

標本の多くは砕けていたり変形していたりするものの、アウストラロピテクス・アフリカヌスについては、ほぼ全身分の化石記録がそろっている。そこから浮かびあがるのは、体格はあまり大きくないが、直立歩行ができて、成長や成熟のパターンは現生人類よりも現生類人猿に近い、初期人類の姿だ。成人の頭骨には、ほかの頭骨（標本StW 505）よりもはるかに大型のもの（標本Sts 19）があり、性差による可能性や、現生ゴリラ類に見られるような、ハーレム的な社会組織が存在した可能性をうかがわせる。あるいは2つの異なるグループに属する頭骨である可能性もある。

頭骨 アウストラロピテクス・アフリカヌスの頭骨は、丸くてかなり華奢なつくりになっている。脳容積は約450 cm³で現生大型類人猿の平均値に近いが、頭蓋冠はドーム型で筋肉の付着痕は弱い。頭骨は垂直に立っている脊柱の上に載っていて、頸筋は後頭部の下に付いている。眼窩上隆起はなだらかで頬骨は薄い。しかし上顎の幅は広く、前に突き出している。前歯も上顎に応じて大きく、犬歯にはわずかながら性による差（性的二形）が見られる。

タウング・チャイルド
アフリカヌスはアウストラロピテクス・アファレンシスにかなり似ていたが、咀嚼筋を支えるためにアファレンシスよりも大きな顎と頑丈な頬骨をもっていた。臼歯もアファレンシスより大きかったが、最初期の人類よりは、のちのヒト属の人類に近かった。

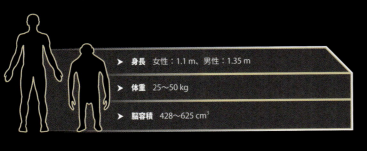

- 身長 女性：1.1 m、男性：1.35 m
- 体重 25〜50 kg
- 脳容積 428〜625 cm³

上半身 比較的長い腕、自由に動く肩、長くて大きな手骨などから、荷重に耐えられる能力があったことがわかる。アウストラロピテクス・アフリカヌスは木登りが上手で、摂食中は胴体をまっすぐに立てていたと思われる。

華奢な頬骨
ドーム型の脳頭蓋
幅広い上顎

ミセス・プレス
1947年にロバート・ブルームがステルクフォンテインで発見した、最も完璧に近い頭骨（標本 Sts 5）。当初はプレシアントロプス・トランスヴァーレンシスと分類され、それが愛称「プレス」の由来となっている。現在では若い男性の頭骨と考えられている。

現生類人猿に近い脳の大きさ

下半身 骨盤、大腿骨、足骨からは、アウストラロピテクス・アファレンシス同様、不自由なく二足歩行をしていたことがわかる。しかし足指が長く、アーチ構造に柔軟性があり、親指がほかの指と離れているので、足全体は現生人類よりもよく動く。脊柱の下のほうの椎骨の椎体（太鼓のような部分）は現生人類より狭いが、これは可動域や体重を支える能力の違いからの差と考えられる。

胸郭は類人猿同様、円錐形だったと思われる

6個の腰椎。現生人類にも見られることがある

直立二足歩行に適応した骨盤。ただし現生人類のものよりも横に広がっている

骨盤と脊柱
1947年にロバート・ブルームがステルクフォンテインで発見したアウストラロピテクス・アフリカヌスの骨盤と脊柱の化石（標本 Sts 14）は、この種が直立二足歩行をしていたことを示すと同時に、「私たちの祖先が二本足で立つ前には、脳が相当程度に発達していたはず」という当時の考えに疑問を投げかけた。

タウング・チャイルド

現生人類と類人猿の特徴が混在する頭骨

第1大臼歯が生えはじめていた

脳の鋳型
化石化の過程で、子どもの頭蓋腔は、カルシウムが豊富な水を含んだ堆積物に満たされた。堆積物が石化すると、頭蓋腔を完璧にかたどって保存したレプリカができあがった。

タウング・チャイルドは、アウストラロピテクス・アフリカヌスとして発見された第1号の化石であり模式標本であるが、こうした絶滅種の死亡年齢を推定するのはむずかしい。成長や成熟の速度がわからないからだ。しかし現生霊長類との比較がヒントを与えてくれる。タウング・チャイルドには、ほぼすべての乳歯が残っていて、永久歯である第1大臼歯がちょうど生えはじめたところだった。これは現生人類なら6歳程度、大型類人猿ならば2〜3歳に見られる状態だ。歯のエナメル質の顕微鏡解析や骨形成の速度からは、現生人類よりも類人猿に近いパターンがうかがわれるため、タウング・チャイルドが死亡したのは2〜3歳のころだったと考えられる。

アウストラロピテクス・アフリカヌス | 089

右側面

タウング・チャイルドにははっきりした眼窩上隆起がない。類人猿の場合は、幼いうちから目の上に何らかの骨稜が見られる

顎はあまり前に突き出ていないが、タウング・チャイルドが幼いからかもしれない。類人猿の場合、かなりおとなになってから顎が出てくる

復元

アウストラロピテクス・アフリカヌスは、のちに出てくるヒト属の人類との共通点も多いが、パラントロプスとのほうが近縁度は高いようだ。この模型は、250万~200万年前のあいだに、2~3歳で死亡したと思われるタウング・チャイルドの頭骨を復元したものだ。アフリカヌスにおける重要な特徴が、すでにいくつも現れている。しかし現生類人猿を見ると、「サルらしさ」が発達するのは成長過程であることが多く、幼体の類人猿は、成体の類人猿よりもヒトに似て見えることがある。したがって、アフリカヌスの特徴について確かな結論に達するためには、タウング・チャイルドを成人の標本と比較する必要がある。

右斜め正面　　　　　　　　　　　正面

両眼の間隔が狭い

顔の奥行きが短く、
アウストラロピテクス・
アファレンシスよりは
ヒト属の人類に近い

この模型は幼児のため、
頬骨の幅はあまり広くないが、
アフリカヌスの成人はもっと広い

左斜め正面　　　　　　　　　　　左側面

丸みのある顎は
小さめで、前歯
よりも奥歯の咀
嚼に頼っていた

タウング・チャイルドの
下顎骨には、ほぼすべての
乳歯が生えそろっていて、
第1大臼歯がちょうど生
えはじめたところだった

アウストラロピテクス・アフリカヌス　｜　091

アウストラロピテクス・ガルヒ　Australopithecus garhi

草原や低木地に生息する動物種と一緒に発見される。初期のヒト属（ホモ属）の祖先ではないかと考えられている。

発見

1990年、エチオピアの人類学者ブルハニ・アスフォーとアメリカの人類学者ティム・ホワイトが率いる調査団は、エチオピアのアワシュ渓谷中流域にあるブウリ累層で人類の化石を発見した。歯根の残る下顎骨は、かなり大きく、250万年前のものとされたが、驚いたことにパラントロプス・エチオピクスとは異なっているようだった。ブウリ累層からは1996～1998年にかけて、さらに多くの化石が発見された。そのなかには2～3個体のものと思われる腕の骨や大腿骨の断片、独自の特徴をいくつもそなえた頭骨の断片（標本BOU-VP-12/130）があった。この頭骨を模式標本として、新しい人類種アウストラロピテクス・ガルヒ（ガルヒは現地語で「驚き」という意味）が誕生した。

アウストラロピテクス・ガルヒ
- 名前の意味　驚くべき南方の類人猿
- 年代　250万～230万年前
- 身長　不明
- 脳容積　450 cm³
- 場所　エチオピアのアファールにあるアワシュ渓谷中流域
- 化石記録　頭骨・顎骨の断片

身体の特徴

アウストラロピテクス・ガルヒは、初期人類としては中ぐらいの体格だった。ほかのアウストラロピテクス属よりも脚が長かったという証拠もあるため、ヒト属に近い歩きかたをしていた可能性がある。同時に、腕はのちのヒト属の人類よりも長くて頑丈だったようだ。脳頭蓋の正中線に沿って骨稜があるため、咀嚼筋が発達していたと思われる。腕や脚の骨の大きさにばらつきがあるため、性的二形（性別による体格差）があったとも考えられる。頭骨の特徴は、アウストラロピテクス・アフリカヌス（⇨ p.88）に近いと指摘する人類学者もいる。

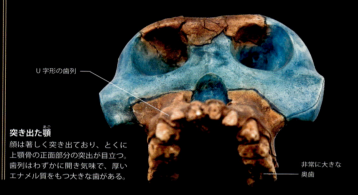

U字形の歯列

突き出た顎
顔は著しく突き出ており、とくに上顎骨の正面部分の突出が目立つ。歯列はわずかに開き気味で、厚いエナメル質をもつ大きな歯がある。

非常に大きな奥歯

パラントロプス・エチオピクス　Paranthropus aethiopicus

エチオピアで最初に発見された化石人類だが、現在ではケニアの遺跡から出土したもののほうがよく知られている。きわめて頑丈な頭骨が特徴。

発見

エチオピアで初めて初期人類が発見されたのは1967年で、パラウストラロピテクス・エチオピクスと命名された。発見された下顎骨の部分には歯がなく、当時は人類学上それほど重要な発見とはみなされなかった。それから約20年後、ケニアのトゥルカナ湖西岸で、保存状態がよく、顔の幅が著しく広い「ブラック・スカル（黒い頭骨）」が、ケニアの人類学者リチャード・リーキーが率いる調査団によって発見された。1987年までには、エチオピアで発見された化石と合わせて、パラントロプス・エチオピクスとして分類された。ほかにもケニアのシュングラ累層から出土した化石をはじめとする複数の顎骨の断片や歯が、この種のものとされている。

パラントロプス・エチオピクス
- 名前の意味　ヒトと同時代にエチオピアに生きた人類
- 年代　270万～230万年前
- 身長　不明
- 脳容積　410 cm³
- 場所　ケニアのトゥルカナ湖、エチオピアのオモ
- 化石記録　頭骨2点、下顎の部分骨数点、さまざまな歯の断片

身体の特徴

パラントロプス・エチオピクスを知る手がかりは、断片的な歯や頭骨しかない。ほかのパラントロプス属と同様に犬歯が小さく、臼歯は大きくて平らにすり減っていることから、相当な咀嚼を必要とする、質の低い食生活を送っていた可能性が考えられる。一方、奥歯の歯列が長くて平行である点と、前歯の幅が広い点は、ほかのパラントロプス属とは異なる。顔は大きくて、全体は前に向かって突き出ているが、横から見ると中央部が皿のように浅くくぼんでいる傾向がある。頭骨の幅は、なだらかな眼窩上隆起の後ろあたりで狭まっている。頭蓋腔容積は小さく、410 cm³程度しかない。

目立つ矢状稜

顔の中央部が浅くへこんでいる

顔の下部は外側へ突き出ている

頬骨が外側へ張り出している

「ブラック・スカル」
最も保存状態のよいパラントロプス・エチオピクスの標本（KNM-WT-17000）は、「ブラック・スカル（黒い頭骨）」という通称で呼ばれている。小ぶりな脳頭蓋の前に、とびきり幅の広い顔面が付いており、頭頂部には咀嚼筋が付着する巨大な矢状稜が見られる。

パラントロプス・ロブストス　*Paranthropus* robustus

南アフリカで発見された非常に頑丈な初期人類。奥歯がとりわけ大きく、硬いものや繊維質のものを食べられるように適応していた。

発見

パラントロプス・ロブストスは、イギリス生まれの古生物学者ロバート・ブルームによって、1938年に南アフリカのクロムドライで発見された。以前から化石のかけらを地元民から購入していたブルームは、彼らに頼み込んで化石が見つかる場所に案内してもらった。そしてそこで非常に頑丈な脳頭蓋、顔と顎、足首、肘関節などの骨を発見した。これは現生人類に直接つながる系統からはずれた初期人類にちがいないと確信したブルームは、それらの化石をパラントロプス・ロブストスとして発表した。ブルームは1948～1949年にも、スワルトクランズでさらに多くの頑丈型の化石を発見した。最近では、1992年にドリモレンで大変保存状態のよい女性の頭骨(DH7)が発見された。

パラントロプス・ロブストス
- **名前の意味**　ヒトと同時代に生きた頑丈な人類
- **年代**　200万～120万年前
- **身長**　1.1～1.3 m
- **脳容積**　530 cm³
- **場所**　南アフリカのクロムドライ、スワルトクランズ、ゴンドリン、ドリモレン、コーパーズ（クーパーズ）などの洞窟
- **化石記録**　さまざまな頭骨、顎・歯・骨格の断片骨

クロムドライでの発掘作業
ブルームが最初にロブストスの化石を発見したのはクロムドライという角礫岩の洞窟内だった。ステルクフォンテインやスワルトクランズなどの遺跡とともに、ユネスコの世界遺産に登録されている。

身体の特徴

パラントロプス・ロブストスについては、大きな断片骨がいくつも見つかっている。体格はそれほど大きくなく、男性のほうが女性よりもいくぶん大きくて頑丈だったと思われる。顔の幅は著しく広く、中央が浅くへこんでいて、頬骨が広く、脳頭蓋には発達した矢状稜があった。これらの特徴から、頭骨と下顎骨に太い咀嚼筋が付着していたと考えられる。

特大サイズの歯
ロブストスの大臼歯と小臼歯は非常に大きく、エナメル質が厚いが、平らにすり減っているものも多い。こうした適応のおかげで硬くて繊維質のものを食べることができたと考えられる。

アウストラロピテクス・セディバ　*Australopithecus* sediba

アウストラロピテクス・セディバには、初期の人類が樹上生活から、現生人類に近い二足歩行へと進化していく過程における、移行形態が現れているのかもしれない。

発見

2008年8月、アメリカ生まれの古人類学者リー・バーガーに連れられて、南アフリカのマラパ遺跡に来ていた彼の9歳の息子マシュー・バーガーは、成熟前のアウストラロピテクスの鎖骨を見つけた。調査団はただちにその発見地に発掘作業を集中させ、非常にめずらしい化石を2点発見した。少年（標本MH1）と、成人の女性（標本MH2）だった。これらの骨格には、既存のどのグループとも一致しない特徴の組み合わせが見られるとして、バーガーは2010年にこれをアウストラロピテクスの新しい人類種、アウストラロピテクス・セディバとして発表した。

アウストラロピテクス・セディバ
- **名前の意味**　泉で発見された南方の類人猿
- **年代**　195万～178万年前
- **身長**　1.27 m
- **脳容積**　420～450 cm³
- **出土地**　南アフリカのマラパ遺跡（ヨハネスブルグ近郊）
- **化石記録**　2個体分の部分的な骨格と多数の断片骨

身体の特徴

アウストラロピテクス・セディバは、身体が小さいこと、上肢が長く指骨が湾曲していること、脳が小さいことなどが、ほかのアウストラロピテクスと似ているが、ヒト属の種と共通する特徴も併せもつ。アウストラロピテクス・アフリカヌスに比べると顔が細く、眼窩上隆起はなだらかだ。下顎骨が発達しているが、そのわりに大臼歯と小臼歯は小ぶりだ。股関節まわりの骨の強化をはじめとする、骨盤に見られるさまざまな機能的変化から、直立歩行が発達する方向へ向かっていたことがわかる。大腿骨は非常に頑丈だったと推測され、そのことからも身体の動きは驚くほどヒトに近かったと考えられる。また、性的二形（性差）の程度は現生人類に近い。

さまざまな特徴のモザイク
12～13歳の男性の頭骨。ヒト属とアウストラロピテクス属とのつながりを示すかのように、原始的な特徴と進化した特徴がモザイクのように混在している。

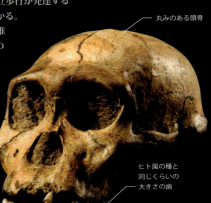

- 丸みのある頭骨
- ヒト属の種と同じくらいの大きさの歯

パラントロプス・ボイセイ　　*Paranthropus* boisei

ナットクラッカーマン（くるみ割り人）の愛称で呼ばれることも多いパラントロプス・ボイセイは、大型のパラントロプスで、際立って大きな顎と臼歯、咀嚼に関わる非常に強い筋肉と骨をもっている。男性は女性よりもかなり大きく、強い性的二形を示していた。東アフリカで発見されたボイセイは、種として成功し、100万年ほど存続したようだ。

発見

タンザニアのオルドヴァイ峡谷で現地調査を重ねてきたルイス・リーキーとメアリー・リーキー夫妻の長年の苦労は、初期人類の新種を発見するというかたちで報いられた。彼らが見つけたのは非常に頑丈な頭骨で、当時では最も重要な発見のひとつとなった。全容が明らかになると、発掘されたものはほぼ完全に近い成人の頭骨で、上顎には大きな歯がまだしっかりと残っていることがわかった。この新しい人類種は、オルドヴァイ峡谷の人類5番（標本OH5）として記録され、ルイス・リーキーによって、発見場所の地名と彼を支援してきたスポンサーのチャールズ・ボイズの名にちなんでジンジャントロプス・ボイセイ（「東アフリカの人」の意味）と命名された。この標本は、この種における第1号の化石であるばかりでなく、発見当時においては東アフリカから出土した人類のなかで最古のものだった。発掘現場の地質年代を調べるために、カリウム‐アルゴン（K/Ar）法で火山灰が測定された。これは地球化学分野における最先端の年代測定技術で、人類化石を包含する地層に使われたのは、これが初めてだった。当時の人類学者のほとんどは、人類の進化の歴史は、さかのぼったところでせいぜい50万年前程度だろうと考えていた。ところが測定の結果、頭骨が約175万年前のも

ルイス＆メアリー・リーキー夫妻

ルイス・リーキーはケニア生まれの古人類学者で、ナイロビのコリンドン博物館（のちのケニア国立博物館）の学芸員だった。1936年、イギリスの考古学者メアリー・ニコルと結婚し、夫妻はそれから30年近くにわたってオルドヴァイ峡谷で発掘調査を行い、オルドヴァイ石器製作技法（⇨ p.102）を記載したり、「ジンジ」と呼ばれる頭骨を発見したりした。1950年代からは、メアリーはオルドヴァイ峡谷で考古学に専念し、ルイスはアフリカやアジアにおける霊長類学の現地調査といった、ほかのプロジェクトに関わるようになった。

のであることがわかり、科学者たちはみな度肝を抜かれた。ジンジャントロプス・ボイセイは、現在ではほかの頑丈型の初期人類とともに、**パラントロプス属**の1種として分類されているが、今でも「ジンジ」という愛称で呼ばれるこの標本は、古人類学の歴史のなかに特別な地位を占めている。

パラントロプス・ボイセイ

▸ **名前の意味**　発掘調査のスポンサーであるチャールズ・ボイズの名にちなむ

▸ **場所**　タンザニアのオルドヴァイ峡谷およびペニンジ、エチオピアのオモ・シュングラ累層およびコンソ、ケニアのクービ・フォラ、チェソワンジャおよびトゥルカナ湖西岸

▸ 800万年前／700万年前／600万年前／500万年前／400万年前／現在／100万年前／200万年前／300万年前

▸ **年代**　230万～140万年前　おもに化石を包含する堆積物を挟んでいた火山灰層を絶対年代測定法により測定

▸ **化石記録**　保存状態のよい頭骨や脳頭蓋が数点、多数の下顎骨とばらばらの歯。頭部以外の四肢などの化石は、いっさい確認されていない。

最初の発見地

タンザニアのオルドヴァイ峡谷のメアリー・リーキーが「ジンジ」を発見した場所には、記念銘板が据えられている。彼女が上顎の歯列を見つけたのは、調査地域内でいつもの探索をしていたときだった。やがて壊れた頭骨が発掘され、復元された。

身体の特徴

化石の頭骨と歯は、パラントロプス・ボイセイが頑丈型の種であったことを示している。おもな特徴は、幅が広くて長い顔、きわめて大きな臼歯、頑丈に発達した脳頭蓋の骨などである。ボイセイの頭骨はほかの初期人類よりも大きめで、脳容積の平均値は 508 cm³ ある。こういった特徴がパラントロプス・ロブストス (⇨ p.93) に非常に近いということは、多くの人類学者によって指摘されているが、ボイセイには、概してそれらの特徴がもっと顕著に現れている。

> **身長** 男性1.37 m、女性1.24 m
> **体重** 男性 49 kg、女性34 kg
> **脳容積** 475～545 cm³

頭骨 ボイセイの頭骨は大きく、頬骨の幅が広くて上顎が頑丈だ。丸い眼窩は、左右の間隔がかなり離れていて、はっきりした眼窩上隆起に囲まれている。顔面は比較的平らで、わずかにへこんでいる。頭骨全体の形状は、前後の長さが短く、頭骨底部と頭頂部の矢状稜に沿った場所の両方に、頸筋と咀嚼筋の付着痕が強く残っている。

- 矢状稜が頭骨中央の前から後ろまでのびている
- 頬骨が大きな弧を描いている

上から見たところ
大きな頬骨が横に広がっていることと、脳頭蓋の幅が（とくに眼窩の真後ろあたりで）狭まっていることがよくわかる。

ナットクラッカーマン
頑丈な顎と大きな歯をしているため、「くるみ割り人」というニックネームが付いた。頭骨はパラントロプス・ロブストスに似ているが、ボイセイのほうがさらに大きく、過酷な咀嚼に耐えられるように、特殊化が進んでいる。

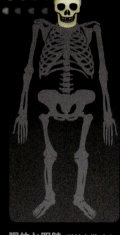

胴体と四肢 頭骨を除くと、確実にパラントロプス・ボイセイのものであると確認されている骨はほとんどない。頭骨が、頭骨以外の骨片と共に発見された例はごくわずかだが、その限られた証拠からは、個体による体格差が大きいことと、大腿骨が二足歩行に適応していたことがうかがわれる。しかし、さらに多くの証拠が発見されるまでは、決定的なことはわからない。

- 歯のエナメル質は厚い
- 頑丈な下顎骨
- ほかの初期人類と比べると、顔の下部はそれほど突き出ていない

性的二形

ボイセイの標本には、いずれも主要な特徴が共通して見られるが、化石のなかにはほかよりも抜きん出て大きいものがある。ケニアのクービ・フォラ遺跡で、リチャード・リーキー (ルイスとメアリーの息子) は、矢状稜をもつ非常に大きな頭骨と、矢状稜のない滑らかで小さな頭骨を発見した。現生のゴリラにおいては、オスには矢状稜があるが、身体の小さいメスにはない。したがって、パラントロプス・ボイセイの頭骨で矢状稜のあるものは男性であり、小さい頭骨は女性のものだったのではないかと考えられる。
(⇨ p.96～97)

顎と歯 どの人類種よりも大きな大臼歯と小臼歯をもっているため、それを支える上顎と下顎も大きくて頑丈だ。上顎骨は幅広で上下に長い。下顎骨には、ほかの初期人類と同様、はっきりした顎はない。ボイセイの多くの標本では、臼歯が摩耗して平らになっているため、研磨作用のあるものを食べていた可能性が考えられる。奥歯とは対照的に、切歯と犬歯は小さい。犬歯の先端もほかの歯と同様にすり減って平らになっているが、どの標本においても犬歯の大きさにはそれほど大きな違いは見られない。

食生活の証拠
硬い木の実類や根茎類を簡単にかみ砕くことのできる顎と歯をもっているが、顕微鏡で見ると、歯の摩耗パターンは果実食の霊長類に近い。ボイセイは、好みの食べ物が見つからないときに、木の実や根茎類を食べていたのではないかと思われる。

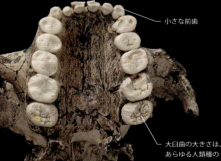

- 小さな前歯
- 大臼歯の大きさは、あらゆる人類種のなかでも最大だ

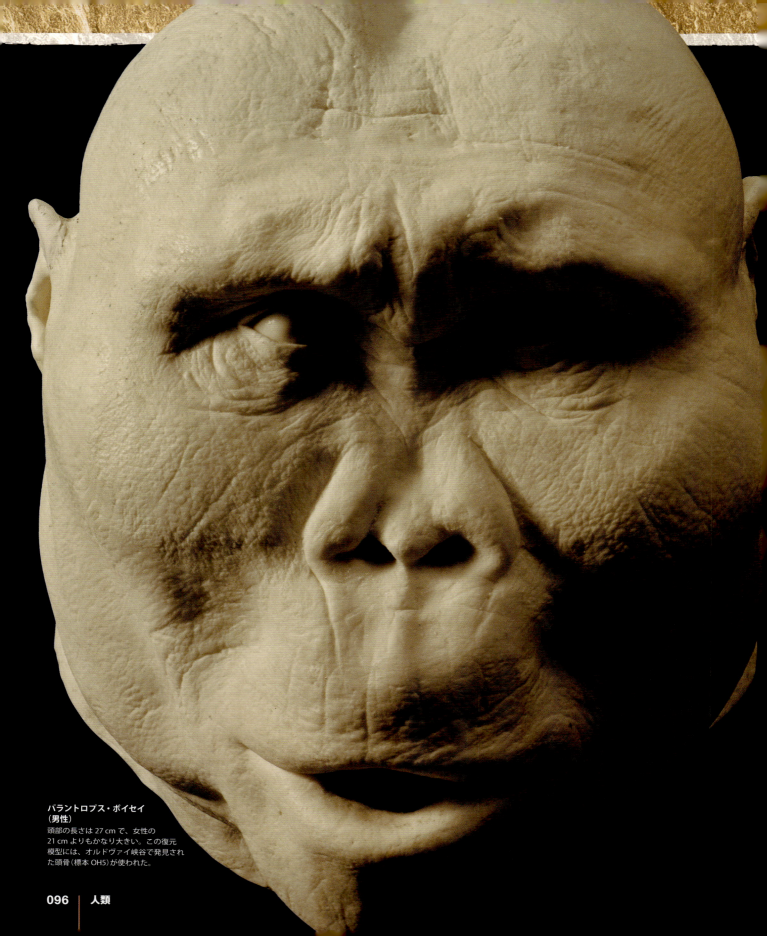

**パラントロプス・ボイセイ
（男性）**
頭部の長さは 27 cm で、女性の
21 cm よりもかなり大きい。この復元
模型には、オルドヴァイ峡谷で発見され
た頭骨（標本 OH5）が使われた。

パラントロプス・ボイセイ（女性）
この復元模型には、ケニアのトゥルカナ湖西岸で発見された頭骨（標本 KNM-WT 17400）が使われた。170万年前に生きていた女性のボイセイだ。

性的二形

ひとつの種内の成熟した男性と女性のあいだに見られる生殖器以外の身体的相違を性的二形と呼ぶ。霊長類では、身体の大きさ、形、毛皮の色に違いがあるものが多い。ギボン（テナガザル属）や現生人類にはほとんど性的二形が見られないが、現生ゴリラなどは、オスの体重がメスの2倍もあり、非常に強い性的二形を示す。パラントロプス・ボイセイをはじめとする多くの初期人類には、体重、筋肉量、歯の大きさにおいて、少なくともゴリラと同程度の著しい個体差があり、これはおそらく性的二形による差異であろうと考えられている。したがってボイセイの女性は、男性よりはるかに体重が軽く、筋肉も少なかったはずだ。ホモ・エルガスターは、現生人類と同じく性的二形の度合いが低い。ゴリラに性的二形が顕著な理由は、1頭のオスが複数のメスに対する接触を支配するゴリラ社会においては、オスどうしの競争が厳しいからだと考えられている。パラントロプス・ボイセイにゴリラと同じような範囲の差異が見られるということは、ボイセイもゴリラのような男どうしの競争を経験していた可能性がある。

パラントロプス・ボイセイ | 097

ホモ・ハビリス
Homo *habilis*

ホモ・ハビリスは、化石が最初期の石器と一緒に見つかることがあるため、「器用な人」という意味の名前がついている。

ホモ・ハビリスは化石記録に現れる最初のヒト属（ホモ属）で、その化石は、最古の石器製造技術で作られた石器とともに見つかっている。それより以前の初期人類と比較すると、脳がわずかに大きく、大臼歯と小臼歯がわずかに小さいという特徴がある。

発見

1960年代初頭、1959年に「ジンジ」（パラントロプス・ボイセイ⇒p.94）が発見された堆積層よりも少し古い層から、数点の骨片化石が発掘された。頭部と下顎と手の部分的な骨と、完全に近い左足だった。この左足は標本OH8、それ以外は標本OH7と分類された。1961年、ルイス・リーキーは、これらの骨は「ジンジ」のものではなく、オルドヴァイ峡谷で発見された石器を作った、現生人類に近い種だという結論に至った。さらにそれ以降に発見された化石と合わせ、リーキー、古人類学者のフィリップ・トバイアス、古生物学者のジョン・ネイピアの3人は、1964年、ホモ・ハビリスと命名して記載した。

顎と歯

ホモ・ハビリスの顔の下部はアウストラロピテクスやパラントロプスよりもほっそりしている。大臼歯と小臼歯は幅が狭く、全体的に小さい。これは咀嚼の必要が減ったことや、質の良い食糧を少量摂取していたことを意味するのかもしれない。切歯や、とりわけ犬歯は比較的大きく、前歯の歯列全体が広い。口蓋は短いが、歯根を支えている骨の部分は、鼻の開口部とはかなり離れている。下顎体は、アウストラロピテクスよりも上下に狭く、頤は引っ込んでいて、下顎の底部には丸みがある。

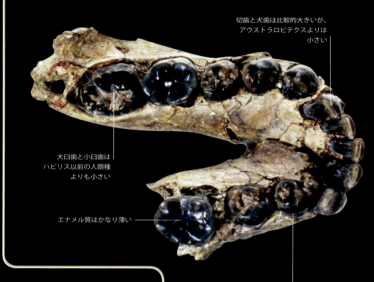

- 切歯と犬歯は比較的大きいが、アウストラロピテクスよりは小さい
- 大臼歯と小臼歯はハビリス以前の人種よりも小さい
- エナメル質はかなり薄い
- 歯列は現生人類と同じように丸みのある弧を描いている

デイノテリウム
このゾウに似た哺乳類の化石は、肩までの高さが4mほどある。オルドヴァイをはじめ、初期人類の化石が発見される東アフリカのあらゆる主要な遺跡で見つかっている。

- 現生ゾウより短い鼻

足の標本OH8

現在までに発見されているあらゆる化石人類のなかで、最も完全に近い足。つま先とかかとの骨の一部を除いたすべてがそろっている。足を負傷した後、関節炎をわずらっていた若いホモ・ハビリスのものだ。

下顎骨の標本OH7

顎の化石は非常に有用だが、この標本のようにたくさんの歯が残っている場合はとりわけ役に立つ。食べ物を食いちぎる前歯とすりつぶす奥歯との相対的な関係は、私たちの祖先の食生活について多くのことを教えてくれる。ホモ・ハビリスはほかの霊長類よりも肉を多く食べていた可能性がある。

足

現生人類と似た点が多い。大半の関節の小さい可動域、短い足指、親指以外の足指の並びかた、中程度のアーチ（土踏まず）の高さなどだ。親指は、もっと後のヒト属（ホモ属）の種と比べると、ほかの4本から少し離れて付いていたようだ。

- この足の標本にはかかととつま先の骨がないが、全体の形は明らかに現生人類の足に似ている

ホモ・ハビリス

▶ **名前の意味** 器用な人

▶ **場所** タンザニアのオルドヴァイ峡谷、ケニアのクービ・フォラ、エチオピアのオモとハダール、南アフリカのステルクフォンテイン

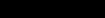

▶ **年代** 240万〜160万年前
化石を挟んでいた火山灰層と玄武岩層を絶対年代測定法によって測定

800万年前／700万年前／600万年前／500万年前／400万年前／300万年前／200万年前／100万年前／現在

▶ **化石記録** 複数の頭骨と頭骨の一部、手・腕・足・脚の断片骨、1個体分の部分的な骨格

身体の特徴

オルドヴァイ峡谷で最初のホモ・ハビリスが発見されて以降、ケニアのクービ・フォラやエチオピアのオモ川流域をはじめとする、いくつかの遺跡からハビリスの化石が出土し、新たな標本が記載されてきた。それらを合わせて観察すると、体格はほとんどのアウストラロピテクスよりも小さめで華奢でありながら、脳が大きく、二足歩行ができる身体をしていたハビリスの姿が、浮かびあがってくる。腕は現生人類よりも長く、おそらく頑丈だったと思われる。ただこのような特徴は、標本によってかなりのばらつきがあるため、議論も多い。ハビリスを一括してアウストラロピテクス属のなかに含めるべきだという意見や、ハビリスをいくつかの亜種に分けるべきだという意見もある。

ホモ・ルドルフェンシス

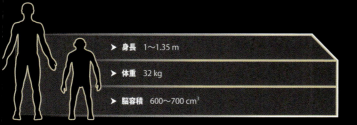

- ホモ・ハビリスよりも眼窩上隆起はなだらか
- 丸みがあって大きな頭骨
- 歯はかなり大きくて幅が広かったと思われる

1972年、ケニアのトゥルカナ湖畔で発掘作業をしていたリチャード・リーキー率いる調査団は、壊れてはいたが完全な頭骨（標本 KNM-ER 1470）を発見した。脳容積が 750〜800 cm^3 もある脳の大きな初期人類で、顔は平らで、頬骨は前を向いていた。リーキーはこれをとりあえずヒト属に分類したが、ホモ・ハビリスであるという確信はもてなかった。1992年、古人類学・解剖学者のバーナード・ウッドが、この標本をホモ・ルドルフェンシスという新たな分類群に入れるべきだと提案した。そうなると、190万年前には2つの種の初期ヒト属が存在し、片方は小柄で原始的な身体つきをしていて、もう片方は身体も脳も大きかったということになる。この件についてはなかなか意見の一致が見られず、今も議論が続いている。

- 身長　1〜1.35 m
- 体重　32 kg
- 脳容積　600〜700 cm^3

胴体と四肢 ホモ・ハビリスのものと思われる頭骨で、骨格と共に発見されたものはほとんどない。限られた証拠から推測する限り、手は幅が広く、ものを正確に握ることのできる大きな親指が付いていたと思われる。また、おそらく二足歩行をしていたようだが、歩きかたは現生人類とは違っていたかもしれない。

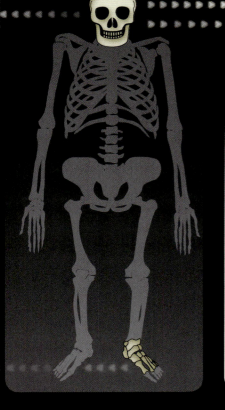

- 大きくて半球形の脳頭蓋

頭骨 丸みがあり、比較的華奢なつくりで、脳容積は 600〜700 cm^3 と推測される。アウストラロピテクスと比べると、額が広い。標本によっては後頭部に頸筋の付着痕がある。

標本 KNM-ER 1813 の頭骨
比較的良好な状態で発見された。ほかのホモ・ハビリスと比較すると小さめではあるが、大きい標本よりも眼窩上隆起がしっかりしている。

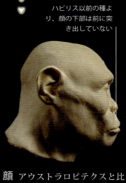

- ハビリス以前の種より、顔の下部は前に突き出していない

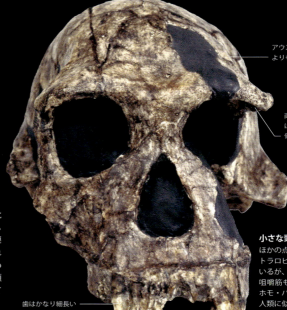

- アウストラロピテクス類よりも大きな脳頭蓋
- 両眼の上にはっきりとした骨の隆起

顔 アウストラロピテクスと比べると、顔が小さくてつくりも華奢だ。左右の眼窩上隆起は連続しており、両眼の間隔は離れている。鼻中隔が付着するためのはっきりした突起があり、顔面全体はわずかに前に突き出ている。

小さな頭骨
ほかの点では祖先のアウストラロピテクスとよく似ているが、顎が前後に短くて咀嚼筋も小さかったため、ホモ・ハビリスの顔は現生人類に似ていた。

- 歯はかなり細長い

ホモ・ハビリス | 101

考古学

現在までに見つかっている最古の石器は、エチオピアのゴナから出土したもので、年代は約 250 万年前とされている。ゴナ遺跡の石器群は、単純な石の剝片や石核、ハンマーストーンなどで構成されており、最初にメアリー・リーキーがオルドヴァイ峡谷で発見し、記載したオルドヴァイ石器と同じタイプだった。これまでは、石器の製作こそが初期ヒト属（ホモ属）を決定づける特徴であると考えられてきたが、実際には、石器群がヒト属の化石と共に発見された例はほとんどない。人類学者たちは、たとえば、パラントロプス・ボイセイのようなほかの人類種で、石器の製作や使用がなかったかどうか、また、石が使われるより以前に、枝や葉のように腐敗しやすい材料を使って何らかの道具が作られたことがなかったかどうか、見直しをはじめている。

オルドヴァイ石器

ルイスとメアリー・リーキー夫妻（⇨ p.94）がオルドヴァイ峡谷を訪れたそもそもの目的は、そこに眠る豊富な考古学の資料だった。220 万年前から 170 万年前の古代の地層からは、玄武岩、石英、珪岩などから作られた石器が、豊富に発見される。回収された人工遺物は、数千点にのぼる。メアリーはそれらをていねいに分析し、「チョッパー」や「ハンマーストーン」などの石器の種類を記載し、名前を付けた最初の人物だ。それらはオルドヴァイ石器製作技法として知られるようになる。この単純だが効果的な石器の作りかたは、少なくとも 70 万年間、サハラ以南のアフリカ全域で見られた。

石を砕く（砕石加工）
丸石を、もうひとつの石を使って打ち欠いて作られる、鋭利な刃をもった石片を「チョッパー」と呼ぶ。動物の死骸をさばいたり、植物を切ったりする道具として使われたようだ。このような道具を作るためには、学習能力と目と手の高度な協調が必要だ。

剝片／打ち欠かれた丸石（石核）

石器の種類
最初期のオルドヴァイ石器を作るのには、おもに玄武岩、石英、珪岩などの丸石が使われた。それらの石をハンマーストーンで打ち欠くと、石核や、鋭利な刃をもつ剝片ができる。

チョッパー

オルドヴァイ峡谷

タンザニアのセレンゲティ平原にある 2 本に分岐した切り立った峡谷で、全長は約 48 km、深さは約 90 m ある。西洋人の探検隊が初めてこの地を訪れて記載したのは、1911 年だった。その後、興味深い石器遺物と古代哺乳類の動物相が出土することで有名になり、1931 年にはルイス・リーキーが第 1 回目の探検調査に乗り出した。オルドヴァイ峡谷の地質は複雑だ。おもに湖の堆積物、溶岩流、火山灰の堆積物によって形成されているが、時間とともに断層がずれて浸食作用にさらされている。これらの火山灰の層は年代を測定できるため（⇨ p.10）、連続した地層全体がもつ考古学上の価値は、計り知れないほど高い。全体は大きく 7 つの層に分かれる。最古の第 1 層からは、1959 年にパラントロプス・ボイセイ「ジンジ」の頭骨（標本 OH5）が発見されている。オルドヴァイ峡谷から出土した初期人類の骨片化石は、合計 50 個体以上のものが確認されており、その年代は 175 万年前から 1 万 5000 年前までにわたる。これは、現在までにわかっている人類の進化の歴史のなかでも、最も連続性のある記録のひとつだ。

地層を調べる
1962 年、オルドヴァイ峡谷の第 1 層の露出面を調べるルイス・リーキー（右）。粘土層と火山灰層のなかに、野営をした跡が残っている。

オルドヴァイ峡谷の各地層
おもに地質学者リチャード・ヘイの功績によって明らかになった層位の各地層には、堆積や浸食、地形変化などの時期が記録されている。第 1〜4 層のほかに、それ以降に形成されたマセク、ンドゥトゥ、ナイシュシュの 3 層がある。ナイシュシュ層からは、ホモ・サピエンスの完全な全身骨格が発見された。

	地質	化石記録
第 4 層	粘土、砂岩、礫岩からなる下層と、火山灰堆積物からなる上層に分かれる。	動物化石、後期アシュール石器、ホモ・エレクトスの証拠などが見つかるが、第 1、2 層と比べると人類の化石は少ない。
第 3 層	地面が動き、気候が乾燥化して湖が消えた後に、川の流れと風によって堆積層ができた。	動物化石、後期アシュール石器、ホモ・エレクトスの証拠などが見つかるが、第 1、2 層と比べると人類の化石は少ない。
第 2 層	溶岩流、火山灰堆積物、そのほかの沈降物が湖床に堆積している。	動物化石、パラントロプス・ボイセイ、ホモ・ハビリス、ホモ・エレクトス、後期オルドヴァイ石器、初期アシュール石器。
第 1 層	溶岩流、火山灰堆積物、そのほかの沈降物が湖床に堆積している。	動物化石、パラントロプス・ボイセイとホモ・ハビリスの化石、粗製のオルドヴァイ礫器、野営跡。

一括遺物

人間活動の結果として存在する遺物で、関連する複数の資料がまとまって出土したものを一括遺物と呼ぶ。オルドヴァイ峡谷の一括遺物は、場所によって特徴が異なる。大量の石器がまとまって出土する場所もあれば、ほとんど石器がない場所もある。特定の種類の石器しか出土しない場所もあれば、風化作用の目立つ場所もある。こうした詳細は、その場所がどの程度の期間使用されていたか、そこでどのような活動が行われていたかを考える上で有用だ。オルドヴァイ遺跡には、石器や動物骨格の一括遺物が多いが、両者がどのような関係にあったのか、議論の的になっている。たとえば、オルドヴァイ峡谷のFLK北第6遺跡で発見されたゾウの骨格の場合、牙と頭骨以外の骨はほぼすべてそろっているのだが、骨はばらばらになって、位置が入れ替わっていた。そのそばからは100点を超える石器も発見されている。さまざまな人類学者がこの遺跡に関して異なる見解を示した。メアリー・リーキーは、1971年にこの遺跡を、初期人類が狩りの獲物の解体処理を行った場所として記載した。その後、ほかの研究者が、骨に残るカットマークや肉食動物がかじった痕を報告し、初期人類が死肉をあさっていたのではないかとの見かたを示した。最近では、この場所でゾウの解体処理を行うことはなかったのではないか、とも考えられている。

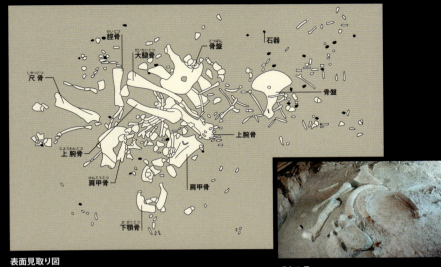

表面見取り図
発掘が進むにつれて、発見されたときの位置を正確に示す詳細な記録が作成される。このサイトの図面はメアリー・リーキーが描いた図に基づいて作られた。オルドヴァイ峡谷FLK北第6遺跡のゾウの全身骨格が、ほかの動物の骨や石器の破片（黒い点で示された部分）に囲まれていたことがわかる。

ゾウの骨
オルドヴァイ峡谷で発見されたゾウは**エレファス・レッキ**という、アジアゾウの類縁にあたる大型の絶滅種だ。この化石は現在ケニアのシビロイ国立公園に保存されている。

景観が教えてくれること
オルドヴァイはかつて湖だった。湖底が隆起し、川が流れるようになったことで、渓谷となった。浸食と地層の動きによって、化石や人工遺物を含む数多くの岩石層がむき出しになり、過去についてさまざまなことを教えてくれる。

ホモ・ハビリス
サイの死骸に群がり、オルドヴァイ石器を使って肉を解体している。

狩りをしていたのか、それとも死肉をあさったのか?
ホモ・ハビリスが積極的に狩りを行っていたのか、それとも大型肉食動物が仕留めた獲物の死肉をあさっていたのかは、定かではない。初期人類が進化する過程においては、協力しあうことや事前に計画を立てること、身体的な技能などが求められるだろう狩りという活動が、重要だったと考える研究者もいる。しかしハビリスにそのような一連の能力があったかどうかについては、議論が分かれている。

湖の堆積物
タンザニアのオルドヴァイ峡谷で発掘されたホモ・ハビリスの化石は、この地域に200万年ほど前に出現した、小さな湖の堆積物によって形成された土壌層から出土した。湖の水位は季節によって大きく変動し、周辺の草原が水浸しになることもあった。

右側面

この脳頭蓋は比較的小さめだが、ホモ・ハビリスの脳頭蓋は、概してアウストラロピテクスやパラントロプスよりも大きい

眼窩上隆起はハビリス以前の種に比べると細めで、顔面を一直線に横切っている

はっきりとした白眼があったと思われる

顔の下部はアウストラロピテクスほど突き出ていない

復元

ケニアのクービ・フォラ遺跡で発見された標本 KNM-ER 1813 をもとに復元した成人女性。現在までに発見されているホモ・ハビリスの頭骨のうちで最も完全に近く、約185万年前のものとされている。トゥルカナ湖で発見された数点のなかでいちばん小さく、この発見をきっかけとして、この時期の化石をホモ・ハビリスとホモ・ルドルフェンシスの2種に分けるべきだという意見も出てきた。下顎骨を伴っていなかったため、顎の部分の復元には、タンザニアのオルドヴァイ峡谷で発見された約170万年前のものとされる標本 OH13 の下顎骨を使用した。

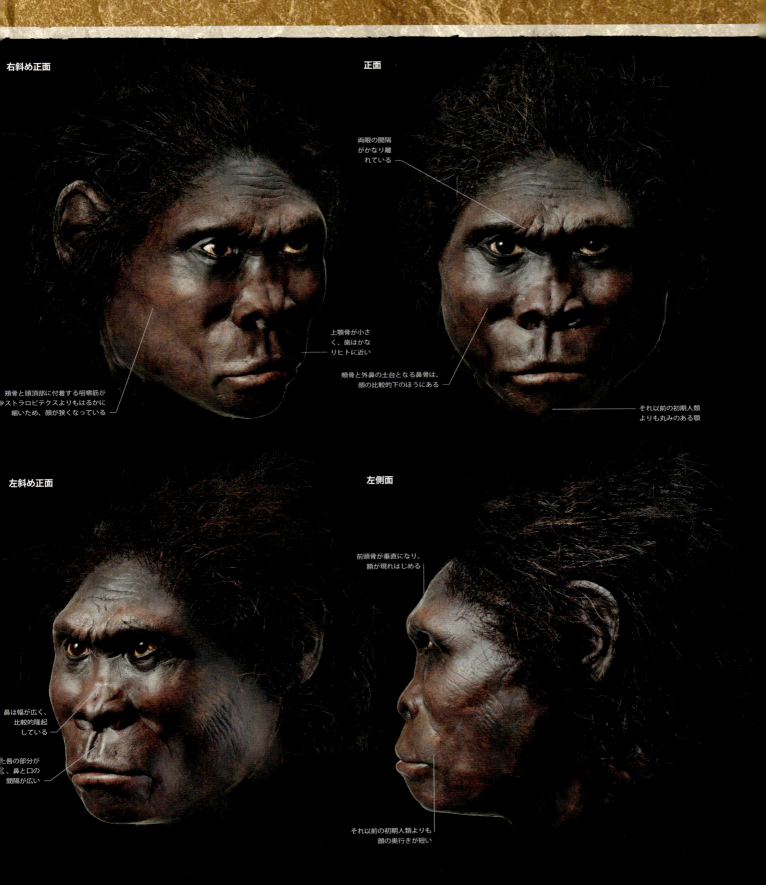

ホモ・ハビリス

ホモ・ジョルジクス
Homo *georgicus*

ホモ・ジョルジクスは、ただ1カ所、グルジア国内にある遺跡からしか出土していないが、人類のなかで、最初に出アフリカを果たした可能性がある。

発見時の頭骨
ドマニシの古代堆積物から発見された頭骨を調査する人類学者たち。同じ層からはシカやオオカミ、剣歯ネコなどの絶滅動物の化石も豊富に出土している。保存状態が良好なのは、死後すぐに埋没したためと思われる。

ホモ・ジョルジクス

- **名前の意味** グルジアの人
- **場所** グルジアのドマニシ
- **年代** 180万年前
  放射性年代測定法、古地磁気分析、遺跡内で発見された動物化石の分析による
- **化石記録** 下顎のある頭骨3点、下顎のない頭骨1点、下顎1点、腕、脚、手、足を含む上半身と下半身のさまざまな骨の断片

ホモ・ジョルジクスについては、さまざまな見解がある。ドマニシの化石群は、ユーラシア大陸にいた年代の明確な人類の個体群としては、最も古い。新種であるか否かについてはっきりした答えは出ていないが、初期人類の移動経路を理解するうえで、その意味は非常に大きい。

発見

ドマニシの古人類遺跡は、グルジアの首都トビリシから南西に85 km、中世の村の遺跡の下にある。1983年にここで絶滅種の動物の骨を発見したのは、中世の遺跡を調査していた考古学者だった。この下にもっと古い遺跡が眠っているのではないかという予測は、石器の出土によって裏付けられた。発掘の結果、1991年には170万〜180万年前の堆積層から人類の下顎骨が現れ、その後、男性、女性、若者の化石が次々と見つかった。当初はホモ・エレクトスのヨーロッパ個体群ではないかと考えられていたが、2002年に大きな下顎骨（標本 D2600）を模式標本として、新種**ホモ・ジョルジクス**が記載された。しかし2006年には、再評価の結果、ほとんどの化石がホモ・エレクトスに戻された。身体の大きさにばらつきが大きいことや、アジアのホモ・エレクトスに比べて頭骨のつくりが華奢なことなどが理由で、意見が割れている。

思いがけない掘り出し物
ドマニシ遺跡は、中世の城壁に囲まれためずらしい環境にある。この中世の遺跡が、それよりもはるかに古い化石の堆積層を、おおっていたのだ。

身体の特徴

ドマニシの化石は、出アフリカを果たした最初期の人類に関する貴重な記録を提供してくれる。この化石群には、男性と女性の頭骨、数多くの歯、身体じゅうの骨が含まれているため、彼らの生態、健康、生活様式などについて非常に興味深い知見をもたらしてくれる。腕や脚の骨の寸法から割り出した身長と体重によると、彼らはその後の人類よりも小柄だった。四肢のバランスは、現生人類や最初期のアフリカのヒト属（ホモ属）に近かったが、頭蓋腔容積はさほど大きくなく、ホモ・ハビリスと同程度で、ホモ・エレクトスの平均を下回る。

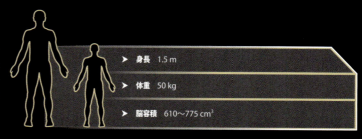

- 身長　1.5 m
- 体重　50 kg
- 脳容積　610〜775 cm³

上半身 頸椎、胸椎、腰椎など、複数の椎骨が発見されている。いずれも椎体どうしが接する面（太鼓の打面のような部分）が比較的広く、全体的なバランスはアウストラロピテクスよりもホモ・エレクトスに近い。このことから、脊柱には現生人類のようなS字状のカーブがあったのではないかと思われる。逆に上肢の形態はアウストラロピテクスに近く、上腕骨（二の腕）のねじれの度合いは弱い。

椎骨の形状からは、すでに腰のあたりに前湾するカーブがあったことがうかがわれる

椎骨

鎖骨
上部の肋骨
下部の肋骨

上腕骨には現生人類に見られる「ねじれ」が見られない

小さい脳 ドマニシの標本の平均的な脳容積はかなり小さく、ホモ・ハビリスに近い。しかし顔や顎の形は一部のホモ・エレクトスの標本に似ている。

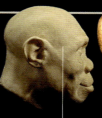

小さい頭骨　　骨質の外鼻はない

頭骨 比較的小さく、やや細長い。脳頭蓋の正中線に沿って、低い矢状隆起が前から後ろへのびている。頭骨の底部は広く、後頭部は丸みがあって滑らかで、かなり華奢だ。眼窩の上には隆起があるが、それほど厚みはない。顔の上部はかなり小さめで、細い鼻骨があるが、上顎のあたりは少し突顎（前に突き出した状態）になっている。

小柄な女性
部分的な骨格のひとつは、成長期後半の女性のものらしい。一部の骨の成長が未熟だが、これは親知らずが生えきっていない華奢な頭骨と関連があるかもしれない。

上腕骨

膝蓋骨（ひざがしら）は現生人類のものほど左右対称ではない

介護を受けた証拠

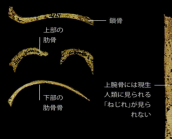

ドマニシの出土品のなかでも最も保存状態が良好で、興味深い化石は、しばらくのあいだ歯が１本もない状態で生きていたと思われる高齢者の頭骨だ。生前に歯を失うと、歯槽骨が吸収されて、顎が独特のえぐれた形に変形する。歯のない状態で長いあいだ生き続けることができたということは、この高齢者のまわりには支えてくれる社会集団が存在したにちがいない。

下半身 この化石群には、すべての脚の骨と多くの足の骨が含まれている。大腿骨は、バランスが取りやすいよう内側に向かって傾いている。下肢骨すべてを合わせた長さは、基本的には、現生人類に近く、足には大きな親指が残りの４本と平行に並んで付いているため、現代人に近い、かなり効率的な歩きかたをしていたと思われる。しかしドマニシの個体群の二足歩行が、私たちとまったく同じではなかったことをうかがわせる特徴も２、３見られる。そのひとつはつま先が内側に向いた（内股）足で、現生人類が歩くときよりも、体重の分散が均一だったことがわかる。

大腿骨は現生人類のように長くてまっすぐだが、骨頭の角度は現生人類とアウストラロピテクスの中間

中足骨からは、アーチ構造（土踏まず）があったことがわかる

脛骨下端の特徴は、よくしゃがんでいたことを示す

アーチ構造（土踏まず）
中足骨は、横方向と縦方向のアーチを形成していて、現生人類のアーチにかなり近い。体重を支え、つま先を蹴り出して前へ進むことができるのはアーチのおかげなので、効率的な二足歩行にとっては不可欠だ。

　つま先

距骨（くるぶしの骨）からは、ホモ・ジョルジクスの足が内側を向いていたことがわかる

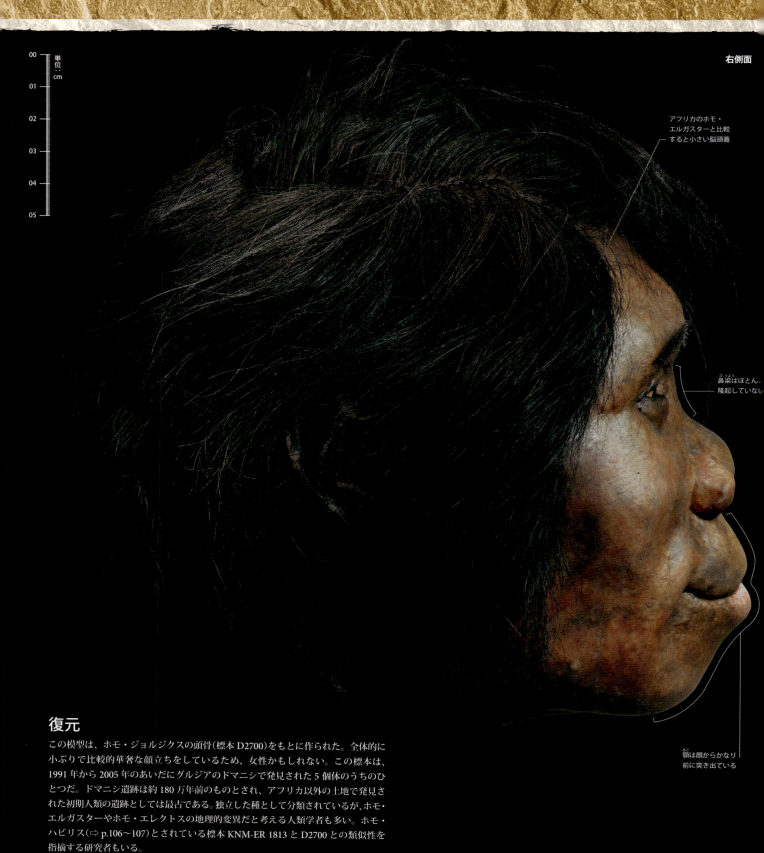

右側面

単位：cm
00
01
02
03
04
05

アフリカのホモ・エルガスターと比較すると小さい脳頭蓋

鼻梁はほとんど隆起していない

顎は顔からかなり前に突き出ている

復元

この模型は、ホモ・ジョルジクスの頭骨（標本D2700）をもとに作られた。全体的に小ぶりで比較的華奢な顔立ちをしているため、女性かもしれない。この標本は、1991年から2005年のあいだにグルジアのドマニシで発見された5個体のうちのひとつだ。ドマニシ遺跡は約180万年前のものとされ、アフリカ以外の土地で発見された初期人類の遺跡としては最古である。独立した種として分類されているが、ホモ・エルガスターやホモ・エレクトスの地理的変異だと考える人類学者も多い。ホモ・ハビリス（⇨ p.106〜107）とされている標本KNM-ER 1813とD2700との類似性を指摘する研究者もいる。

112 人類

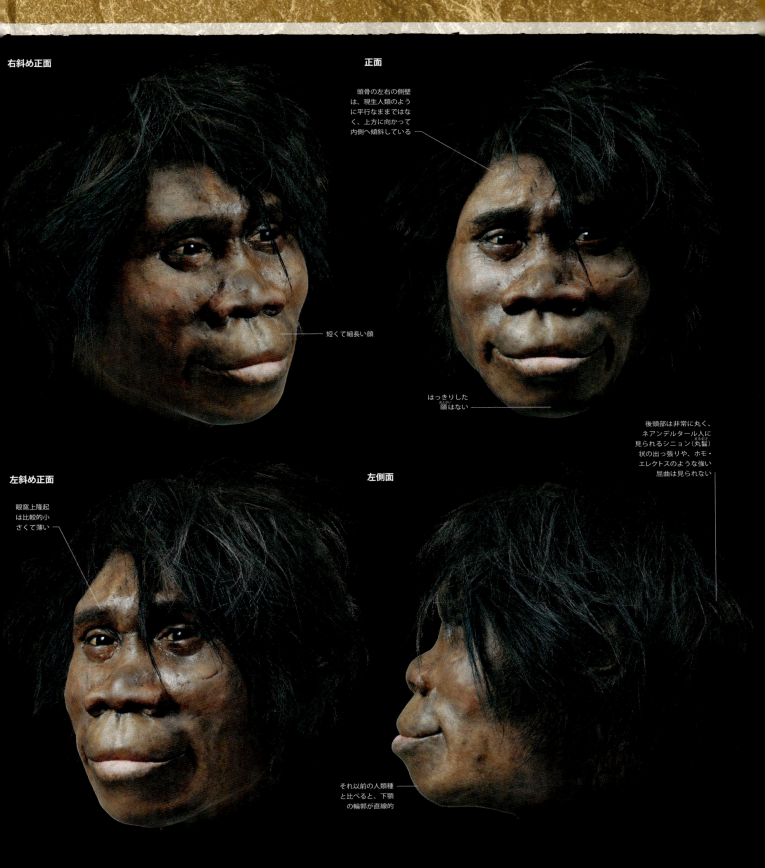

ホモ・ジョルジクス

ホモ・エルガスター
Homo ergaster

現生人類と同じくらい身長が高く、身体つきも似ていたため、類人猿に似た祖先たちとはかなり異なる外見をしていたのではないだろうか。

ホモ・エルガスターは、豊富な石器群と一緒に発見されることがあるため「働く人」と呼ばれている。現生人類に似た体形、身長、四肢のプロポーションをもった最初の人類で、歩きかたや走りかたは私たちにかなり近かったと思われる。

発見

ホモ・エルガスターとして最初に記載された標本は、1971年にケニアのトゥルカナ湖東岸のイルレットで発見された、保存状態のよい下顎骨（標本 KNM-ER 992）だった。その後、頭骨化石は男女ともに数点発見されているが、標本のなかで群を抜いてすばらしいのが「トゥルカナ・ボーイ」または「ナリオコトメ・ボーイ」という愛称で知られる、驚くほど完全な少年の全身骨格（標本 KNM-ER WT 15000）である。150万年前のものとされるこの化石は、1984年にケニアの化石ハンター、カモヤ・キメウによってトゥルカナ湖西岸で発見され、イギリスの人類学者アラン・ウォーカーとケニアの人類学者リチャード・リーキーが率いる共同調査隊によって記載された。1992年、イギリスの古人類学者バーナード・ウッドが、これをホモ・エルガスターに分類した。左の上腕骨（二の腕）と左右の橈骨（前腕骨）、手足の骨以外のすべてがそろっているトゥルカナ・ボーイは、エルガスターという人類種の全身のプロポーション、生体力学や成長について、研究者たちにかつてないレベルの知見をもたらした。

化石ハンター
ホモ・エルガスターの最も有名なトゥルカナ・ボーイを発見したカモヤ・キメウ（写真左）は、伝説の化石ハンターで、発見当時、ケニアのトゥルカナ湖で発掘調査に当たっていたリチャード・リーキー（写真右）率いる調査隊の一員だった。

クービ・フォラ研究センター
クービ・フォラの研究センターは、トゥルカナ・ボーイが発見された地点からトゥルカナ湖をはさんで反対側にある。化石が豊富に出土するクービ・フォラ遺跡は、現在、ユネスコの世界遺産であるシビロイ国立公園の一部になっている。

顎と歯 顔は前に突き出ているが、下顎は引っ込んでいて、顎はない。アウストラロピテクスに比べると、前歯に対する小臼歯と大臼歯の大きさはかなり小さい。上の前歯の歯根は垂直である。トゥルカナ・ボーイの顎には、乳歯が抜けた部分に感染の痕があるため、敗血症によって死亡した可能性も指摘されている。

上半身 脚の長さのわりには腕が短く、胴体は細身の樽形で、それ以前の人類と比べると、はるかに現生人類に近い。肩甲骨がわずかに現生人類と異なるのは、上肢の使いかたに違いがあったからかもしれない。おそらく乳児期に、両手両膝をついて歩く（はいはい）期間が長いことに関係すると思われる。胸椎では脊髄の通る空間が狭いため、現生人類のように、言葉を話すために必要な呼吸の制御はできなかったかもしれない。

ホモ・エルガスター

- **名前の意味** 働く人
- **場所** 東アフリカ大地溝帯（ケニア、タンザニア、エチオピア）と南アフリカのさまざまな遺跡
- **年代** 190万〜150万年前
  おもに化石を挟んでいた火山灰層を絶対年代測定法によって測定
- **化石記録** ほぼ完全な全身骨格1体、完全な頭骨数点、頭骨・顎骨・骨盤・四肢骨のさまざまな断片

現生人類のような足の最古の証拠

ホモ・エルガスターもしくはホモ・エレクトスのものと考えられる初期人類の数組の足跡が、ケニアのイルレット近郊のクービ・フォラ累層で発見された。レーザーによってスキャンし、分析した結果、現代人と同じような足の構造が151万年も前に存在していたことが明らかになった。足跡からは、親指が大きかったこと、ほかの4本と離れずに、比較的横並びに付いていたことがわかる。また、アーチ（土踏まず）がはっきりとしており、歩行時の体重の分散パターンは現生人類と同じで、かかとから拇指球へ移動している。

現生人類のような足型

体重が拇指球に移動している

驚愕の化石
ホモ・エルガスターの発見例は少ないものの、完全な全身骨格に近いトゥルカナ・ボーイという標本があるため、エルガスターがどのような姿をし、どのような生活をしていたかについては、さまざまな推論を導き出すことが可能だ。ホモ・エルガスターは、現生人類と同程度の身長に達した最初の人類だった。トゥルカナ・ボーイはかなりの高身長で、若かったにもかかわらず160cmもあった。成長すれば185cmに達したかもしれない。

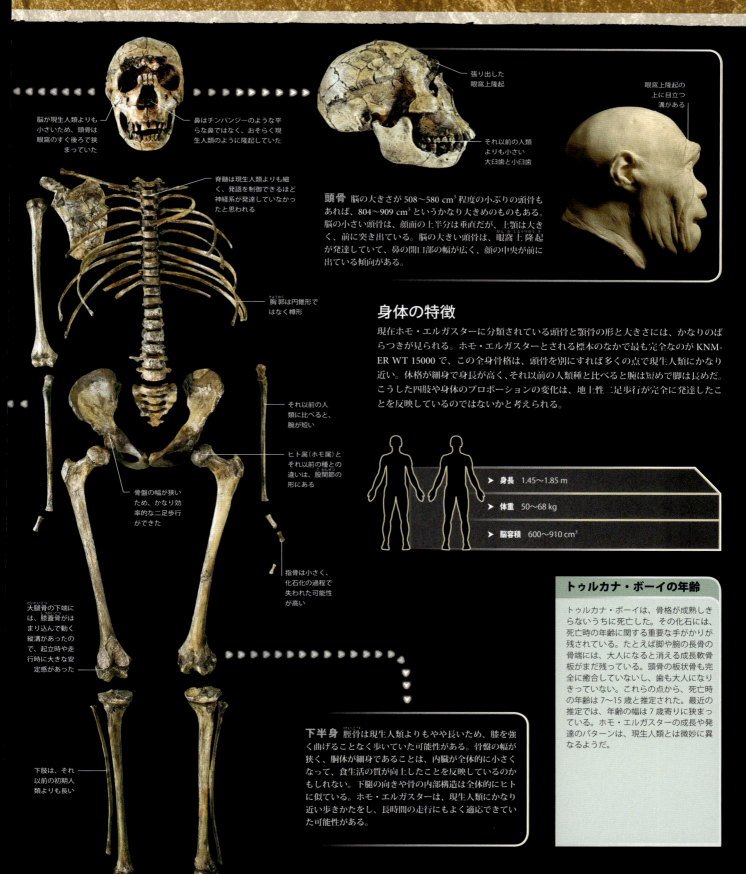

脳が現生人類よりも小さいため、頭骨は眼窩のすぐ後ろで狭まっていた

鼻はチンパンジーのような平らな鼻ではなく、おそらく現生人類のように隆起していた

張り出した眼窩上隆起

それ以前の人類よりも小さい大臼歯と小臼歯

眼窩上隆起の上に目立つ溝がある

頭骨 脳の大きさが 508〜580 cm³ 程度の小ぶりの頭骨もあれば、804〜909 cm³ というかなり大きめのものもある。脳の小さい頭骨は、顔面の上半分は垂直だが、上顎は大きく、前に突き出ている。脳の大きい頭骨は、眼窩上隆起が発達していて、鼻の開口部の幅が広く、顔の中央が前に出ている傾向がある。

脊髄は現生人類よりも細く、発語を制御できるほど神経系が発達していなかったと思われる

胸郭は円錐形ではなく樽形

それ以前の人類に比べると、腕が短い

ヒト属（ホモ属）とそれ以前の種との違いは、股関節の形にある

骨盤の幅が狭いため、かなり効率的な二足歩行ができた

指骨は小さく、化石化の過程で失われた可能性が高い

大腿骨の下端には、膝蓋骨がはまり込んで動く縦溝があったので、起立時や走行時に大きな安定感があった

下肢は、それ以前の初期人類よりも長い

身体の特徴

現在ホモ・エルガスターに分類されている頭骨と顎骨の形と大きさには、かなりのばらつきが見られる。ホモ・エルガスターとされる標本のなかで最も完全なのが KNM-ER WT 15000 で、この全身骨格は、頭骨を別にすれば多くの点で現生人類にかなり近い。体格が細身で身長が高く、それ以前の人類種と比べると腕は短めで脚は長めだ。こうした四肢や身体のプロポーションの変化は、地上性二足歩行が完全に発達したことを反映しているのではないかと考えられる。

▶ 身長　1.45〜1.85 m
▶ 体重　50〜68 kg
▶ 脳容積　600〜910 cm³

下半身 脛骨は現生人類よりもやや長いため、膝を強く曲げることなく歩いていた可能性がある。骨盤の幅が狭く、胴体が細身であることは、内臓が全体的に小さくなって、食生活の質が向上したことを反映しているのかもしれない。下腿の向きや骨の内部構造は全体的にヒトに似ている。ホモ・エルガスターは、現生人類にかなり近い歩きかたをし、長時間の走行にもよく適応できていた可能性がある。

トゥルカナ・ボーイの年齢

トゥルカナ・ボーイは、骨格が成熟しきらないうちに死亡した。その化石には、死亡時の年齢に関する重要な手がかりが残されている。たとえば脚や腕の長骨の骨端には、大人になると消える成長軟骨板がまだ残っている。頭骨の板状骨も完全に癒合していないし、歯も大人になりきっていない。これらの点から、死亡時の年齢は 7〜15 歳と推定された。最近の推定では、年齢の幅は 7 歳寄りに狭まっている。ホモ・エルガスターの成長や発達のパターンは、現生人類とは微妙に異なるようだ。

ホモ・エルガスター | 117

考古学

約165万年前の東アフリカや南アフリカの考古学の記録には、新しい型の石器が登場する。アシュール石器製作技法という製法で作られた石器で、ホモ・エルガスターやホモ・エレクトスと共伴して発見されることが多い。オルドヴァイ石器製作技法（⇨ p.102）で作られた石器と同様に、剝片、チョッパーなどの種類があるが、さらにハンドアックス（握斧）という画期的な石器が加わった。

アシュール石器

割れやすい性質の石塊の両面を打ち欠いて作られるアシュール型ハンドアックスには、大型のものも多い。まず片面を打撃して剝片を打ち欠き、ひっくり返してもう片面を同じように打ち欠きながら直線的で鋭利な刃を付けていく。製作の過程には技量のほかに、前もって計画を立てる能力や、出来上がりを想像して一定の形に仕上げる能力などが必要となる。エチオピアのコンソ＝ガルデュラやタンザニアのオルドヴァイ峡谷で発見されたような初期のハンドアックスには、比較的少ない回数の打撃によって両面が加工されていた傾向がある。後期になると、両面加工石器の種類も増え、クリーバー型、卵型、かなり正確な左右対称の型などが登場する。ハンドアックスの機能についてはさまざまな議論がある。実証的研究や顕微鏡を使った刃先の研究によれば、狩りのための武器もしくは食肉解体用の道具だと考えられているが、別の研究では木を切り出すのに使用された可能性が示唆されている。ハンドアックス自体は頑丈な道具として使われただろうが、石塊を打ち欠く作業の過程で出る剝片も刃物として重宝されたはずだ。

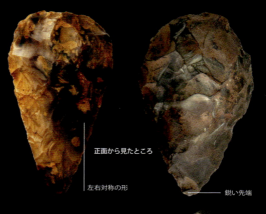

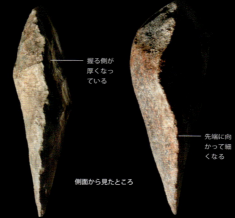

アシュール型ハンドアックス
アフリカ大陸やユーラシア大陸で100万年以上にわたって使用されたが、地域差や年代による差はほとんど見られない。

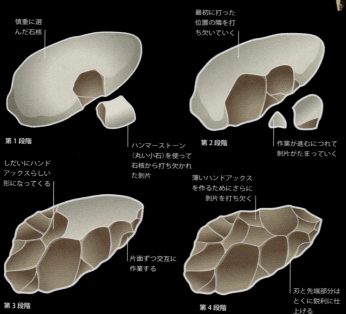

ハンドアックスの作りかた
アシュール石器を作るには、オルドヴァイ石器を作るよりもはるかに高い技術が求められる。まず石器に向く石を選ぶ時点で、数段階先の作業まで考える必要がある。それから準備を整え、一打一打を正確に打ち下ろさなければならない。きわめて正確な左右対称に仕上がっているハンドアックスも、数多く存在する。そうしたハンドアックスには、ハンマーストーンをはじめとする複数の種類の道具が使われていることがある。

言語と道具作り

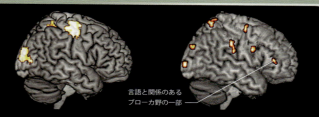

人類学においては、ハンドアックスの製作は複雑な認知能力と技量を必要とする作業だと長いあいだ考えられてきた。これまで、ほかの霊長類に打製石器の作りかたを教えようと多大な努力が払われてきたが、注目に値するような結果は出ていない。最近、神経科学の分野で、オルドヴァイ石器やアシュール石器を作る際に、ヒトの脳がどのように活動するかを調査する研究が行われた。PETスキャンによると、アシュール石器を作るときには、運動前野に活発な活動が見られることがわかった。これは言語の理解にかかわる部分だ。もしかしたら言語の発達と道具作りは、長い時の流れのなかで互いに補強し合いながら、進化の歴史を共に歩んできたのかもしれない。

オロゲサイリーの石器「工場」
ケニアのナイロビから70 kmほど離れたオロゲサイリーには、何百点ものアシュール型のハンドアックスやそのほかの石器が、一面に散在している場所がある。120万～40万年前に、安定的な人間活動があった痕跡だ。

発掘現場
オロゲサイリーの発掘現場は、一般に公開されている。現在までに見つかっている遺跡のなかで、ハンドアックスが最も集中している場所だ。ハンドアックス、石器のくず、動物化石などは、かつて存在した湖の湖岸線が移動したあたりに堆積していた。ハンドアックスのなかには、実際に使うには大きすぎるものもあり、使われた形跡も見られない。

ハンドアックス石器群

アフリカのアシュール文化には、とても豊富なハンドアックスの石器群がいくつかあることが知られている。ケニアのオロゲサイリーでは、メアリーとルイスのリーキー夫妻の指揮のもと、1942年にはじまった調査により、地表からも地中からも数千点にのぼる石器が発見された。そのうちの多くがハンドアックスで、なかには壊れているものや、作り手が捨てたようなものもあるが、無傷なハンドアックスも数多く発見された。約120万年前、オロゲサイリーで初期人類の活動がはじまった当初でさえ、石器の材料として少なくとも14種類の火山岩が使われていたことがわかった。いずれも地元の採石場から採取されたものだった。これらの遺跡では、屑の削片も数千点発見されている。それはすなわち、オロゲサイリーが石器の製作現場であったことを意味する。黒曜石のように、最も近い採取場所がおもな遺跡から18 kmも離れている石は、ほとんど使われていないが、その事実は、石器を作る能力をそなえた初期人類の行動範囲について、意味深い知見をもたらしてくれる。さらに最近の発掘では、石器だけでなく、動物の骨の化石群も見つかっている。そのひとつが絶滅種のゾウであるエレファス・レッキの全身骨格で、数千点にのぼる石器や石片を伴って発見された。肋骨と背骨にカットマークがあり、ゾウの身体の輪郭に沿って剥片が見られることから、その場で石器が作られ、かつゾウの解体が行われていたと考えられる。

右側面

単位：cm
00
01
02
03
04
05

頭髪は暑い気候で頭部が熱くなりすぎるのを防ぐのに役立ったかもしれない

眼窩上隆起と額のあいだにはっきりした角度がついている

顔の下半分はそれ以前の人類種ほど前に突き出ていない

復元

1975年にケニアのクービ・フォラで発見された成人女性の頭骨（標本 KNM-ER 3733）をもとに作られた。この化石は180万～170万年前のものとされたが、出土層が、現在パラントロプス・ボイセイとされる化石（くるみ割り人のジンジ）が1969年に発見された層だったため、多くの人類学者に衝撃を与えた。当時はどの時代においても人類種は1種類しか存在しないと考えられていたし、2つの種が同じ生態系内で資源を争いながら安定的に共存することはめずらしいからだ。ホモ・エルガスターの頭骨は「人類単一種説」をくつがえす重要な発見だった。

120 人類

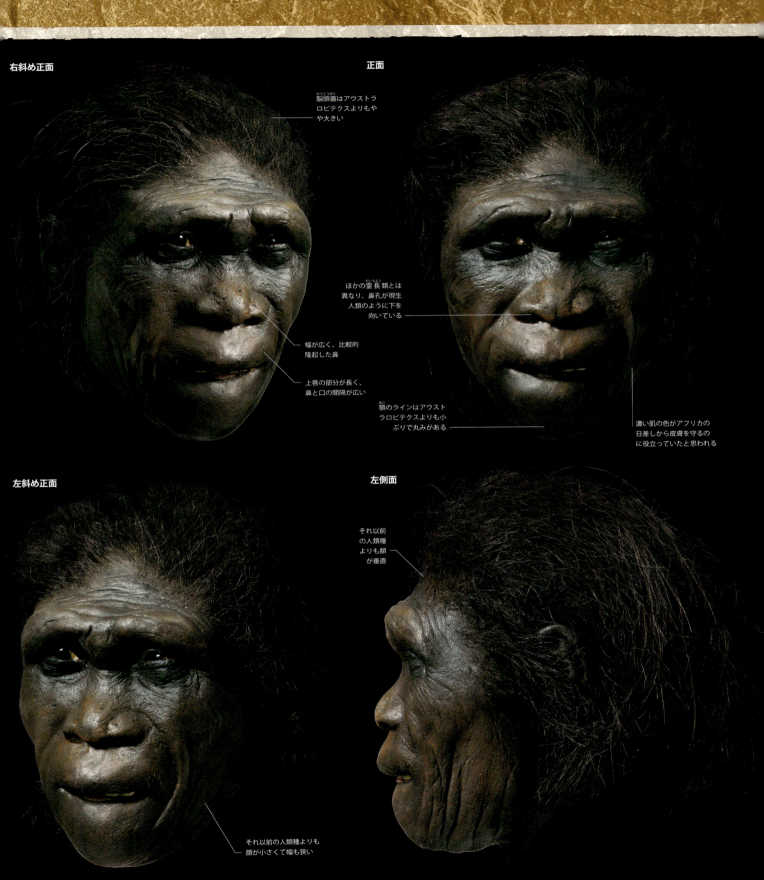

ホモ・エルガスター | 121

ホモ・エレクトス
Homo erectus

ホモ・エレクトスの起源はよくわかっていないが、化石がおもに出土するのは、3万年ほど前まで住んでいたと思われるアジアからである。

ホモ・エレクトスは、ヨーロッパ以外の土地で同定された最初の人類種だった。インドネシアのジャワ島から出土した化石（模式標本）をはじめ、アジア全域の多数の遺跡から、化石が発見されている。ヨーロッパ産やアフリカ産の化石をホモ・エレクトスに含めるべきかどうかについては、意見がかなり割れている。本書ではアジア産の化石記録を中心に扱う。

発見

最初のホモ・エレクトスの化石は、1891年にウジェーヌ・デュボワによってジャワ島で発見された。古代の初期人類のなかでも最も古い種のひとつで、当初はピテカントロプス・エレクトスと命名された。1920年代には、中国の北京協和医学院の解剖学教授、ダヴィッドソン・ブラックが、北京郊外にある周口店洞窟で発見した数本の歯を、シナントロプス・ペキネンシス（北京原人）と同定した。さらにブラック調査隊（本人は1934年に死去）は、1937年までに、顔の骨の断片、下顎骨、四肢骨を含む豊富な化石群を発掘した。戦争が影を落としはじめても発掘は続いた。一方、ジャワ島では古生物学者のラルフ・フォン・ケーニヒスヴァルトが、サンギランとモジョケルト近郊でさらに化石を発見していた。彼は自分の化石と、ブラックおよび人類学者のフランツ・ヴァイデンライヒが周口店で発掘した化石を比較するため、1939年に北京へ赴いた。フォン・ケーニヒスヴァルトとヴァイデンライヒの見解は、ジャワ島と北京の化石は同種であると考えるべき、ということで一致した。今日でも、これらアジア産の化石がホモ・エレクトスであるという考えは、ほとんどの人類学者に支持されている。しかしアフリカやヨーロッパにもホモ・エレクトスがいたかどうか、また、ホモ・エレクトスが、ホモ・エルガスターやホモ・ハイデルベルゲンシスとどのような関係にあるか、という点については現在も議論が続いている。

ウジェーヌ・デュボワ

1887年、オランダ人解剖学者のウジェーヌ・デュボワが、王立オランダ領東インド諸島軍に軍医として従軍したとき、胸に抱いていた目的はただひとつ、「アジアで初期人類の化石を発見すること」だった。植民地政府から資金を確保すると、デュボワは1891年にジャワ島、トリニール村のソロ川河岸で発掘をはじめた。ほどなくして彼の努力は報われ、部分的な頭骨1点、歯3本、そして現代人とよく似た大腿骨1点が発見された。デュボワは、当初、これらをアンスロポピテクス・エレクトスのちにピテカントロプス・エレクトスと改名して発表した。

周口店洞窟
中国北京の南西42kmにある石灰岩洞窟。アジアのホモ・エレクトスに関するきわめて重要な証拠がここから見つかっている。

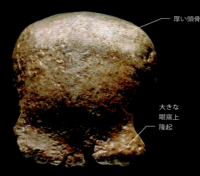

— 厚い頭骨
— 大きな眼窩上隆起

トリニール2号
この頭蓋冠はホモ・エレクトスの模式標本で、1891年にジャワ島トリニールで発掘していたウジェーヌ・デュボワが最初に発見した化石のひとつである。頭蓋冠には厚みがあり、眼窩上隆起が高く、頭頂部の正中線に沿って矢状隆起がはっきり見られる。ただし、これらの特徴の多くは、時間の経過とともに平らにすり減ってしまっている。

ホモ・エレクトス

▶ **名前の意味** 直立する人

▶ **場所** 中国とインドネシアのジャワ島内のさまざまな遺跡。アフリカやヨーロッパの遺跡に関しては見解が分かれている

▶ **年代** 180万～3万年前 東アフリカで絶対年代測定法によって測定された化石と一致する洞窟内の化石をもとに、おもに相対年代推定法によって決定

▶ **化石記録** 比較的完全な頭骨1点、不完全な頭骨数点、複数の歯と顎骨、数点の四肢骨

ソロ川地域の景観
ホモ・エレクトス化石の大部分は、ソロ川あるいはその近くの地層から発見されている。サンギラン遺跡の火山灰層の年代は、化石が少なくとも150万年前にさかのぼることを示している。

身体の特徴

東アジアおよび東南アジアから出土したホモ・エレクトスの化石記録の大半は、頭骨、顎骨、歯である。それ以外の部位の化石は数が少ないうえ、断片的であったり病気の痕跡が見られたり、年代が不確かであったりするものばかりだ。そのことを考慮に入れてもホモ・エレクトスは体格が大きく、現代人と変わらない二足歩行をしていて、比較的大きな脳をもっていたと思われる。顎と頭蓋冠には、発達した眼窩上隆起や幅の広い頬骨といった特徴が見られる。形態的な変異は、性別や地域的な違い、時間の経過から生じた変異ではないかと考えられている。

- 身長 1.6〜1.8 m
- 体重 40〜68 kg
- 脳容積 750〜1200 cm³

頭骨

部分的な頭骨や歯が多数発見されている。そこから浮かび上がるホモ・エレクトスの形態にはかなりのばらつきがあるが、全体的な特徴としては、前後に長く、高さは低いけれど大きな頭蓋冠、出っ張った後頭部、正中線に沿った矢状隆起などがある。頭蓋腔容積については、年代と地域によって多少の変異は認められるものの、平均して 1000 cm³ ある。顔には頑丈で前方外側に張り出した頬骨と、太い眼窩上隆起がある。眼窩上隆起は棒のようにまっすぐなものもあれば、眼窩に沿って弧を描いているものもある。

ホモ・エレクトスの顔
顔面は大きく、幅が広くてかなり垂直で、鼻は隆起しているが、顎が華奢で歯はあまり大きくなかった。現生人類と比べると、眼窩上隆起の突出と額の位置の低さが目立つ。

北京原人
かつては**ホモ・ペキネンシス**という別種とされていた。発掘された化石は日中戦争中の1941年に失われているため、中国の化石は石膏模型や記述による記録しか残っていないものが多い。

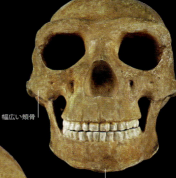

頭骨の正中線に沿って太い矢状隆起がのびている

幅広い頬骨

頭骨は眼窩の後ろで狭くなっている

顎は引っ込んでいる

中国の化石
約40個体のものとされる化石が確認されている。大半は周口店から出土したものだが、長江の川岸にある元謀（雲南省北部）や、湖北省の建始をはじめとする遺跡からも出土が報告されている。

臼歯は現生人類よりも大きい

現生人類よりも後頭部が出っ張っている

頭蓋冠は前後に長く、高さは低い

眼窩は小さく、長方形

頭骨は下に向かって広がり、底部が最も広い

サンギランの頭骨
1969年に発見されたこの頭骨（標本 サンギラン 17）は、これまでにジャワ島で発見されたなかで最も完全なホモ・エレクトスの頭骨だ。頭蓋冠は前後に長く、高さは低いが、脳容積は比較的大きくて 1000 cm³ ほどある。顔面は幅が広く、頬骨が前に大きく張り出している。眼窩上隆起は太くて弧を描いている。

けがによって生じたと思われる病的な骨の発達

下半身 下半身の化石骨はほとんど見つかっていないが、数少ない化石のなかに、完全な大腿骨（標本トリニール3号）がある。骨幹の断面が涙滴形をしている点、筋肉が後ろ側の中央に沿って付着している点、関節面が大きい点など、トリニール3号の大きさや形状は、きわめて現代的だ。

考古学

ホモ・エレクトスの最古の化石がアジアで発見されて以来、考古学者たちを悩ませてきた問題がある。それは、アフリカではごく当たり前に見られ、ヨーロッパでも遅れて165万年前から一般的に使われていたハンドアックスが、なぜ出土しないのか。これについてはふたつの説がある。ハンドアックスが発明されたころには、ホモ・エレクトスの祖先がもうアフリカにはいなかった、という説と、チョッパーや剝片などの石器や、木や骨、シカ角などで作った道具のほうがアジアの環境に適していたため、ハンドアックスは受け入れられなかったのではないか、という説だ。

中国の石器
百色（中国南部、広西壮族自治区）から出土した中国最古の大型石器。こうした石器の製作には、ハンドアックス作りと似たような技量が求められる。

右側面

大きくて低い脳頭蓋

棚のように
張り出した
眼窩上隆起

復元

サンギラン17という名で知られる、有名な頭骨標本をもとに復元したホモ・エレクトスの成人男性。1969年にインドネシアのジャワ島で発見された頭骨で、約80万年前のものとされる。顔面の大部分がひどく損傷しているため、同じ遺跡から出土したほかの標本（サンギラン4）の顔面骨と上顎骨の一部を使っている。下顎骨は、アルジェリアのティゲニフ（テルニフィーヌ）遺跡で発見された70万年前のものとされる標本のレプリカを使用した。皮膚は現代のインドネシア人に似せてある。

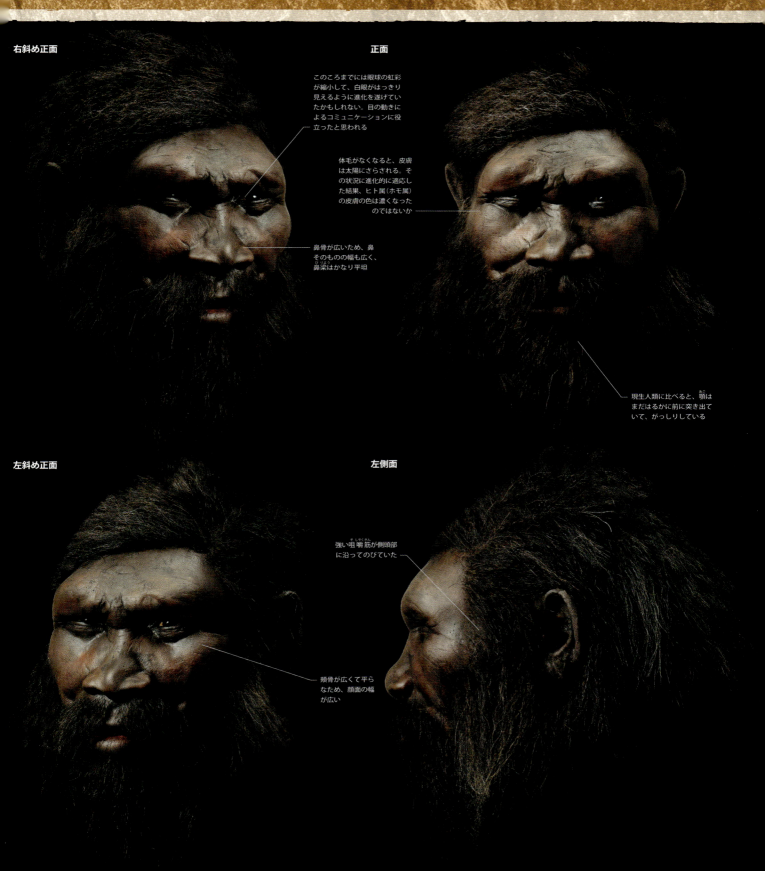

ホモ・アンテセッソール
Homo antecessor

ホモ・アンテセッソールはなにかと論議の的となっている種だが、その化石は、人類が少なくとも78万年前には西ヨーロッパに到達していたことを語っている。

ホモ・アンテセッソールは、西ヨーロッパで最初の人類かもしれない。不十分な標本に基づいて記載されたうえに、定義するときに使われた特徴の多くが他の種、とくにホモ・ハイデルベルゲンシスと共通するため、議論を引き起こしている。

発見

スペイン北部、ブルゴス近くのシエラ・デ・アタプエルカ丘陵に、4 km を超える長さの石灰岩の洞窟がある。こうした洞窟の多くには、化石を豊富に含む堆積物が詰まっている。19 世紀末、鉄道を通すために丘陵の南西部を貫く長い切通しが掘削されたとき、堆積物が詰まった割れ目が露出した。1960 年代になって、ブルゴス博物館のスタッフやエーデルワイス洞窟探検隊のメンバーを含むチームが調査をはじめたところ、石器が見つかり、この切通し(トリンチェーラ・デル・フェッロカリル)の考古学上の重要性が初めて認識された。1972 年、大学院生のトリニダッド・トレスがこの切通しの北部地域で発掘を行い、そこをグラン・ドリーナと名付けた。1978 年から今日まで、グラン・ドリーナでは綿密な考古学的発掘が集中的に行われてきた。最初の発掘チームを率いたのはエミリアーノ・アギレで、ごく最近ではフアン・ルイス・アルスアガ、ホセ・マリア・ベルムデス・デ・カストロ、エウダルド・カルボネルが指揮を執った。1994 年、ついに人類の骨が発見された。子どもの上顎骨と 11 本の歯で、少なくとも確実に 78 万年前にさかのぼるとされるグラン・ドリーナの最古の地層(TD-6)からの発見だった。1997 年、**ホモ・アンテセッソール**という名の新種の模式標本として公表された。それ以降、さらに多くの化石断片が発見され、現在までに見つかっているホモ・アンテセッソールは、8～14 個体分に相当する。

アンテセッソールの歯
もとの場所に置かれた古代の人類の歯は、1994 年にグラン・ドリーナ遺跡の TD-6 から発掘された 11 本の一部である。3 年後に、これらはホモ・アンテセッソールのものと結論づけられた。現生人類の歯よりも頑丈だ。

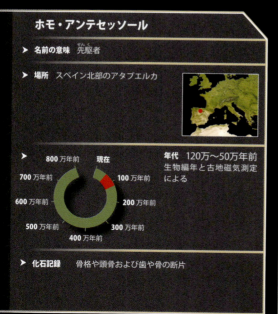

ホモ・アンテセッソール
- **名前の意味** 先駆者
- **場所** スペイン北部のアタプエルカ
- **年代** 120万～50万年前　生物編年と古地磁気測定による
- **化石記録** 骨格や頭骨および歯や骨の断片

食人の可能性

TD-6 から発見されたホモ・アンテセッソールの化石は、ばらばらにされて、ほかの動物種の骨と混ざった状態で見つかった。こうした骨のほとんどに、石器で切断され、切り刻まれ、打撃された痕が見られる。考古学者は、摂食目的で解体され、捕えたり食べあさったりした動物の骨と同じように、人骨も捨てられたのではないかと推測している。

切断痕
中手骨(標本 ATD 6-59)には、筋肉付着面に切り傷が見られる。

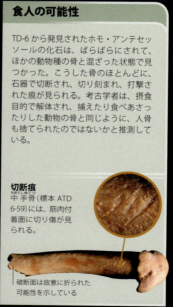

破断面は故意に折られた可能性を示している

頭骨

ホモ・アンテセッソールの完全な頭骨は存在しないが、上顎骨や顔面の骨、脳頭蓋、歯が見つかっている。最も完全な標本(ATD 6-69)は、子どもの上顎骨と頬骨からなるが、成人の骨片も複数見られる。子どもの頭骨に見られる最も注目すべき特徴は、中顔部が完全に現代的なつくりで、頬骨が出っ張るという点だ。眼窩がかなり大きく、その上の隆起(眼窩上隆起)はあまり厚くはないがアーチ形をしており、上顎洞が大きい。鼻は少し隆起していて、鼻孔(梨状口)の上部が狭い。

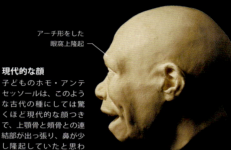

アーチ形をした眼窩上隆起

現代的な顔
子どものホモ・アンテセッソールは、このような古代の種にしては驚くほど現代的な顔つきで、上顎骨と頬骨との連結部が出っ張り、鼻が少し隆起していたと思われる。

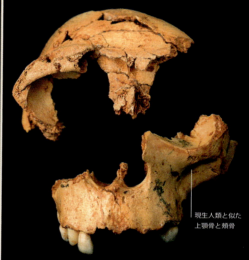

現生人類と似た上顎骨と頬骨

子どもの上顎骨と歯
この上顎骨には数本の永久歯が残っており、犬歯と小臼歯は生えかけで、大臼歯はまだ歯槽に隠れたままである。この子どもの死亡時の年齢は、おそらく 10～11 歳半だったと思われる。

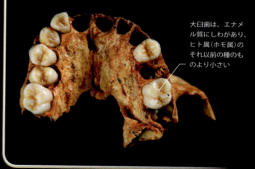

大臼歯は、エナメル質にしわがあり、ヒト属(ホモ属)のそれ以前の種のものより小さい

身体の特徴

ホモ・アンテセッソールの完全な骨格についてはわかっていないが、頭骨、胸郭、手足の骨などは、グラン・ドリーナから発掘されたばらばらの(寄せ集めの)化石コレクションには、かなり多く含まれている。これらの化石から、ホモ・アンテセッソールは現生人類の平均的な背丈と同等で、完全に二足歩行だったようだが、その腕は現生人類よりも長くて細く、胸幅が広かったようだ。頭骨は丸くてかなり華奢なつくりで、脳の平均的容積は約 1000 cm³ だった。顔つきはかなり現代的で、鼻が少し隆起していたが、頤はなかったようだ。

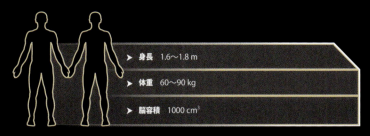

- 身長　1.6〜1.8 m
- 体重　60〜90 kg
- 脳容積　1000 cm³

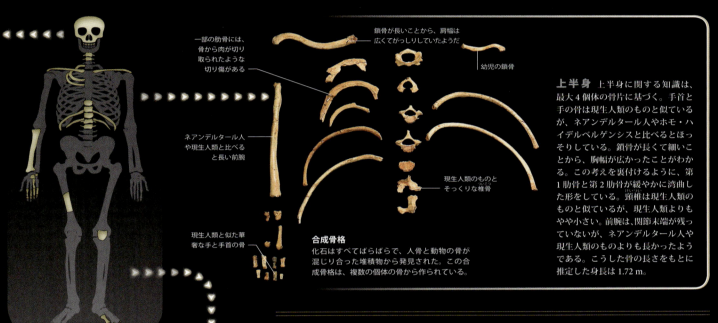

合成骨格
化石はすべてばらばらで、人骨と動物の骨が混じり合った堆積物から発見された。この合成骨格は、複数の個体の骨から作られている。

上半身　上半身に関する知識は、最大4個体の骨片に基づく。手首と手の骨は現生人類のものと似ているが、ネアンデルタール人やホモ・ハイデルベルゲンシスと比べるとほっそりしている。鎖骨が長くて細いことから、胸幅が広かったことがわかる。この考えを裏付けるように、第1肋骨と第2肋骨が緩やかに湾曲した形をしている。頸椎は現生人類のものと似ているが、現生人類よりもやや小さい。前腕は、関節末端が残っていないが、ネアンデルタール人や現生人類のものよりも長かったようである。こうした骨の長さをもとに推定した身長は1.72 m。

下半身　ホモ・アンテセッソールの骨格は、総合的に見て、更新世中期や後期のヨーロッパにいたほかの人類よりも、現生人類に似ていると言われている。下半身で見つかっているのは大腿骨の上部、2つの膝蓋骨、さまざまな足の骨である。下肢のほかの部分と違い、大腿骨はホモ・サピエンスよりもネアンデルタール人やそれ以前の人類に似ている。

現生人類に似た足
ホモ・アンテセッソールの足は現生人類に似ていたが、親指の骨は、現生人類のものよりも丸みをおびていたようだ。

考古学

グラン・ドリーナでは、ホモ・アンテセッソールと一緒に数百個の石器が見つかっている。これらのハンマーストーンや小さな剝片、石核は、フリント、珪岩、砂岩、石灰岩など地元産の原材料からできていた。アフリカで発見されたオルドヴァイ石器製作技法に似て、この化石群の特徴はスクレイパー(搔器)やノッチ(削器)などの小型の石器にあるが、それより後期の石器技術で作られていたハンドアックス(握斧)は見あたらない。極小の石破片が存在することから、これらの人工遺物の一部は、発見された場所で作られていたことがわかる。刃に沿って見られる微細な摩耗を調べた結果、これらの石器は死骸の肉をはぎ取ったり、木工細工を行うために使われていたと考えられる。

地元産の原材料
ブルゴス市から約15 kmにあるグラン・ドリーナは、ヨーロッパ最古の人類遺跡のひとつである。グラン・ドリーナで石器を作るために用いられた石材は、その遺跡から半径3 km以内ですべて採れる。

石核と剝片
この人類はグラン・ドリーナに大きな石塊を持ち込み、石器を作っていた。ジグソーパズルのように石のかけらを組み合わせ直すことで、石器製作過程は再現される。

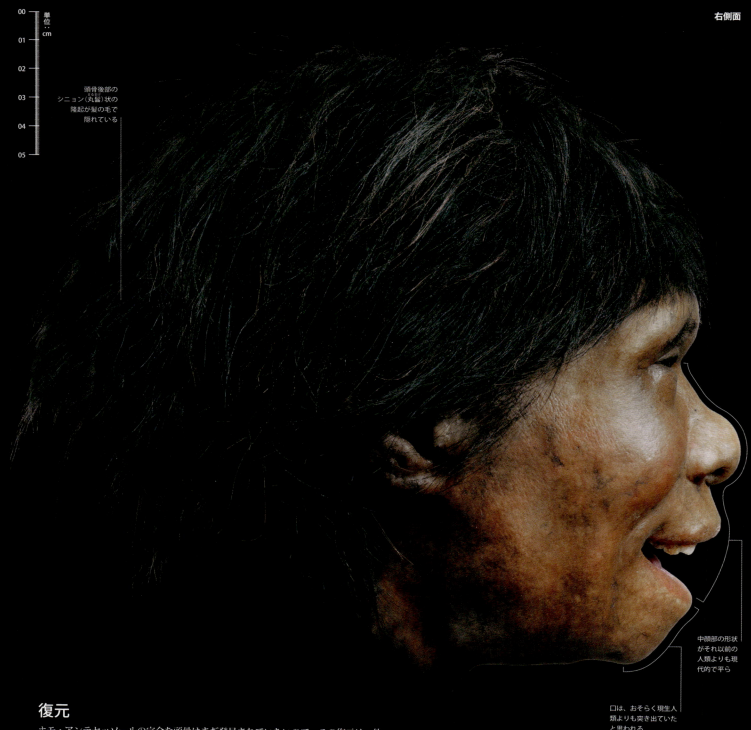

右側面

頭骨後部のシニョン(丸髷)状の隆起が髪の毛で隠れている

中顔部の形状がそれ以前の人類よりも現代的で平ら

口は、おそらく現生人類よりも突き出ていたと思われる

復元

ホモ・アンテセッソールの完全な頭骨はまだ発見されていないので、この復元は、約80万年前の個体が異なる2つの化石に基づく。その1つの標本 ATD 6-15 では、脳頭蓋の前部と片方の眼窩の角が残っている。もう一方の ATD 6-69 は、おそらく10歳くらいの若い個体のもので、上顎、片方の頬骨の下部、眼窩底部が含まれる。下顎骨はネアンデルタール人の標本に基づく。ネアンデルタール人は、ホモ・アンテセッソールよりも生存年代ははるかに新しいが、両者の下顎の骨には多くの類似点がある。

132 | 人類

ホモ・アンテセッソール

ホモ・ハイデルベルゲンシス
Homo *heidelbergensis*

ヨーロッパのネアンデルタール人とアフリカの現生人類の最後の共通祖先だったと考えられている。

ホモ・ハイデルベルゲンシスは、アフリカ南部からヨーロッパ北部に至るまでの広い地域に居住していたと思われる。大きな脳と強い筋肉質の身体をもち、大型動物を狩猟したり、かなり複雑な道具を作る能力をそなえていた。

発見

1907年10月、ドイツのハイデルベルク南東部、マウエル村近くの砂採掘場で、作業員が頑丈な人類の下顎骨を見つけた。深さ24 mの同じ堆積層では、すでに多くの絶滅種の化石が見つかっていた。1908年、ハイデルベルク大学の発掘責任者オットー・シェーテンザックがこの下顎骨を公表し、ホモ・ハイデルベルゲンシスという新種名を付けたところたちまち論議を呼び、科学者たちはホモ・ネアンデルタレンシスとの関係を調べはじめた。さらに多くの中期更新世の化石が発見されて、ますます論争の的となった。1970年代までに見つかった化石には、アラゴ(フランス)で発見された下顎骨や

アラゴ洞窟
1964年以降、フランス南西部トータベル近くのアラゴでは、多数のホモ・ハイデルベルゲンシスの化石が発見されていて、若い男性のほぼ完全な頭骨も見つかった。

マウエルの下顎骨
この種の模式標本となっているのが、マウエルで発見された保存状態の良好な下顎骨である。非常に頑丈で、顎はないが現生人類と似た比較的小さな臼歯が付いている。

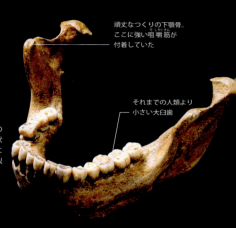

頑丈なつくりの下顎骨。ここに強い咀嚼筋が付着していた

それまでの人類より小さい大臼歯

頭骨、ペトラロナ(ギリシャ)で見つかった頭骨、シマ・デ・ロス・ウエソス(スペイン)で発見された多くの頭骨や四肢骨が含まれる。これらの化石には、ホモ・エレクトスに似た特徴と現生人類の特徴の両方が認められる。こうした特徴がさらに議論に拍車をかけ、ホモ・ハイデルベルゲンシスがネアンデルタール人やヨーロッパおよびアフリカ全域にいた現生人類の最後の共通祖先だという意見がある一方で、これはヨーロッパ起源の種であり、ネアンデルタール人のみの祖先であるという意見もある。

骨の穴
1976年、スペインのシマ・デ・ロス・ウエソス(骨の穴という意味)で、ホモ・ハイデルベルゲンシスの頭骨片が見つかった。この遺跡は深さ13 mの立て坑で洞穴空間につながっているが、立ち入りが困難な600 mにおよぶ通路の先にある。

ホモ・ハイデルベルゲンシス

- **名前の意味** ハイデルベルクの人
- **場所** 東アフリカ大地溝帯(ケニア、タンザニア、エチオピア)、北アフリカや南アフリカのさまざまな遺跡、およびヨーロッパ各地の複数の遺跡

- **年代** 60万〜20万年前
  おもに化石の上下にある火山灰層の絶対年代測定による

- **化石記録** ほぼ完全な骨格1体。頭骨、下顎骨、骨盤、四肢骨の各種骨片

寄せ集めてできた骨格

シマ・デ・ロス・ウエソスから発見された多くの個体の骨は、まるで捨てられたか流されてきたかのように、洞窟の立て杭の底部でごちゃ混ぜの状態で見つかった。現在、組み立て直された骨格が数体存在する。

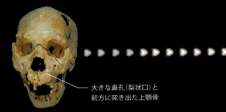

― 大きな鼻孔（梨状口）と前方に突き出た上顎骨

頭骨

強い頸筋の付着部をもつ大きくて長い頭骨は、約 1274 cm^3 の大きな脳を収容していた（ネアンデルタール人の脳よりはやや小さく、現生人類の脳サイズの範囲内である）。幅広の比較的平らな顔は、目と目のあいだが離れ、その上に厚い眼窩上隆起がある。上顎骨が大きく、歯の大きさのわりにスペースが広い。歯は男性のほうが多少大きい。

― 眼窩上隆起はくっきりしたアーチ形をしている

― 傾斜した長い額

カブウェの頭骨

ザンビアで発見されたこの頭骨は、ホモ・ハイデルベルゲンシスのものとされている最も頑丈な頭骨のひとつで、眼窩上隆起が大きく、強い頸筋を支える後方の骨が厚くなっている。

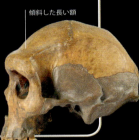

― 肩や上腕の筋肉付着痕が強いことから、ホモ・ハイデルベルゲンシスは激しい身体的活動を行っていたと思われる

― 下位の椎骨部分には疾患の痕も見られる

上半身

ホモ・ハイデルベルゲンシスの上半身の骨には、鎖骨がねじれている点や上腕骨の関節面が卵形である点など、ネアンデルタール人と共通する特徴がいくつか認められる。そのほか（骨のプロポーションや強固さを含む）については、ホモ・ハイデルベルゲンシスと現生人類ではほとんど差がない。脊柱は、頭を支える上位の椎骨が薄くて幅広く、この点ではネアンデルタール人のほうに似ているようだ。下位の椎骨の関節面は大きい。

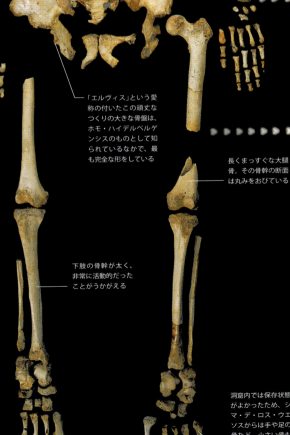

― 「エルヴィス」という愛称の付いたこの頑丈なつくりの大きな骨盤は、ホモ・ハイデルベルゲンシスのものとして知られているなかで、最も完全な形をしている

― 長くまっすぐな大腿骨。その骨幹の断面は丸みをおびている

下半身

ホモ・ハイデルベルゲンシスの下半身は、一般にネアンデルタール人に似ている。骨盤は効率的な二足歩行に適しているが、現生人類のものよりも幅広く頑丈だ。股関節面が大きく、大腿骨は太くて骨幹の断面が丸みをおびている。膝が幅広で、脚にかなりの荷重がかかっていたと思われる。骨には強い筋肉付着部の痕が見られる。脚は、ネアンデルタール人よりもやや長く、男女間の差はホモ・サピエンスの場合と同じだ。

― 下肢の骨幹が太く、非常に活動的だったことがうかがえる

― 洞窟内では保存状態がよかったため、シマ・デ・ロス・ウエソスからは手や足の骨など、小さい骨も見つかっている

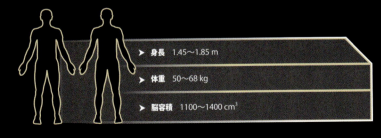

- 身長　1.45〜1.85 m
- 体重　50〜68 kg
- 脳容積　1100〜1400 cm^3

身体の特徴

ヨーロッパやアフリカで発見された多くの頭骨は、ホモ・ハイデルベルゲンシスのものとされているが、ほかの部位は、シマ・デ・ロス・ウエソス化石コレクションに基づく。少なくとも 30 個体の骨が含まれるが、ほとんどが若い成人の男性と女性、そして子どもである。ホモ・ハイデルベルゲンシスはがっしりとした体格で、比較的背が高く、成人男性は平均 1.75 m あった。疾患や外傷が治癒した痕が見られる骨もあり、更新世のヨーロッパが過酷な環境にあったことを反映していると思われる。

ホモ・ハイデルベルゲンシス　137

考古学

ホモ・ハイデルベルゲンシスは、石核調整技法を使って作られた石器と深く関連する。この技法は、ネアンデルタール人や初期のホモ・サピエンスも使っていた技術で、1回打撃するだけで成形済みの石核から事前に決めたサイズや形状の剥片をはぎ取ることができた。石器は、剥離特性に優れる細粒岩からできていることが多く、ハンドアックス（握斧）、尖頭器、剥片など、さまざまな形態の道具が作られていた。これらは狩猟や解体にも使われ、動物の骨と一緒に見つかっている。

北方の地で生き残る

中期更新世に、ホモ・ハイデルベルゲンシスはヨーロッパへ移住した。寒冷な気温や顕著な季節性という試練に直面したが、その新しい地形や動物資源を利用することもできた。考古学記録には、革新的な道具が見られる。たとえば、ドイツのシェーニンゲンでは40万〜38万年前の木槍がウマの骨と一緒に見つかっており、昼が短く、天候が過酷だった環境下で生きのびるには、狩猟の技術が必要だったことがうかがえる。

ホモ・ハイデルベルゲンシスは特定の機能をもつ石器を作り、すぐに捨てるのではなく、長いあいだ使用した。ほかの捕食動物と獲物の取り合いをする状況下では、おそらくそれが重要だったのだろう。イギリスのボックスグローブで見つかった餌動物の骨には、石器で切断された痕の上に歯形があり、彼らが捕えた動物の死骸をほかの動物が食べあさったことを意味している。

専用石器
グラン・ドリーナの地層 TD-10 から発見されたもののなかには、食肉類、バイソン、齧歯類、シカの骨に加えて、狩猟や解体のために使用したと思われる石器も含まれる。人類の化石や炉跡は見つかっていない。

アタプエルカ

スペイン北部のシエラ・デ・アタプエルカという緩やかな丘陵地には、石灰岩でできた複雑な洞窟群がある。100年以上前に鉄道軌道用切通しを設けるために掘削が行われたとき、洞窟の一部に考古遺物や化石を含む堆積物が詰まっているのが見つかった。

グラン・ドリーナとシマ・デ・ロス・ウエソス（⇨ p.136）という主要な2遺跡での長年にわたる綿密な発掘は、重要な人類化石コレクションにつながった。現在、初期人類のヨーロッパ西部への移住を理解するうえで、これらのコレクションが中心的役割を果たしている。ホモ・ハイデルベルゲンシスの化石はシマ・デ・ロス・ウエソス出土のものが知られているが、グラン・ドリーナ遺跡の地層 TD-10 からは、これらの洞窟周辺で生活していた初期人類が、石器を作り、狩猟活動をしていたことを示す重要な証拠が得られている。

ハンドアックスは、おそらく大きな石核から作りだされたもので、両面の成形が入念になされている

儀式的埋蔵物
ピンク珪岩でできたこのハンドアックスは、シマ・デ・ロス・ウエソスの人類化石にともなって見つかった唯一の石器である。未使用のため、儀式的埋葬の証拠かもしれないという考古学者もいる。

グラン・ドリーナでの発掘
グラン・ドリーナには、7つの考古学的層位が存在する。TD-10層には石器や動物の骨が豊富に含まれており、ホモ・ハイデルベルゲンシスが居住していた可能性を示している。それよりも年代の古い地層と関係があるのは、ホモ・ハイデルベルゲンシスより前にヨーロッパに居住していたホモ・アンテセッソールである。

ボックスグローブ
約50万年前、イギリス、ウェストサセックスのボックスグローブには、潮汐ラグーン、ビーチ、石灰岩の崖があった。考古学者マーク・ロバーツ指揮のもと、地元の採石場で行われた発掘で、初期人類が居住していたことを示す豊富な証拠が見つかった。ラグーンにやって来たときに捕えられたと思われるウマ、オオツノシカ、サイなどの哺乳動物とともに、精巧に作られたハンドアックスなどのアシュール文化期人工遺物が発見された。2本の下顎切歯と脛骨の一部は、移住した人類がいたことを証明している。

骨に残る歯形は、オオカミがかじったと思われる

かじられた骨
1993年に発見されたこの成人男性の脛骨は、ホモ・ハイデルベルゲンシスのものとされている。この骨は、かじられているようだ。

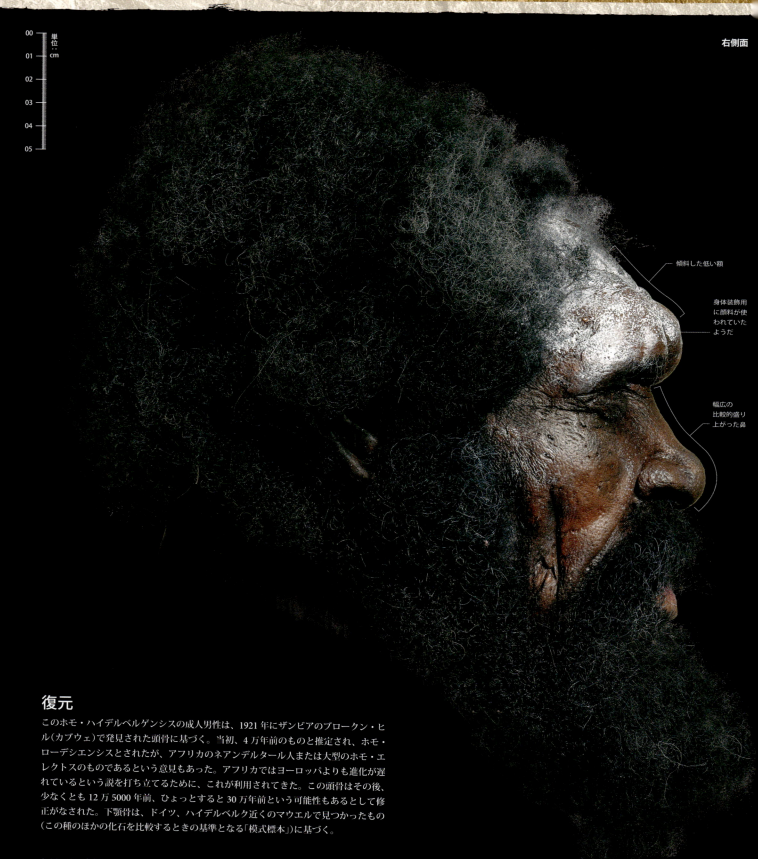

右側面

単位：cm
00
01
02
03
04
05

傾斜した低い額

身体装飾用に顔料が使われていたようだ

幅広の比較的盛り上がった鼻

復元

このホモ・ハイデルベルゲンシスの成人男性は、1921年にザンビアのブロークン・ヒル（カブウェ）で発見された頭骨に基づく。当初、4万年前のものと推定され、ホモ・ローデシエンシスとされたが、アフリカのネアンデルタール人または大型のホモ・エレクトスのものであるという意見もあった。アフリカではヨーロッパよりも進化が遅れているという説を打ち立てるために、これが利用されてきた。この頭骨はその後、少なくとも12万5000年前、ひょっとすると30万年前という可能性もあるとして修正がなされた。下顎骨は、ドイツ、ハイデルベルク近くのマウエルで見つかったもの（この種のほかの化石を比較するときの基準となる「模式標本」）に基づく。

ホモ・フロレシエンシス
Homo *floresiensis*

この非常に小柄な人類を、身体的疾患を抱えた現生人類だったと考える科学者もいるが、最近見つかった証拠によると、ホモ・フロレシエンシスは現生人類とはまったく別の人類種だったと思われる。

ホモ・フロレシエンシスはかなり小柄な人類で、これまで、インドネシアのフローレス島にあるリアン・ブア洞窟からしか化石が見つかっていない。最も新しい化石が約1万7000年前のものであることから、現生人類とはつながりのない、絶滅したヒト属（ホモ属）最後の種である。

発見

「涼しい洞窟」という意味のリアン・ブアは、1960年代に初めて考古学的遺跡と特定された。1970年代と1980年代に一連の発掘が行われ、過去1万年にわたり現生人類がこの洞窟を使っていた証拠が見つかった。2001年、インドネシアとオーストラリアの合同チームが、最後の氷河時代が終わる前に人類が居住していたか否かを調べる研究を、この遺跡で開始した。2003年、ついに厚い火山灰層の下から、非常に小柄な人類の女性の部分骨格（標本LB1）を発見するという快挙を成し遂げた。1万8000年前（人類の進化から見ればごく最近）のものとされるLB1には、さまざまな独特の特徴が認められる。たとえば、背がかなり低く、脳のサイズが小さいといった点である。こうした特徴を考慮し、2004年、それらの骨は新種である**ホモ・フロレシエンシス**のものとされたが、すぐに議論が巻き起こった。人類学者のなかには、LB1という個体が病気だった、つまり疾患を抱えていたか、ホルモン障害を患っていたのではないかと考える者もいた。しかしこれ以降も、同様の特徴をもつ7万4000〜1万7000年前のものとされる断片的な標本が多く見つかっている。これらの発見によってすべての論議が解消されたわけではないが、今では、この古代の個体群は特異であるため、新種として分類する価値があるというのが大筋の見かたである。

隔絶された島
フローレス島は、長いあいだオーストラリアやアジアから隔絶されていた。そのため、ここに居住していた人類は、長い時間を経るうちに、身体のサイズが大陸の近縁種より「小さく」なっていった。この現象を島嶼性矮小化という。

脳の大きさは現生チンパンジーと同等

長くて低い頭骨は、現生人類よりもホモ・エレクトスに近い

小さな脳
脳の大きさは、アウストラロピテクス類の最も小さい脳と同等だった。しかし、脳は上下に扁平な形で、解剖学的構造はヒト属に似ているかもしれない。

後方に傾斜した狭い額

小さな顔
顔は小型化し、前頭骨よりしたはかなり垂直。眼窩が丸く、その上の隆起がアーチ形をしている。

頭骨 ホモ・フロレシエンシスは、ヒト属の種にしては頭骨が非常に小さい。厚みのある脳頭蓋は球形で扁平。鼻孔（梨状口）と上顎の歯列とが近い。上顎の歯列は幅が狭く、やや突き出ている。犬歯は小さい。顎はないが下顎骨が頑丈で、筋肉付着部の痕がはっきり見てとれる。

ホモ・フロレシエンシス

- **名前の意味** フローレスの人
- **場所** インドネシア、フローレス島のリアン・ブア洞窟
- **年代** 7万4000〜1万7000年前
  炭素14やウラン系列などを用いた各種の放射性元素年代測定法による。また、熱ルミネッセンスを使った年代測定も実施
- **化石記録** ほぼ完全な頭骨1個と部分骨格、そのほかに少なくとも11個体の部分骨

ホモ・フロレシエンシスとは何か？

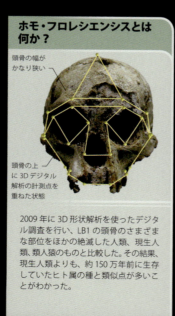

頭骨の幅がかなり狭い

頭骨の上に3Dデジタル解析の計測点を重ねた状態

2009年に3D形状解析を使ったデジタル調査を行い、LB1の頭骨のさまざまな部位をほかの絶滅した人類、現生人類、類人猿のものと比較した。その結果、現生人類よりも、約150万年前に生存していたヒト属の種と類似点が多いことがわかった。

下半身 下肢が比較的短く、ずんぐりしており、骨幹の断面は太い。骨盤と大腿骨の筋肉付着部から判断すると、脚の向きが現生人類とは異なり、股関節面が小さい。骨盤の扁平な腸骨が横に広がっており、平均的な現生人類のものよりも幅が広い。研究によれば、この種は走るのが下手で、現生人類以上に腕や上半身を使って木に登っていたかもしれない。これらの特徴が疾患または島嶼性矮小化によってもたらされたのか、あるいは単に小柄な個体群の正常な解剖学的構造なのかは、まだわかっていない。

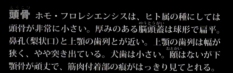

大きな足
LB1の足は、初期人類の特徴と現生人類の特徴を併せもっており、歩きかたが現生人類とは異なっていた。親指とほかの足指とが平行に並び、中足骨の頑丈さは現生人類と似ているが、現生人類ほどは土踏まずが発達しておらず、脚の長さに比べて足が非常に大きい。

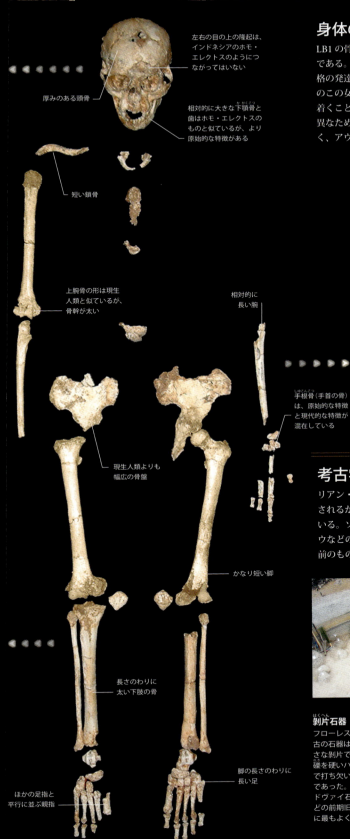

左右の目の上の隆起は、インドネシアのホモ・エレクトスのようにつながってはいない

厚みのある頭骨

相対的に大きな下顎骨と歯はホモ・エレクトスのものと似ているが、より原始的な特徴がある

短い鎖骨

上腕骨の形は現生人類と似ているが、骨幹が太い

相対的に長い腕

手根骨（手首の骨）は、原始的な特徴と現代的な特徴が混在している

現生人類よりも幅広の骨盤

かなり短い脚

長さのわりに太い下肢の骨

ほかの足指と平行に並ぶ親指

脚の長さのわりに長い足

身体の特徴

LB1の骨格は、これまでに発見されているホモ・フロレシエンシスの化石のなかで最も完全なものである。骨盤の比率、寛骨（腰の骨）や頭骨の形から女性であると思われ、歯の成熟度、摩耗度、骨格の発達状態から、中年早期に死亡したことがわかる。身長が1m強で、脳の大きさが約400 cm³のこの女性は、現生チンパンジーよりも小さい。ホモ・フロレシエンシスは、海を渡り島にたどり着くことができた、前期更新世の東南アジアの個体群から進化したにちがいない。しかし形態が特異なため、その最近縁種を同定するのはむずかしい。ホモ・エレクトスやホモ・ハビリスだけでなく、アウストラロピテクス類も、この種の祖先である可能性があると言われている。

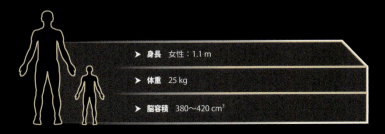

- 身長　女性：1.1 m
- 体重　25 kg
- 脳容積　380〜420 cm³

上半身　ホモ・フロレシエンシスは、背は低いが四肢が頑丈で、おそらく強い筋肉質の身体だったと思われる。LB1の骨格は、比較的長い腕をしているが、脚は短い。四肢の相対的プロポーションは、現生人類よりもアウストラロピテクスやホモ・ハビリスのほうに近い。上腕骨の形は現生人類に似ているが、鎖骨が短く、肩関節の配置がホモ・サピエンスよりもホモ・エレクトスに似ている。上腕骨幹の断面が太いので、上半身が非常に強く、現生人類よりも猿人や類人猿に似ていた可能性がある。

考古学

リアン・ブアで見つかったホモ・フロレシエンシスの骨は、せいぜい7万4000年前のものと推定されるが、考古学記録には、それよりもはるか昔にフローレスに人類が居住していた証拠が残っている。ソア盆地のマタ・メンゲとボア・レサの発掘で、約80万年前のものとされるステゴドンゾウなどの動物の骨のそばに、石器が見つかった。さらに、ウォロ・セゲ遺跡については、100万年前のものではないかとの意見が最近出された。この時代であっても、フローレスをつなぐ陸橋は存在しなかったので、これらの石器を作った人類の祖先は、危険な海を渡って島にたどり着いたにちがいない。

フローレスでの初期の居住
インドネシア、オーストラリア、ヨーロッパによる合同発掘で、100万年前のものとされる人類遺跡が発見されたが、どの人類種がその遺跡を作ったかについては議論が分かれている。

剝片石器
フローレスで見つかった最古の石器は、ほとんどが小さな剝片で、細粒変質火山礫を硬いハンマーストーンで打ち欠いて作られたものであった。アフリカのオルドヴァイ石器（⇒ p.102）などの前期旧石器時代の石器に最もよく似ている。

ホモ・フロレシエンシス ｜ 145

リアン・ブア洞窟
石灰岩でできた幅40mのこの洞窟は、インドネシアの小島、フローレス島の西部にあり、40万年も前にできたと考えられている。ホモ・フロレシエンシスの化石が発見された唯一の遺跡である。

右側面

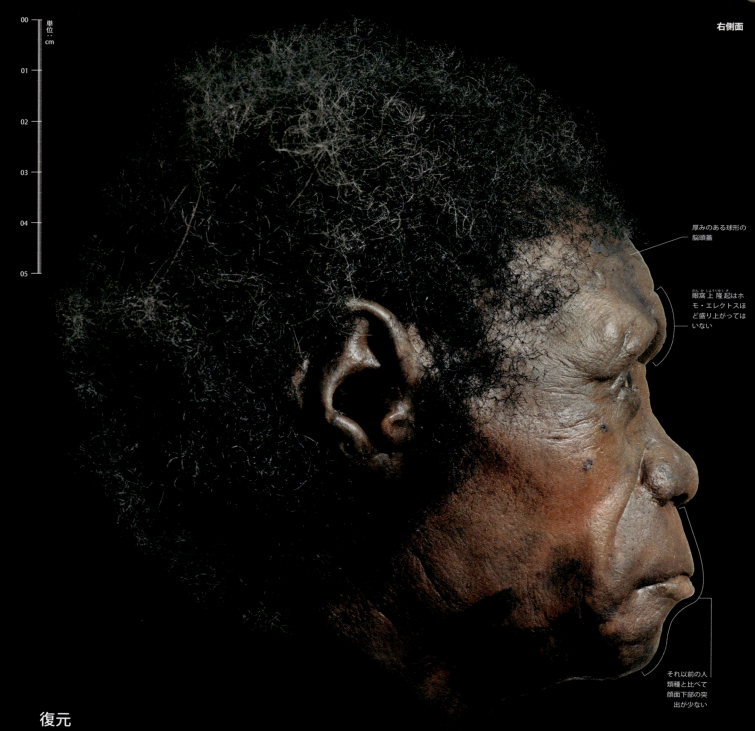

厚みのある球形の
脳頭蓋

眼窩上 隆起はホ
モ・エレクトスほ
ど盛り上がっては
いない

それ以前の人
類種と比べて
顔面下部の突
出が少ない

復元

このホモ・フロレシエンシスの復元は、2003〜2004年にリアン・ブア洞窟(⇨ p.144〜147)で見つかったLB1と呼ばれる比較的完全な骨格と頭骨に基づく。頭骨の形とその内部に残された脳の痕跡を綿密に調べた結果、遺伝性疾患や病気にかかって成長を妨げられた現生人類ではなく、正真正銘の初期人類と考えられる。比較的複雑な行動をしていたという考古学的意見があり、脳の大きさと知能との関係に関する仮説の多くに疑問を投げかけた。

ホモ・フロレシエンシス | 149

ホモ・ネアンデルタレンシス
Homo neanderthalensis

ネアンデルタール人は、現生人類が出現する前の約30万年のあいだ、ヨーロッパで繁栄していた。この種が絶滅してしまった理由は、謎のままだ。

ホモ・ネアンデルタレンシスは、発見・記載された最初の化石人類である。現在、ヨーロッパ各地の数百の遺跡から発掘された数千の化石標本が存在する。この化石標本は、早産児からかなり高齢の個体まで、あらゆる年齢層が含まれることから、特筆に値する。

発見

最初に発見された2体のネアンデルタール人（1829年にシャルル・シュメルリンクがベルギーのエンギス近くで発見した幼児の骨と、1848年にジブラルタルのフォーブス採石場で発見された頭骨）は、長いあいだネアンデルタール人と認められなかった。その状況が一転したのは1856年、ドイツのネアンデル渓谷にあるフェルトホーファー洞窟で作業員が人間の部分骨格を見つけ、それを地元の博物学者ヨハン・フールロットのもとに持ち込んだことがきっかけとなった。その頭骨には特異な特徴があったため、フールロットは化石人類を発見したと確信し、1857年、解剖学者ヘルマン・シャーフハウゼンとともにこれを公表した。7年後、地質学者ウィリアム・キングが**ホモ・ネアンデルタレンシス**という名前を提案し、動物学者ジョージ・バスクがジブラルタル標本とフェルトホーファー標本との関連性を明らかにした。その後、ホモ・ネアンデルタレンシス化石が次々と見つかり、1936年、古生物学者シャルル・フレボンが、最終的にエンギスで見つかった幼児をネアンデルタール人であると正確に同定した。

ネアンデルタール人第1号
この頭骨は、人類化石であると初めて同定された標本（部分骨格）の一部である。この骨は、1857年、ダーウィンの『種の起源』が刊行される2年前に記載された。

ネアンデル渓谷
ドイツ、デュッセルドルフ近郊のこの渓谷は、石灰岩でできた渓谷だが、19世紀に商業目的の採鉱で岩石がほとんど採り尽くされていた。1856年にネアンデルタール人第1号が発見された洞窟遺跡は、この石灰岩の崖にあったが崩壊し、その後1990年代に、かつて崖があった場所で発掘が行われ、さらに多くの化石が見つかった。

ホモ・ネアンデルタレンシス

- **名前の意味** ネアンデル渓谷の人
- **場所** ヨーロッパ全域からシベリア、さらには西南アジアにかけて
- 800万年前／700万年前／600万年前／500万年前／400万年前／300万年前／200万年前／100万年前／現在
- **年代** 35万～2万8000年前　放射性炭素年代測定法などのさまざまな手法による
- **化石記録** 多くの全身骨格、および275以上の個体によるさまざまな骨片

ネアンデルタール人の子ども

最初に発見されたネアンデルタール人標本は、2歳弱の幼児だった。その後、ヨーロッパ各地で180年にわたり発掘が行われ、ネアンデルタール人の胎児、乳児、子ども、未成年を含むユニークで特筆すべき化石記録が生まれた。ここからネアンデルタール人の成長速度や成長パターン、この人類に特異な特徴が年齢とともにどのように発達していったか、どのような病気にかかっていたか、何を食べていたか、子どもの遺骸がどのように取り扱われていたかという点について、貴重な情報を得ることができる。ほかの人類の化石種には、それほど多くの子どもは見られない。

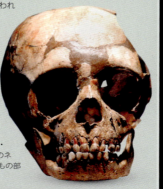

ロック・ド・マルサル
1961年、フランスのレ・ゼジー近くのロック・ド・マルサルで、3歳ぐらいのネアンデルタール人の子どもの部分骨格が発見された。

骨格の復元

ヨーロッパや西アジア各地の70以上の遺跡から、275個体を超えるネアンデルタール人の骨が発見された。この復元でおもなベースとなったのは、1909年にフランスで見つかったラ・フェラシー1号として知られるネアンデルタール人の骨格である。骨盤、胸郭、背骨はほかの骨格をモデルとした。

上半身 ホモ・ネアンデルタレンシスの上半身は、現生人類によく似ているが、骨格にわずかだが明らかな違いがある。まず鎖骨が非常に長く、全体的に胸が大きく厚い。胸郭は底部でやや広がっている。頑丈な腕には、はっきりとした筋肉付着部が見られる。上腕と前腕の長さの比率は、現生人類と比べると前腕が短い。手の指は短いが、指先は太い。肩甲骨は左右に幅広いので、ネアンデルタール人は上腕の振りが強かったと思われる。

下半身 ネアンデルタール人は、現生人類よりも下半身がやや短かった。骨盤が幅広く、左右の恥骨が非常に長い。恥骨結合の関節面は高いが、幅が狭い。骨盤上部と胸郭とのあいだのスペースが限られているため、ウエスト部は短くなっている。大腿骨と脛骨は頑丈で、筋肉付着部が大きく、骨幹がやや湾曲している。大腿骨と脛骨の長さの比率は、現生人類よりも脛骨が比較的短い。

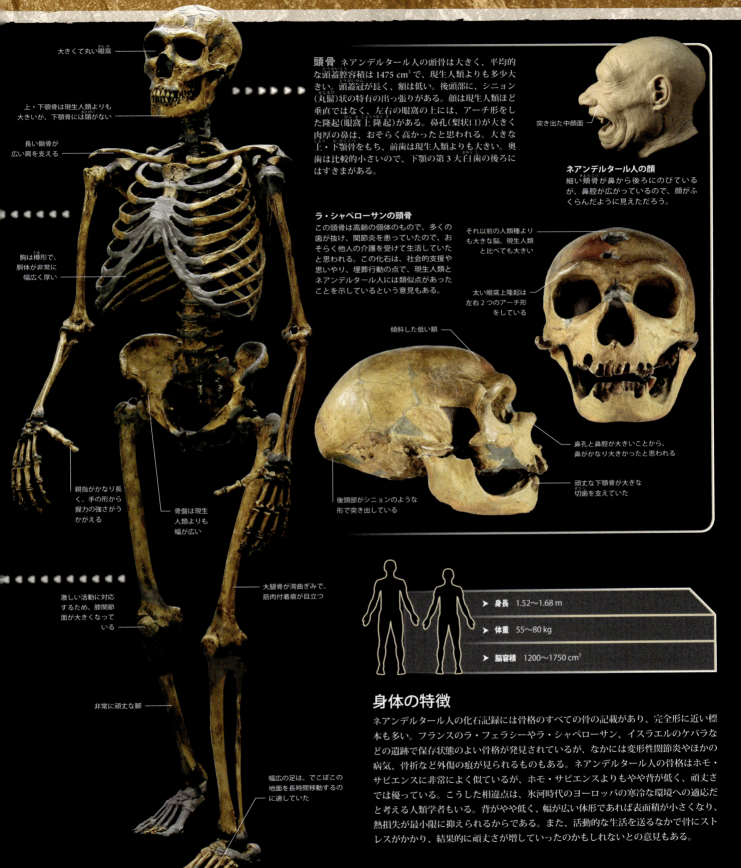

考古学

ヨーロッパのホモ・ネアンデルタレンシスに関連する石器文化は、フランスのドルドーニュ地方のル・ムスティエ遺跡にちなんで、ムスティエ文化と呼ばれている。ムスティエ文化は、中期旧石器時代（アフリカでは中石器時代とも呼ばれている）の石器文化で、ほかの地域のホモ・ハイデルベルゲンシスやホモ・サピエンスのもっている中期旧石器時代の文化と類似する。ムスティエ文化の重要な特徴は、ルヴァロワ技法という「石核調整」技法を用いている点にある。

石核調整技法

ルヴァロワ技法は、石材となる礫石を念入りに選択することからはじまる。次に打ち欠いて加工し、一方の末端に半球形の打面を作り、そこに動物の角や骨のハンマーを打ちつけて、事前に決めた形やサイズの剝片をはぎ取る。礫石を加工し直すこともでき、石核が小さすぎる状態になるまで、このプロセスを繰り返す。この技法は、25万～20万年前の考古学記録に現れる。この技法の登場により、大型のハンドアックス（握斧）の数が減少したと考えられる。

多様な石器

石核調整技法は、技術と事前の計画を要するが、材料を効率的に使用できる技法であり、さまざまな形に成形できる半加工品を作ることができる。従来、これらの石器は、想定される機能から見られてきたが、使用された原材料、刃先の形、再利用の跡など、ほかの特徴を考慮することも同じように重要である。

石錐　　スクレイパー（削器）／ナイフ

ハンマー　　スクレイパー（削器）／ナイフ

石核　　斧

現代的行動をしていたか？

ネアンデルタール人は、野蛮で原始的だったので現代的行動はできなかった、と評されてきた。しかし現在、考古学者のあいだで現代的という意味を考え直し、考古学記録により客観的に対応する努力が行われている。重要な「現代的」行動とは、事前に計画する能力、複雑な社会的ネットワーク形成、技術革新、環境の変化に適応する柔軟性、象徴性、儀式の営みなどである。ネアンデルタール人がこれらの特徴の一部またはすべてを、さまざまな年代や場所で表現してきたかもしれないという点では、コンセンサスが高まっている。たとえば、フランスのアルシ＝スュル＝キュールやサン＝セゼールで見つかったネアンデルタール人のシャテルペロン文化には、加工された骨、装身具、新しい石器形状といった技術革新の跡が見られる。ほかの場所では、ネアンデルタール人が接着剤を使った複合石器の製作（ドイツのハルツ山地）、水産資源の活用（ジブラルタルのヴァンガード洞窟とゴーラム洞窟）、選択的な狩猟（グルジアのオルトヴァレ・クラダ岩陰住居）、死者の埋葬（フランスのラ・フェラシー）を行うことができた証拠が見つかっている。そうした能力の獲得が、ゆっくりした変化のなかで生じたのか、あるいは身体や認知力における突然の激変によるものだったのか、問うべき点はそこにある。

死者の埋葬

1982年、イスラエルのケバラで、ネアンデルタール人の男性の部分骨格が見つかった。人類学者オファ・バル＝ヨセフが地面のくぼみから発見したもので、保存状態は良好だった。このネアンデルタール人は、腕を曲げて仰向けに横たわっていた。これは、意図的な埋葬を示す初期の証拠かもしれない。

針鉄鉱と赤鉄鉱を混ぜたオレンジ色の顔料が塗られ、孔があけられたイタヤガイの殻

ネアンデルタール人の「化粧」

ネアンデルタール人が住んでいたスペインの洞窟で、孔があけられた貝殻が見つかったが、これらには部分的に塗られた顔料が残っていた。考古学者ジョアン・ジルホーによれば、これらは、身体装飾や獣皮彩色用の顔料を入れる皿だったかもしれないとのことである。

154 | 人類

ライフスタイルと狩猟

気候が氷河サイクルに支配されていた時代の少なくとも10万年のあいだ、ネアンデルタール人はヨーロッパに住みついていた。氷河時代の生活が、多くのネアンデルタール人にとって過酷だったことを示す証拠は豊富に存在するが、彼らが機知に富み、繁栄していたことを示す証拠も存在する。

ムスティエ遺跡として知られる一連の居住地には、海岸線、内陸平野、高地が含まれる。気候は、季節がきわめてはっきりしていた。動物の骨からわかるように、季節ごとに狩猟対象を変えていたようで、冬季にはトナカイのような動物、夏季にはアカシカを標的にしていた。多くの成人個体の骨には骨折が治癒した痕が見られ、このような大型動物の狩猟が危険であったことを物語っている。化石骨の化学成分分析によれば、ネアンデルタール人は肉を主食としていたが、ムール貝や海洋哺乳類を食べていたという考古学的証拠も、海岸遺跡から見つかっている。また、歯垢の調査からは、穀物を調理して食べていたこともわかった。フランスのムラ＝ゲルシーでは、ネアンデルタール人自身が解体されていた可能性がある。その証拠に、ここで見つかった人類の骨には、解体されたシカと同じような破砕、石器による切断痕、散乱した跡が認められる。

ロデオライダー
ネアンデルタール人は、ロデオパフォーマーのように動物に乗ってはいなかったようだが、ネアンデルタール人の狩猟者は、おそらく間近で大型動物と遭遇し、生命を脅かされるかもしれない危険な経験をしていただろう。

餌食となったアイベックス
ネアンデルタール人は、アイベックス、アカシカ、イノシシなどのさまざまな動物を捕えて食べていた。彼らが巧みな狩猟者で、後世のホモ・サピエンスの集団と同じように、戦略を決めて行動していたことが研究で証明されている。

けがに見られる顕著な類似性
ネアンデルタール人の骨格には、頻繁にけがをした痕がよく見られる。人類学者トーマス・バーガーとエリック・トリンカウスはその原因を突き止めるため、さまざまな現生人類グループとけがのパターンの比較を行った。その結果、ネアンデルタール人と最もよく似たパターンが見られたのは、北アメリカのロデオライダーだった。

凡例
■ ネアンデルタール人　■ ロデオライダー

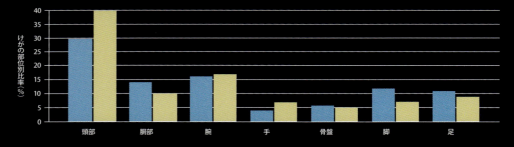

アムッド洞窟

1960年代にイスラエルのアムッド洞窟で行われた発掘で、全身があるが保存状態のよくない、ネアンデルタール人の若い成人男性の骨格が見つかった（アムッド1号）。4万5000～4万1000年前のものとされるこの個体が生きていた時代は、ネアンデルタール人の絶滅期にかなり近い。人類学者がなんとしても知りたいのは、後期の個体群が前期の個体群と体形上で違いがあったのかという点である。いくつかの点で、アムッド1号には違いが見られる。頭蓋腔の容積が約1740 cm^{3}と非常に大きく、それ以前のネアンデルタール人よりも頭骨が薄い。その一方で、アムッド1号には長くて低い頭骨や強い眼窩上隆起など、ネアンデルタール人の典型的特徴が認められる。

- 頭骨はヨーロッパのネアンデルタール人よりも薄い
- 下顎骨はあまり頑丈ではない

顔の特徴
中顔部の保存状態がよくないため、アムッド1号の顔の形態を知ることはできない。頭骨は、別の標本の解剖学的構造を目安に復元された。

ホモ・ネアンデルタレンシス | 155

ホモ・ネアンデルタレンシス

最後に生き残ったネアンデルタール人のなかには、ジブラルタル岬近くにあるラグーンから貝類を採取していた者もいる。

家族単位
ネアンデルタール人は、強く結びついた家族集団を形成して生きていた、というのがほとんどの専門家の見かただが、新たな遺伝的証拠によれば、これらの集団には「父方居住」制というものがあったようだ。男性は、おとなになってもその家族集団にとどまっていたが、女性は、集団を出て、ほかの家族の一員になっていたようである。

ボディ・アート
ネアンデルタール人が、貝殻などの装飾品を身に着けていたことを示す証拠が増えているが、おそらくボディ・アートもしていたと思われる。ボディ・アートや装飾品はコミュニケーションの手段であり、ネアンデルタール人が、何らかの言語を使っていた可能性がうかがえるとする研究者もいる。

衣服を着ていた可能性
ネアンデルタール人が衣服を着ていた痕跡は残っていないが、彼らがヨーロッパの自然から身を守ろうとしなかったとは考えにくい。ネアンデルタール人が針を使っていたという証拠はないが（この点では初期の現生人類と異なる）、おそらく獣皮を使い、身体に巻き付ける方式の衣服を作っていたと思われる。

ジブラルタルの洞窟
ジブラルタルのアイベックス洞窟、ヴァンガード洞窟、ゴーラム洞窟での発掘で、ネアンデルタール人が居住していた証拠（炉跡や石器など）が見つかったが、それらはせいぜい2万8000年前のものと推定される。したがって、ジブラルタルは、これまでに発見されたなかで最も新しいネアンデルタール人居住地である。

赤毛、白い肌
赤毛で白い肌のネアンデルタール人がいたこと、髪や皮膚の色素が、現代のヨーロッパ人と同じくらいバラエティーに富んでいたかもしれないことを、ネアンデルタール人のDNAを研究している科学者が発見した。肌の色が白く進化したのは、日光にさらされることが少ない地域でビタミンDを合成しやすくするためだったと思われる。

低い海水面
ネアンデルタール人がこの地域に居住していた時代は、北ヨーロッパの氷河が発達したため、海水面がかなり低かった。現在のジブラルタルあたりは、砂丘でできた海岸平野、湿地、ラグーンに囲まれ、動物がたくさんいて、豊富な種類の食べ物に恵まれていたと思われる。

多様な食生活
ヴァンガード洞窟やゴーラム洞窟から得られた証拠が示すように、ネアンデルタール人は、想像していたよりはるかに多様な食生活を送っていた。水辺に簡単に近づくことができたので、モンクアザラシを捕獲できたが、おそらく浜辺に打ち上げられたイルカも食べていたと思われる。また、ムール貝の殻を開けるための調理をしていた証拠も存在する。

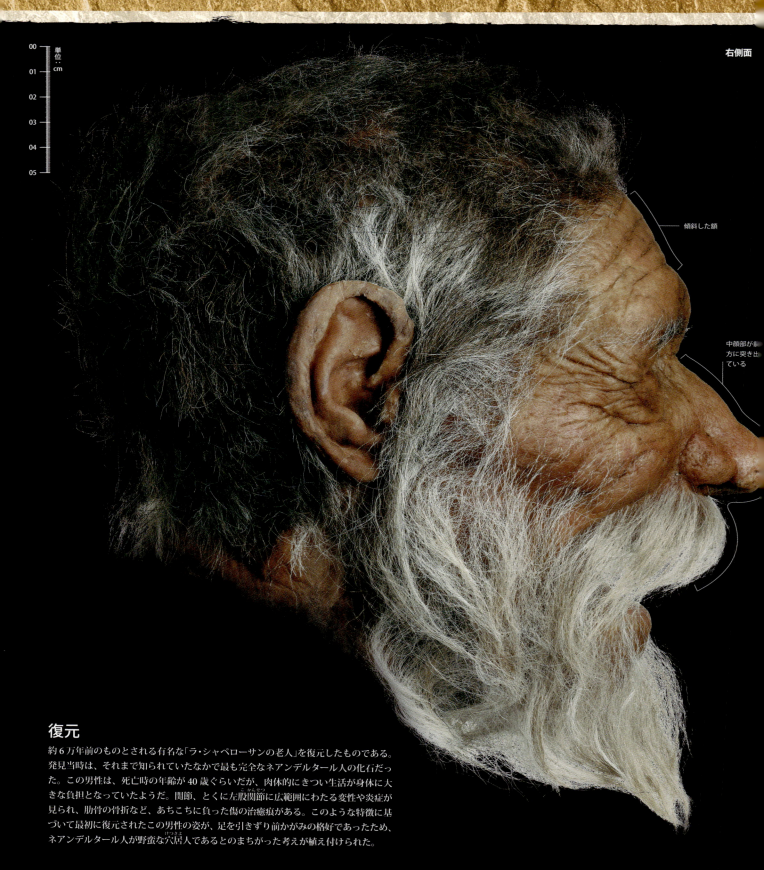

復元

約6万年前のものとされる有名な「ラ・シャペローサンの老人」を復元したものである。発見当時は、それまで知られていたなかで最も完全なネアンデルタール人の化石だった。この男性は、死亡時の年齢が40歳ぐらいだが、肉体的にきつい生活が身体に大きな負担となっていたようだ。関節、とくに左股関節に広範囲にわたる変性や炎症が見られ、肋骨の骨折など、あちこちに負った傷の治癒痕がある。このような特徴に基づいて最初に復元されたこの男性の姿が、足を引きずり前かがみの格好であったため、ネアンデルタール人が野蛮な穴居人であるとのまちがった考えが植え付けられた。

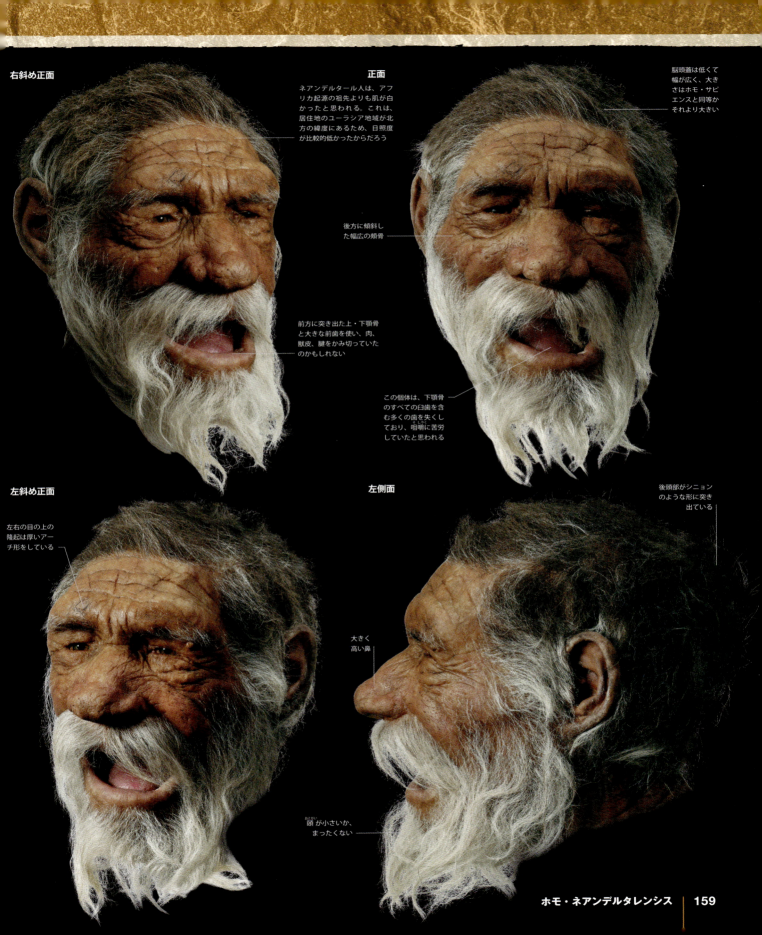

ホモ・サピエンス
Homo sapiens

初期のホモ・サピエンス集団には、アフリカのホモ・ハイデルベルゲンシスが私たち現生人類へと進化し、移り変わっていくようすがうかがえる。

700万年以上にわたって人類は進化を遂げてきた。
しかし、人類の系統樹のなかで生き残った枝は、
ホモ・サピエンスだけだった。

ホモ・サピエンスは、約 30 万年前にアフリカに出現した。ホモ・サピエンスは今日まで生き残った最後の人類種で、世界の隅々まで拡散していったが、他の人類種が絶滅したのになぜ我々だけが生き残ったのかについては熱い議論が交わされている。ホモ・サピエンスが拡散していくなかでどの種と出会ったのだろうか？ 他の種に取って代わったのか、それとも交配したのだろうか？

フロリスバッド
南アフリカで発見されたこの部分頭骨は、低くて幅広の頭骨と大きな顔が現生人類の形態に当てはまらないとして、物議をかもしている。

オモ 2 号
最近まで、エチオピアのオモ・キビシュから発掘された 19 万 5000 年前の 2 つの化石の頭蓋骨は、最も古いホモ・サピエンスだとされていた。

最古の現生人類

現生人類の起源は 20 万年前の東アフリカ大地溝帯（リフト・ヴァレー）にあると長いあいだ考えられてきた。しかし最近、モロッコのジェベル・イルーでの年代再測定により、ここの化石は 30 万年前のものであり、短く平らな顔など初期の現生人類の特徴をはっきりと示していることがわかった。初期のアフリカの化石はすべて非常に多様で、頑丈な眼窩上隆起や、現代人の高くて丸いものではない低くて長い脳頭蓋など、祖先からの特徴とともに現生人類の特徴も示している。たとえば、エチオピアのオモ川流域で発見された 2 個体はいずれも 19 万 5000 年前のものだが、オモ 1 号はもう一方のオモ 2 号よりもはるかに現代に近いようだ。このほかにも初期の現生人類の化石がエチオピアのヘルト（15 万 5000 年前）、スーダンのシンガ（13 万 3000 年前）、タンザニアのラエトリ（12 万年前）、南アフリカのボーダー洞窟とクラシーズ河口（12 万年前）で発見されている。10 万年前には、現生人類は西アジアまで拡散しており、20 以上の完全に現代的な特徴をそなえた個体が、イスラエルのスフールとカフゼーの両洞窟遺跡（12 万〜8 万年前）に埋まっていた。

ジェベル・イルー
モロッコにあるこの洞窟遺跡では最近、ここで見つかっていた最古のホモ・サピエンスの化石年代を再測定し、30 万年前とした。

ホモ・サピエンス・イダルトゥ
エチオピアのヘルトから発見された 15 万 5000 年前の頭骨は、その原始的な形態から、新しい亜種とする人類学者もいる。

オモ川流域
1960 年代後半から 1970 年代初めにかけて、エチオピアのオモ川流域のキビシュ累層という化石堆積層で、初期の現生人類 2 個体の部分的な頭骨と骨格が見つかった。

ホモ・サピエンス

▶ **名前の意味** 賢い人

▶ **場所** アフリカ各地のさまざまな遺跡。その後、全世界に広がっていった。

年代 30 万年前〜現在
放射性炭素年代測定法などさまざまな手法による

▶ **化石記録** 完全な頭骨、部分的または断片的頭骨や骨格

カフゼー6号の頭骨

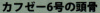

イスラエルのジェベル・カフゼー洞窟遺跡には、9万年前のものとされる十数人分の墓が残されていた。このうちの2体は、とくに保存状態がよかった。カフゼー9号は、身体を曲げた姿勢で埋葬されていた成人で、幼児も一緒に埋葬されていた。カフゼー6号の頭骨は保存状態がよく、若い男性のものかもしれない。形態は一様ではなく、カフゼー6号を含むグループでは、分厚くつながった眼窩上隆起が見られる。

頭骨 ヒトの頭骨には、大きな脳のほかに耳や目を収めたり、顔面筋や咀嚼筋を固定したり、といった多くの機能があり、さらに長くのびた脊柱の上でバランスを取っている。現代的とされる多くの特徴とは、これらの機能が組み合わさってどう働いているかということにある。

- 垂直な額
- 平らで垂直な顔
- 短くて高さのある丸い脳頭蓋

現生人類の頭骨
この脳頭蓋は高さがあり、骨壁が薄く、前頭骨が垂直になっている。丸みをおび、筋肉付着痕がはっきりしない。小さく平らな顔は、下に向かってすぼまっている。

身体の特徴

ホモ・サピエンスの骨格は、比較的新しいほかの人類と同様、効率的な二足歩行への適応を示しているが、その華奢な構造が特徴である。下肢は長く、ほっそりと華奢だ。大腿骨は内側に傾き、左右の膝が近づいて重心線のそばに位置するので、歩くときに左右に振れない（⇨ p.69）。骨盤がかなり狭くて短いが、これはとくに男性に顕著だ。体重を支える股関節面が大きい。足の指は太く、アーチ構造（土踏まず）がよく発達し、距骨（足首の骨）が大きくて強い。バランスをとり、歩行時に効果的に体重を分散させるため、脊柱が湾曲し、下のほう（腰部）の椎骨が大きくなっている。胸郭は樽形で、腕は比較的短い。手の親指とほかの指とは対向し、ものを正確にしっかり握ることができ、巧みな操作を可能にしている。現生人類は、身体の大きさのわりに、平均1300 cm³と非常に大きな脳をもっている。

現生人類の多様性
現存するホモ・サピエンス集団は、骨格にあまり差がない。身体の大きさや頑丈さには、性的二形性がわずかしか見られないが、これは、進化に深く根ざしている可能性がある。だが、人種的あるいは地理的変異が現れたのは、比較的最近のようだ。

- 身長　1.5〜1.8 m
- 体重　54〜83 kg
- 脳容積　1000〜2000 cm³

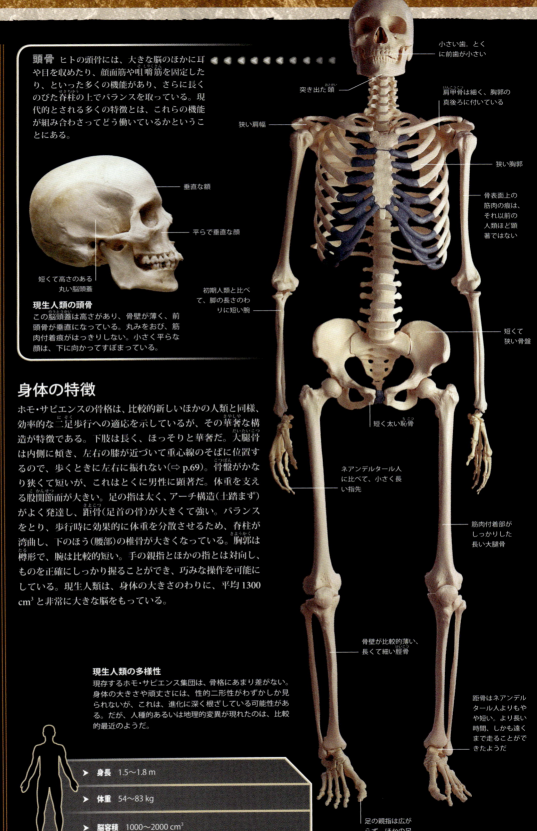

- 小さい歯。とくに前歯が小さい
- 突き出た顎
- 肩甲骨は細く、胸郭の真後ろに付いている
- 狭い肩幅
- 狭い胸郭
- 骨表面上の筋肉の痕は、それ以前の人類ほど顕著ではない
- 初期人類と比べて、脚の長さのわりに短い腕
- 短くて狭い骨盤
- 短く太い恥骨
- ネアンデルタール人に比べて、小さく長い指先
- 筋肉付着部がしっかりした長い大腿骨
- 骨壁が比較的薄い、長くて細い脛骨
- 距骨はネアンデルタール人よりもやや短い。より長い時間、しかも遠くまで走ることができたようだ
- 足の親指は広がらず、ほかの足指と平行に並ぶ

ホモ・サピエンス

考古学

現生人類の骨格の明らかな特徴は、約19万5000年前のアフリカの化石記録に現れるが、現代的行動がいつ、どこではじまったのかについては、はっきりわかっていない。行動の現代性の定義は大きな議論の的となっているが、おもな特徴としては、事前に計画する能力、複雑な社会ネットワーク形成、技術革新、環境の変化に適応する柔軟性、表象の使用、儀式の営みなどがある。これらの特徴が現れたのが、現代的な身体をした人たちが進化する前なのか、後なのか、今も不明である。

洗練された石器

20万年前には、すでに石器製作技法に多くの工夫が加えられるようになっていた。大型のハンドアックス(握斧)はあまり見られなくなり、代わりにさまざまな小型の石器が現れ、道具類がより多様化した。大きな石核よりも剥片石器のほうが好まれ、刃の長さが増し、製作が効率化した。定型化された石器を作るには、優れた技術と技巧が要求された。おもな改良点のひとつが、石核調整技法の導入で、これにより、1回打撃するだけで事前に決めたサイズや形状の剥片をはぎ取ることができた。小さな剥片は、先端を尖らせて、槍先に取り付けたり、柄にはめ込んで、糊付けした。長くて薄い剥片は、おそらく革に孔をあけたり、木工細工に使われたりしたと思われる。このような石器製作技法が用いられた時代は、比較的最近まで、少なくとも5万年前までは続き、アフリカでは中石器時代と呼ばれている。

矢じり

6万4000年前の尖頭器は、最古の矢じりの例かもしれない。南アフリカ人考古学者リン・ワドリー率いるチームが、南アフリカのシブドゥ洞窟で発掘した。石器の表面や石器を木の柄に固定するために使われたと思われる接着剤には、血や骨がこびり付いた跡が見られる。複合的な道具を作る能力が現代的行動の重要な指標である。

定型化された石器

アフリカの中石器時代の石器製作者は、定型化された左右対称の人工物を作る技術に長けていた。これらの人工物には、まっすぐで鋭利な切れ刃やよく尖った先端が作られているが、握ったり柄を付けたりするための片側は尖らせていない。

現代的行動

現代的行動が最初に出現した時期の特定がむずかしいのは、ひとつには、考古学記録では、技術革新のような特徴のほうが、儀式などの要素に比べると、目で見ることができて、よりはっきりしているということがある。しかし、アフリカでは、初期の現代性を示す考古学的証拠が多数見つかっている。少なくとも12万年前には、ヒトはすでに石器を遠い場所まで運んでおり、交易や季節ごとの移動を行っていたことがうかがえる。道具類に、小さく軽い種類、釣り用の骨針なども見られ、柄を付ける技術も導入されはじめていた。住居はより組織化されたものとなり、調理や死者の埋葬など、活動は明確に区別されるようになっていく。だが、現生人類の行動を示す最も確実な証拠は、さらに長い時を隔てた約4万年前のヨーロッパにあった。当時の洞窟壁画や彫刻が、明らかな表象使用の証拠を示してくれたのである。

ブロンボス洞窟

南アフリカのブロンボス洞窟で、南アフリカの人類学者クリストファー・ヘンシルウッドとイジコ南アフリカ国立美術館が合同で発掘を行い、炉跡、骨でできた道具、釣り具、オーカーなど、初期の現生人類の活動を物語る豊富な証拠を発見した。

レッド・オーカー

オーカーとは酸化鉄で、ボディ・ペイントや装飾品用として使用されていた可能性があり、墓から見つかることもある。少なくとも7万年前のものと推定される彫り込みが施された2個のオーカーが、ブロンボス洞窟の炉跡近くで見つかった。

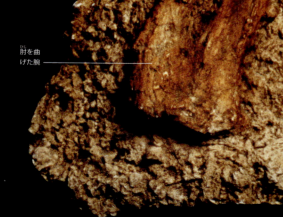

肘を曲げた腕

166　人類

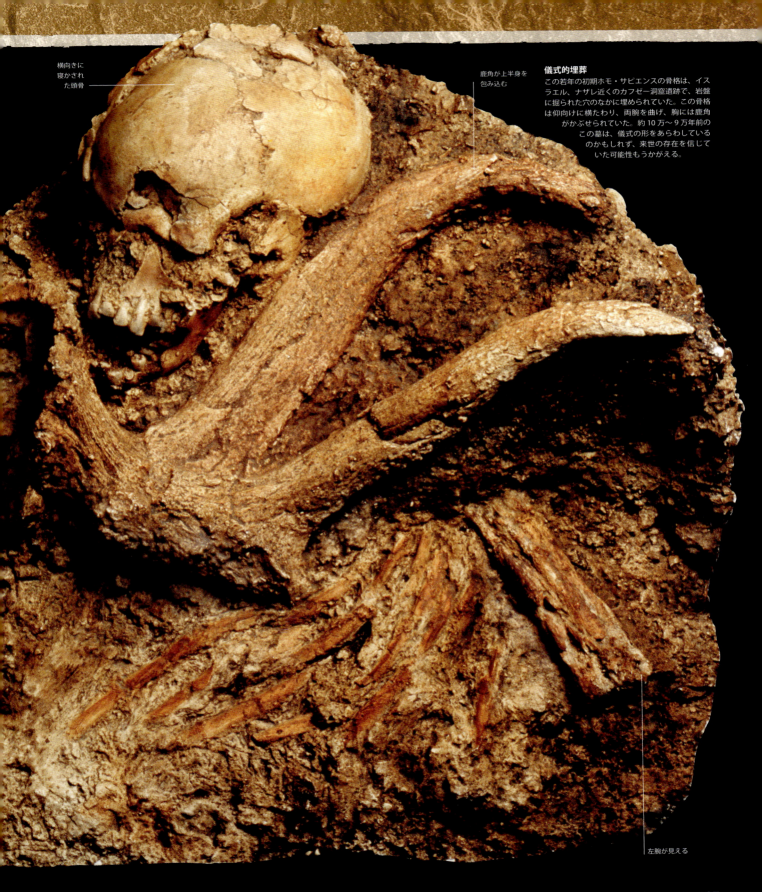

横向きに寝かされた頭骨

鹿角が上半身を包み込む

儀式的埋葬
この若年の初期ホモ・サピエンスの骨格は、イスラエル、ナザレ近くのカフゼー洞窟遺跡で、岩盤に掘られた穴のなかに埋められていた。この骨格は仰向けに横たわり、両腕を曲げ、胸には鹿角がかぶせられていた。約10万〜9万年前のこの墓は、儀式の形をあらわしているのかもしれず、来世の存在を信じていた可能性もうかがえる。

左腕が見える

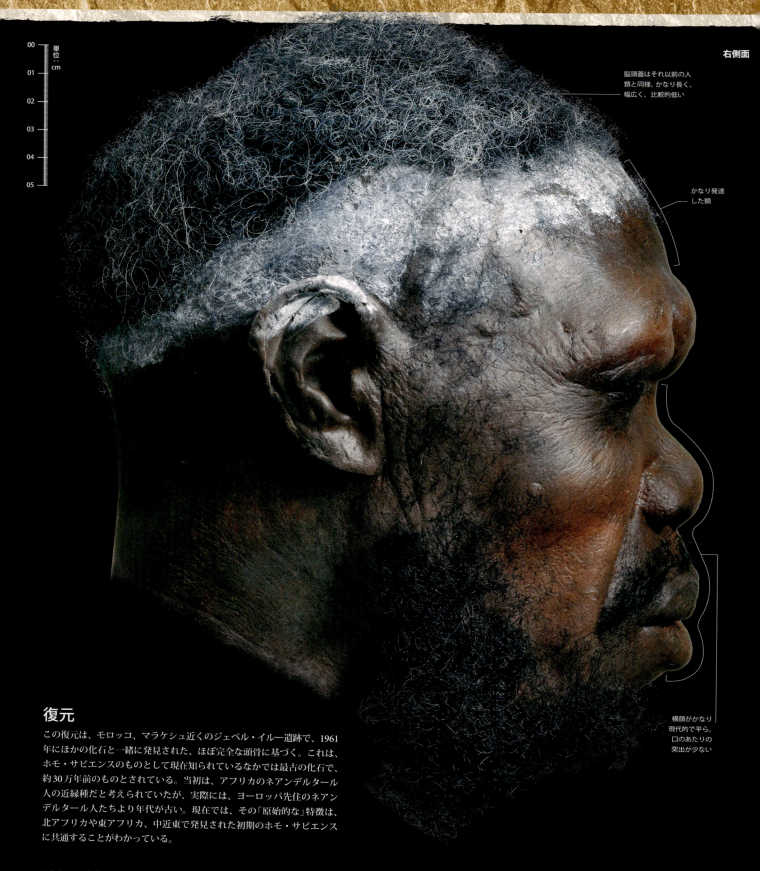

右側面

脳頭蓋はそれ以前の人類と同様、かなり長く、幅広く、比較的低い

かなり発達した額

横顔がかなり現代的で平ら。口のあたりの突出が少ない

復元

この復元は、モロッコ、マラケシュ近くのジェベル・イルー遺跡で、1961年にほかの化石と一緒に発見された、ほぼ完全な頭骨に基づく。これは、ホモ・サピエンスのものとして現在知られているなかでは最古の化石で、約30万年前のものとされている。当初は、アフリカのネアンデルタール人の近縁種だと考えられていたが、実際には、ヨーロッパ先住のネアンデルタール人たちより年代が古い。現在では、その「原始的な」特徴は、北アフリカや東アフリカ、中近東で発見された初期のホモ・サピエンスに共通することがわかっている。

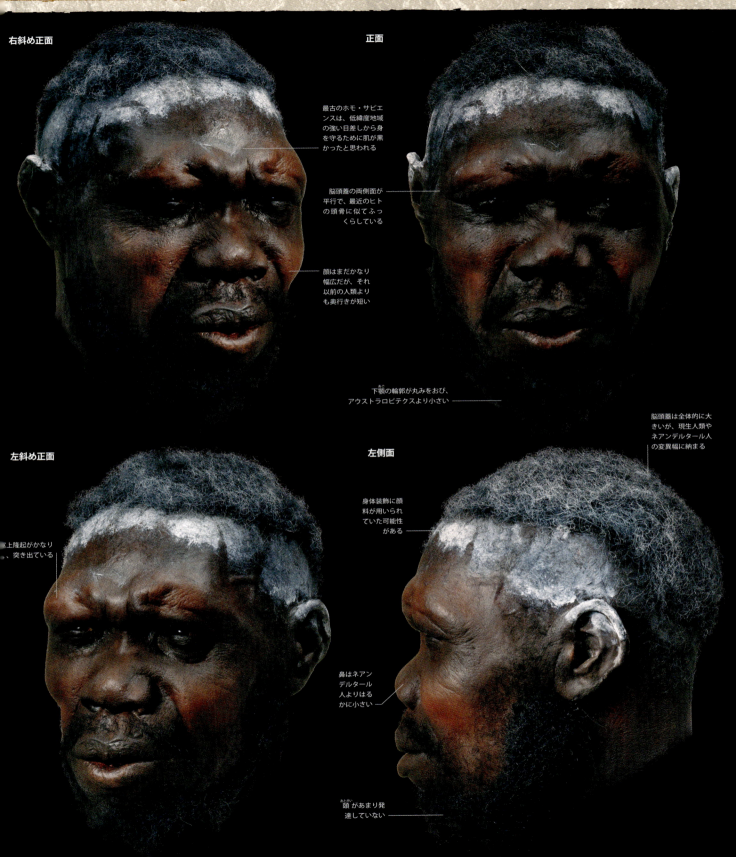

右斜め正面

正面

最古のホモ・サピエンスは、低緯度地域の強い日差しから身を守るために肌が黒かったと思われる

脳頭蓋の両側面が平行で、最近のヒトの頭骨に似てふっくらしている

顔はまだかなり幅広だが、それ以前の人類よりも奥行きが短い

下顎の輪郭が丸みをおび、アウストラロピテクスより小さい

脳頭蓋は全体的に大きいが、現生人類やネアンデルタール人の変異幅に納まる

左斜め正面

左側面

眉上隆起がかなり、突き出ている

身体装飾に顔料が用いられていた可能性がある

鼻はネアンデルタール人よりはるかに小さい

頤があまり発達していない

ホモ・サピエンス | 169

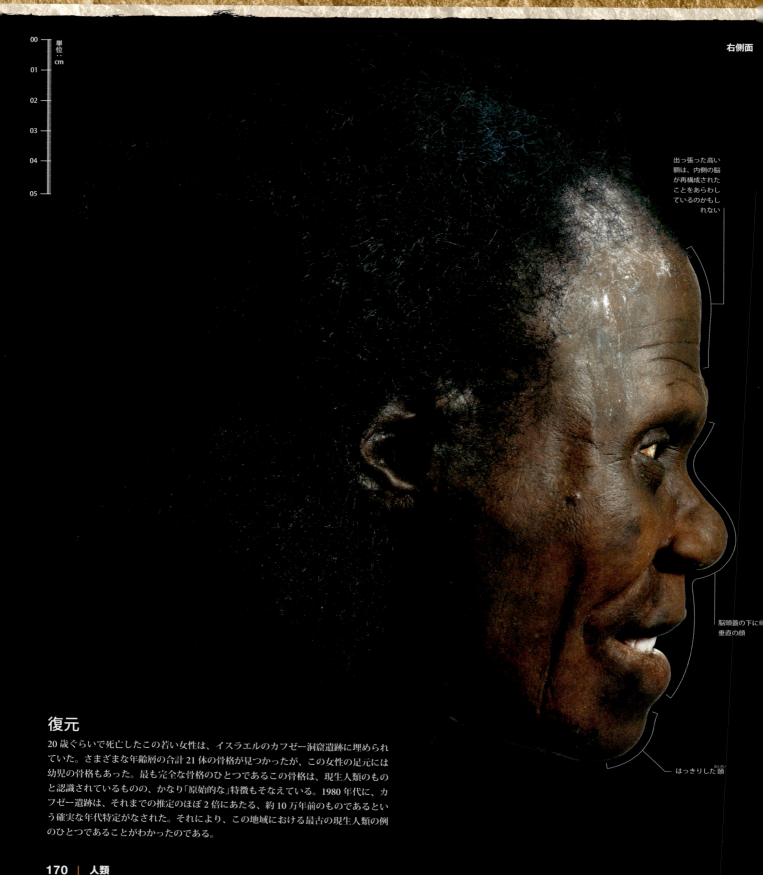

右側面

出っ張った高い額は、内側の脳が再構成されたことをあらわしているのかもしれない

脳頭蓋の下に垂直の顔

はっきりした頤(おとがい)

復元

20歳ぐらいで死亡したこの若い女性は、イスラエルのカフゼー洞窟遺跡に埋められていた。さまざまな年齢層の合計21体の骨格が見つかったが、この女性の足元には幼児の骨格もあった。最も完全な骨格のひとつであるこの骨格は、現生人類のものと認識されているものの、かなり「原始的な」特徴もそなえている。1980年代に、カフゼー遺跡は、それまでの推定のほぼ2倍にあたる、約10万年前のものであるという確実な年代特定がなされた。それにより、この地域における最古の現生人類の例のひとつであることがわかったのである。

右斜め正面　　　　　　　　　　　正面

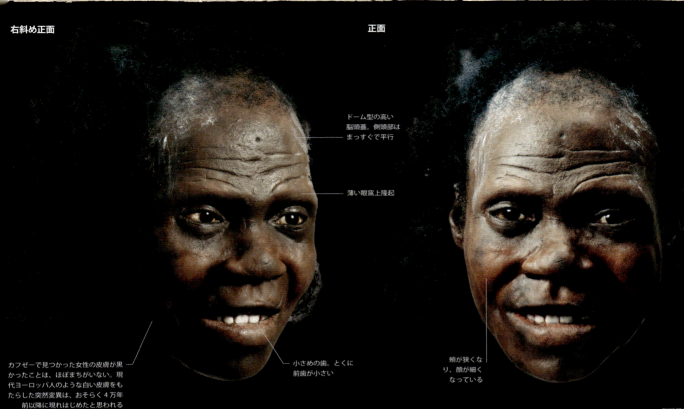

ドーム型の高い
脳頭蓋。側頭部は
まっすぐで平行

薄い眼窩上隆起

カフゼーで見つかった女性の皮膚が黒
かったことは、ほぼまちがいない。現
代ヨーロッパ人のような白い皮膚をも
たらした突然変異は、おそらく4万年
前以降に現れはじめたと思われる

小さめの歯。とくに
前歯が小さい

頬が狭くな
り、顔が細く
なっている

脳頭蓋はネアンデ
ルタール人よりも
短く、後頭部には、
シニョン（丸髷）状
の骨の隆起がない

左斜め正面　　　　　　　　　　　左側面

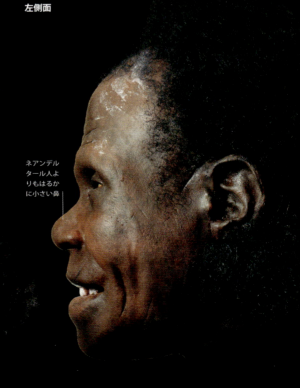

ネアンデル
タール人よ
りもはるか
に小さい鼻

現代の大部分の
人より、まだ顔
の下半分の突出
度がやや大きい

ホモ・サピエンス | 171

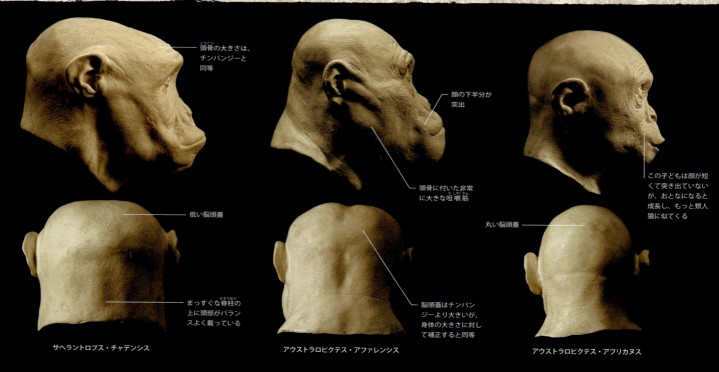

頭部の比較

初期人類とその後の人類との身体的特徴の違いは、身体のさまざまな部位の大きさ、形状、プロポーションにある。これがとくに顕著に見られるのが頭部である。

初期人類に認められる多くの特徴は、祖先が中新世の類人猿だったことをあらわしている。サヘラントロプスの脳の大きさは、チンパンジーと同等(現生人類の3分の1)であった。脳を収容する低くて狭い脳頭蓋には、厚い眼窩上隆起があり、額は傾斜していた。前後に長い顎(大きな奥歯が生えていた)と低い鼻のため、その横顔は、顎

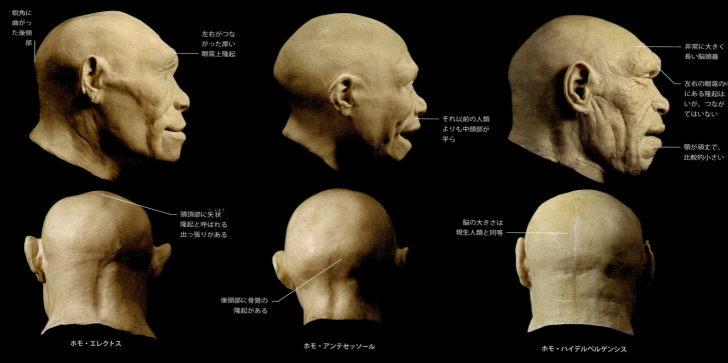

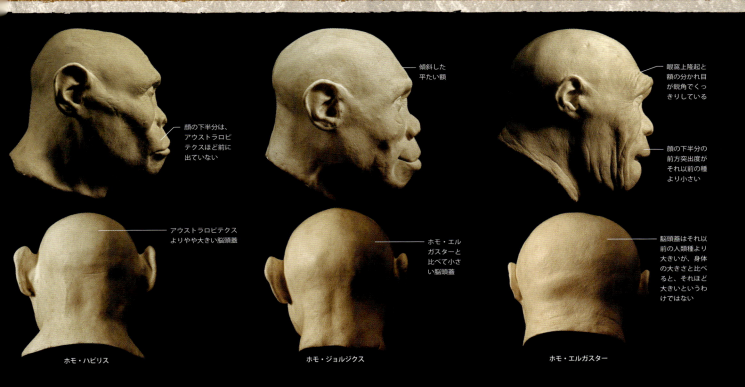

が突き出ていた。アウストラロピテクスも突き出た顔（顎と歯がとくに頑丈だった）をしていたが、丸い脳頭蓋と傾斜の弱い額をした種もいた。しかし、それ以後の種と比べると、脳も非常に小さく、約400～500 cm³だった。ホモ・ハビリスをヒト属（ホモ属）の最古の種と定義する根拠となったおもな特徴のひとつが、脳の大きさ（脳容積は約600～700 cm³）で、著しく肥大化した。後続のホモ・サピエンスは顎の奥行きが短くなり、より垂直な、突出度の小さい顔となったが、一般に脳頭蓋は肥大化し、高さのあるドーム型となった。ホモ・サピエンスの見慣れた横顔には、ほかの人類にはない特徴がひとつ認められる。それが頤（顎先）である。

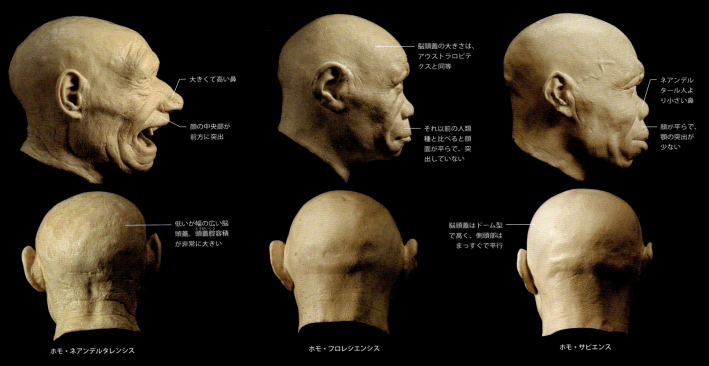

頭部の比較　173

出アフリカ
OUT OF AFRICA

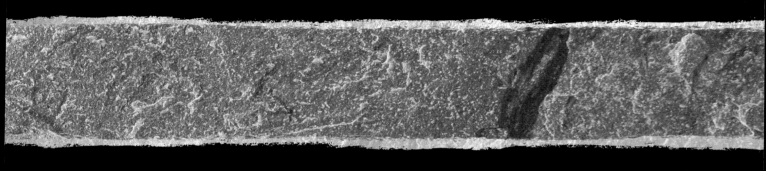

ホモ・サピエンスが、霊長類のなかでも非常に成功した種であることはわかっている。しかし私たちの祖先は、特定の生態的地位（ニッチ）を占めるのではなく、進化の過程でその適応力を高めていったのである。豊富な種類の食べ物を摂取することで生きのび、臨機応変、柔軟性のある行動（文化や技術の使用など）のおかげで、北極圏から熱帯まで、多様な環境のなかで生存できるようにもなった。しかし今、重要な局面を迎えているのかもしれない。というのは、もう移住できる大陸はなく、しかも人口は増え続けているからである。

人類の移動経路

私たち人間は、きわめてグローバルな種である。すべての大陸のあらゆる土地の隅々にまで、ほぼ全世界に分布する。だが、こうしたことは最近起きた現象ではない。**ホモ・サピエンス**が全世界に移住しはじめたのは、5万年以上も前のことなのである。

拡散

現生人類が、発祥地アフリカを出た最初の人類種というわけではない。初期人類は、完全にアフリカ起源の種だったようだが、私たちの祖先より先にアフリカを飛び出してアジアに向かった人類が、少なくとももう1種存在していた。脚長の**ホモ・エルガスター**はアフリカで進化を遂げ、約200万年前にアフリカを出てアジア各地に拡散していった、という説が広く受け入れられるようになった。この説を裏付けるかのように、約100万年前の**ホモ・エレクトス**の化石が東アジアで見つかった。だが、グルジアのドマニシやインドネシアのフローレス島などで驚くべき化石の発見が続いたことで、最近では、当初考えられていたよりもはるか以前にアフリカを出た人類種がほかにもいた、という見かたが出てきた。さらに多くの化石や考古学的証拠が見つかれば、全体像の解明が進むだろう。

移動経路

10万年前を少し過ぎたころから、現生人類がアフリカを離れはじめ、何世代もかかって、しだいに世界中に広がっていった。この地図に示した矢印は、考古学的証拠や遺伝学的証拠による仮説に基づき、移動経路や移住経路をあらわしている（矢印の一部は、2008年にスティーヴン・オッペンハイマーが作成した地図に基づく）。

拡散をはばむ障壁

更新世には、長いあいだアフリカを出る道は遮断されていたようだ。氷期のアフリカの気候は寒冷で乾燥しており、サハラとシナイ半島の砂漠が拡大して障壁となり、行く手をはばんだ。しかし、約10万年間隔で気候の温暖化と湿潤化が進み、砂漠の一部が緑化したことで、アフリカ大陸からの移動が可能となった。

凡例
→ ホモ・サピエンスが使ったと思われる移動経路
● 初期のホモ・サピエンス発掘地

ベーリンジア
シベリア北東部からアラスカまでのびるベーリング海峡が移住のルートであることは、明らかだ。最終氷期、ここは乾いた陸地で、ベーリンジアという広大な平原が広がっていたと思われる。

アメリカへの経路
最終氷期、北アメリカの北部は、2つの巨大な氷床におおわれていた。やがて無氷回廊が開け、人々は南へ拡散した。あるいは、それ以前に、より温暖な氷のない海岸に沿って移動した可能性もある。

モンテ・ベルデ
チリ南部にあるモンテ・ベルデ遺跡の一部は、確実に約1万5000年前のものであるとされる。この野外遺跡は、考古学的に保存状態が非常によく、食糧や薬に使用された植物の化石やテントに似た構造の跡が残っている。

南アフリカの遺跡
アフリカ南端のブロンボス洞窟とクラシーズ河口では、芸術、装身具、骨器、さらに新しい投槍器を含む高度な狩猟法など、複雑な行動を示す最古の証拠が見つかっている。

出アフリカ

矛盾する説

議論をかもしているおもな論点は、現生人類であるホモ・サピエンスの全世界への拡散と、すでにアフリカを出ていたそれ以前の人類種との関係である。現在、「地域連続説」と「アフリカ起源説」という、互いに矛盾するふたつの理論がある。

地域連続説は、旧世界各地のさまざまな地域で、初期の原始的な集団からホモ・サピエンスが誕生したとする。時を経て、アフリカ、ヨーロッパ、アジアで原始的な集団がホモ・サピエンスに進化したというわけである。

この見かたでは、アフリカのホモ・エルガスター、アジアのホモ・エレクトス、ヨーロッパのホモ・ネアンデルタレンシスに代表される系統がいずれも生き残り、現生人類はそれらの子孫だととらえている。

一方のアフリカ起源説では、現生人類の発祥地をより局限的と考えている。最古のホモ・サピエンスの化石がアフリカで見つかっているほか、現生人類の遺伝学研究も、ホモ・サピエンスがそれほど古くない時代にアフリカで進化したことを示している。さらに、遺伝学的証拠はホモ・サピエンスがアフリカを出て、初期の原始的な集団に広く取って代わったという拡散説をも裏付けている。

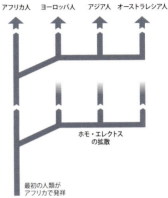

地域連続説
「多地域進化説」ともいう。薄青色の矢印は、進化集団間の遺伝子流動の可能性を示す。

[訳注] オーストラレシア人：東南アジア人とオーストラリア先住民を合わせた人々のこと。

アフリカ起源説
「出アフリカIIモデル」または「アフリカのイヴ・モデル」とも呼ばれるこの説は、のちにホモ・サピエンスが拡散して、ヨーロッパ、アジア、オーストラレシアで初期の原始的な集団に取って代わったと見る。

古代の移動経路の復元

大まかに言って、古代の移動経路を示す証拠は自然人類学、考古学および遺伝学に基づいているが、もっと簡単に言えば、骨や石、遺伝子によって得られる。ホモ・サピエンスという種がどのように出現し、進化していったかを知るには、現生人類集団間の変異を調べることが鍵となるが、このことは人類学者のあいだで、はるか以前から認識されていた。

これまでは、世界中の人類集団間の身体的類似点や相違点（とくに頭骨形状の変異）から、人類の系統樹モデルが作られてきた。だが、最近では遺伝学研究が進み、人類の起源と現代の多様性を調べる効果的な方法が新たに提起された。証拠となるのは、やはり人類間の類似点と相違点であるが、今、研究者が精査しているのは、骨ではなく遺伝子の変異である。

人類の多様性の秘密

人類の外見の変異幅は、とてつもなく大きいように思えるが、じつは遺伝子コードの99％はまったく同じである。つまり、遺伝子には、小さいが重要な違いが組み込まれているにちがいない。遺伝学者は、各人に異なるゲノムの部分を調べて、肌の色などの明確な特徴の違いや、あるいは、高地でも快適に住める人がいるというような生理機能の差など、遺伝子変化を突き止めようとしている。

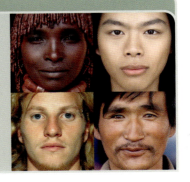

人類の移動経路 | 177

遺伝学が解き明かす移動経路

現生人類の遺伝的多様性を調べる研究により、現生人類の起源と全世界への拡散についての解明が進みはじめた。近年、証拠収集に遺伝学が貢献し、長年にわたる議論の一部を解決に導いているが、論争が続く分野もまだ残っている。

現生人類の遺伝学的祖先

現生人類の遺伝的多様性を調べた研究(世界中の集団から採取したDNAの類似点と相違点の調査)をもとに、系統樹を復元できる。それには、2つの方法がある。集団間の遺伝子の違いを調べて「集団系統樹」を作成するという方法、またはDNAの特定部位での突然変異パターンを調べて「遺伝系統樹」を作成するという方法である。DNAの小さな領域——とくにミトコンドリアDNA(母親からのみ引き継ぐ)とY染色体(父親からのみ引き継ぐ)の一部——に基づいた遺伝系統樹が、人類の進化の研究においては非常に役立ってきた。だが、現在では、ゲノム全体における変異を調べることに軸足が移ってきており、人類の遺伝学的祖先について、より詳細で複雑な全体像が明らかになりつつある。

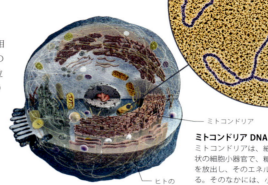

ミトコンドリア / ヒトの体細胞 / ミトコンドリアDNA鎖

ミトコンドリアDNA
ミトコンドリアは、細胞内に存在するカプセル状の細胞小器官で、糖分を酸化してエネルギーを放出し、そのエネルギーが細胞内で使用される。そのなかには、小さな環状の構造をした、独自のDNA鎖が入っている。

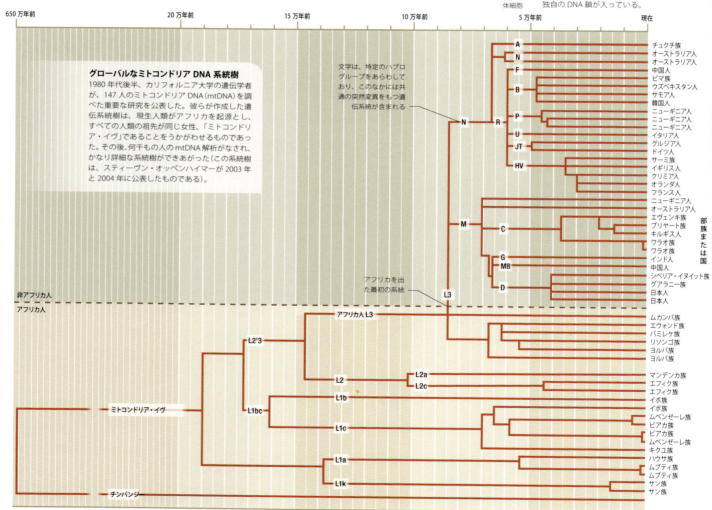

グローバルなミトコンドリアDNA系統樹
1980年代後半、カリフォルニア大学の遺伝学者が、147人のミトコンドリアDNA(mtDNA)を調べた重要な研究を公表した。彼らが作成した遺伝系統樹は、現生人類がアフリカを起源とし、すべての人類の祖先が同じ女性、「ミトコンドリア・イヴ」であることをうかがわせるものであった。その後、何千もの人のmtDNA解析がなされ、かなり詳細な系統樹ができあがった(この系統樹は、スティーヴン・オッペンハイマーが2003年と2004年に公表したものである)。

178 | 出アフリカ

移動経路
この地図を見ると、系統地理学的アプローチにより、遺伝系統と古代の移動経路との関係がどのように解明されようとしているのかがわかる。赤のラインと矢印は、ミトコンドリアDNAの系統をあらわし、青のラインと矢印は、Y染色体の系統をあらわす。それぞれの文字や番号は、特定のハプログループ（ルーツに共通の突然変異をもつ遺伝系統グループ）をあらわす。mtDNA Xハプログループは、ヨーロッパを起源とするようだが、どのように南北アメリカ大陸にたどり着いたのかについては、議論が交わされている。

凡例
- → ミトコンドリアDNAの系統
- --→ 未知の経路
- → Y染色体の系統

人類の移動経路地図の作成

遺伝的多様性に最も富んでいるのが、アフリカの集団であることはわかっている。多様性に富むほど系統が古いことを意味するので、人類の発祥地がアフリカ大陸である可能性が高い。遺伝学研究は、人類の起源の解明に役立つが、古代の移動経路地図を作成するのにも使用できる。ミトコンドリアや核DNAの多様性に関する研究に基づき作成された遺伝系統樹は、抽象的な系統樹である（⇒左ページ）。系統地理学では、地理的および歴史的文脈にこれらの遺伝系統樹を組み込もうとしている。遺伝系統樹の枝は、集団の歴史で起きた移動などの特定の出来事に関係するものと解釈される。ミトコンドリアDNA系統樹やY染色体系統樹をこうして使用することによって、現生人類が世界各地へ移住できるようになった、古代の移動パターンと時期がわかるようになった。たとえば、左ページのミトコンドリアDNA系統樹でL3と記した枝は、8万5000年前ごろに現生人類がアフリカを出たときの移動経路をあらわしている。

しかし、この方法については、移動経路の地図作成に使用するには遺伝系統樹が偶然の結果すぎると、一部の遺伝学者からは注意をうながす声があがっている。手法が改良され、より多くのDNA標本の解析が進めば、全体像が解明されることはまちがいない。DNAの小さな領域の研究から、ゲノム全体の解析へと研究の軸足が移っているなか、古代の移住モデルに、集団の交配や分裂を反映させる必要があることは、明らかである。

ヒトゲノムプロジェクト
このプロジェクトは、ヒトの全遺伝子コードを解読、完了までに13年を要した偉業だった。遺伝学者は初期のゲノムマップを基に、現在、遺伝子の特定機能や遺伝子として働いていない部分の役割を解明し、世界規模でゲノム全体の遺伝的変異を調べることに取り組んでいる。

遺伝学と病気

ヒトのDNAの変異には「サイレント突然変異」が原因のものもあるが、それが身体の働きに影響を及ぼすことはない。だが、そのほかの突然変異の影響力は絶大で、さまざまな集団に急速に広がっていった。進化にとって都合がよいので選ばれたのである。遺伝子のなかにそのような選択の証拠がないか調べていた科学者が、最も強いシグナルの多くが感染症抵抗力に関係していることを発見した。熱帯地域では、いくつかの異なる適応力が進化を遂げ、10万年間も人類を苦しめてきたマラリアという病気に対する抵抗力を手に入れることができた。そのほかの突然変異によっても、結核、ポリオ、はしかなどの感染症に対する抵抗力が得られたことが確認されている。マラリアに対する抵抗力をもたらす効果のある鎌状赤血球貧血（⇒下）は、アフリカのさまざまな集団で、少なくとも4回、別々に発生したようだ。

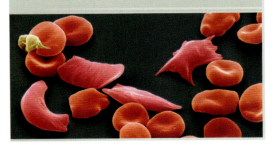

遺伝学が解き明かす移動経路 | 179

初期人類の移動経路

最初期の人類種は、その起源も居住域もアフリカに限られていたことを、化石の証拠は示している。だが、約200万年前以降では、アフリカ以外のヨーロッパやアジアに生存していた人類の化石や考古学的証拠も見受けられるようになる。

ユーラシアへの拡散

グルジアのドマニシで、170万年も前のものと推定される数千の化石や石器が考古学者によって発見された。この発見以前、最初にアフリカを出た人類種は、**ホモ・エルガスター**だと考えられていた。ドマニシで発見された頭骨(とうこつ)のなかにはホモ・エルガスターと似ているものがあるが、そのうちの1つは、もっと初期の**ホモ・ハビリス**のほうに近い。これらの化石は、それぞれの種が別々にアフリカから拡散していったことを示しているのかもしれない。アウストラロピテクス類がアフリカから移動していった可能性を考える研究者さえいる。

スペインのシエラ・デ・アタプエルカの2つの遺跡から、120万~80万年前には、西ヨーロッパですでに人類が生存していたことを示す化石が発見された。**ホモ・アンテセッソール**と命名されたこれらの化石は、ヨーロッパでホモ・エルガスターから枝分かれした種である可能性がある。イギリスのヘイズブラで最近発見された石器は、ホモ・アンテセッソールが100万年前までに北ヨーロッパに到達していたことをうかがわせる。これは、この人類種が衣服を作ったり、火を使ったりする能力(北ヨーロッパでは身体を保温するのに不可欠)をそなえていたことを意味する。

一方、東アフリカで、ホモ・エルガスターが少なくとも100万年前までは生まれ故郷にとどまったことを示す化石もいくつか見つかっている。

凡例
 ホモ・エルガスター 出土地
 ホモ・ジョルジクス 出土地
● ホモ・エレクトス 出土地
● ホモ・アンテセッソール 出土地
化石 石器

ヘイズブラ
イギリス、ノーフォークのこの海岸遺跡から得られた証拠によれば、古代の人類は、当初考えられていたよりもはるか昔(100万~80万年前)から、北ヨーロッパに居住していたようだ。

ドマニシ
21世紀初頭、グルジアの中世要塞遺跡で、考古学者が人類の化石や石器を発見した。これらの骨格がホモ・エレクトスのものだとする専門家もいるが、**ホモ・ジョルジクス**という新種だとする意見もある。

オロゲサイリー
ケニアのこの遺跡には、散らばった状態のハンドアックスが大量に残されている。最近、石器の年代が測定し直され、60万~90万年を経たものであると判定された。

混乱する道具類

ドマニシ出土のチョッパー

ウベイディヤのハンドアックス
アフリカ出土のハンドアックスと似た形
アフリカのハンドアックスと比べると形が粗雑

アフリカのハンドアックス

ホモ・エルガスターが世界各地に移住していった最古のアフリカ起源種であれば、アフリカでホモ・エルガスターが使用した石器(アシュール文化のハンドアックス)と似た石器が世界中で見つかるはずである。140万~100万年前のものとされるイスラエルのウベイディヤ遺跡では、アシュール文化のハンドアックスが発見された。だが、ドマニシと東アジアで見つかった最古の石器は、はるかに粗雑な剝片や礫器である。この祖先は、ハンドアックスが作られる前にアフリカを出たのかもしれないし、あるいは地元の環境に合わせて道具を工夫したのかもしれない。東アジアの石器は粗雑であるが、そこにいた人類は、竹など別の材料を使い道具を作っていた可能性がある。しかし、それらの道具は残っていない。

120万年前
アタプエルカ
170万年前
ドマニシ
ウベイディヤ
200万年前
200万年前
ブイア
ダカ
オロゲサイリー
オルドヴァイ

180 | 出アフリカ

東アジアの初期人類

東アジア最古の人類化石は、インドネシア、ジャワ島の180万～100万年前の遺跡から発見された。中国では、**ホモ・エレクトス**の化石も見つかっていたが、その多くは北京近くの周口店洞窟遺跡からだった。「北京原人」の化石は、80万～40万年前のものとされる。

中国人の古人類学者のなかには、多地域進化説を支持する声がある（⇨ p.177）。北京原人の化石頭骨には、現代中国人の頭骨と重要な類似点があるとし、中国のホモ・エレクトスが現地でホモ・サピエンスに進化した証拠ととらえている。だが、化石の形態や現生人類のDNAを調べた別の研究は、東アジアで連続して進化したのではなく、のちに現生人類が流入し、それ以前の種に取って代わったことを示している。

周口店
中国、周口店の竜骨山遺跡から、竜ではなく、東アジアのホモ・エレクトスが住んでいた証拠が見つかった。1930年代に、この遺跡で数多くの化石が見つかったが、原物のほとんどは、第２次世界大戦時に失われた。

トリニール
オランダ人古人類学者ウジェーヌ・デュボワは、1891年、ジャワのトリニール村近くで化石頭蓋冠を発見した。デュボワはそれをピテカントロプス・エレクトス（直立猿人）と命名したが、現在では、ホモ・エレクトスと呼ばれている。その化石の年代測定には問題があるが、170万～100万年前のあいだだと推定されている。

サバンナスタン
アフリカ以外で見つかったヒト属（ホモ属）の初期の化石は、古代の種の起源と拡散について先入観のない見かたをする必要があることを、強く示しているものだった。鮮新世では、ほかの動物集団がアフリカとアジアのあいだを移動していて、西アフリカから中国北部まで広がる草原が広大な「サバンナスタン」を形成していた。アフリカ以外でアウストラロピテクス類の化石はいっさい見つかっていないが、アフリカとアジアには、現在わかっている以外の人類種はいなかったと考えられる根拠はない。アウストラロピテクス類がアジアに到達していたならば、ヒト属の発祥地は、アフリカではなくアジアである可能性もある。

サンギラン
1930年代に、ドイツ人古生物学者グスタフ・ハインリヒ・ラルフ・フォン・ケーニヒスヴァルトがジャワのサンギランで頭蓋冠を発見したが、それは、トリニールから出た頭蓋冠とそっくりであった。フォン・ケーニヒスヴァルトは、北京原人の研究をしていた人類学者で解剖学者のドイツ人、フランツ・ヴァイデンライヒに会い、いずれの化石も、現在ホモ・エレクトスと呼ばれている種に属するということで意見が一致した。

考えられる拡散経路
地図には、初期人類がアフリカを出て拡散したという証拠が見つかった場所が示されている。矢印は、仮説に基づく経路だが、実際の拡散パターンについては、まだ熱い議論が交わされている。

最後の古代人

今日、現生人類すなわちホモ・サピエンスは、すべての大陸に分布するが、ほかに生き残った人類種はいない。最後の50万年を振り返ると、系統樹ははるかに多様性に富み、3種類の系統が登場する。ホモ・エレクトスがアジアに生存し、ホモ・ハイデルベルゲンシスからは、ヨーロッパではホモ・ネアンデルタレンシスが、アフリカではホモ・サピエンスが誕生した。

おもな遺跡

地図には、アフリカやヨーロッパのホモ・ハイデルベルゲンシスの考古学的遺跡や化石遺跡、アジアのホモ・ハイデルベルゲンシスと思われる化石が発見された遺跡、アジアで遅くまで生き残っていたホモ・エレクトスと思われる化石が見つかった遺跡が示されている。

凡例
- ● ホモ・ハイデルベルゲンシス出土地
- ● ホモ・ハイデルベルゲンシスと思われる化石の出土地
- ● ホモ・エレクトス出土地

共通の祖先

約60万年前、ヨーロッパにいた人類は、解剖学的構造と文化の両面で大きな変化を遂げた。脳が大きくなり、現生人類のプロポーションに近くなった。技術面でも、わずかだが重要な変化があった。これらの人類はまだハンドアックス(握斧)を作っていたが、60万年前以降、さらに薄く、左右対称となり、洗練された形状となっていった。すでに**ホモ・ハイデルベルゲンシス**が出現しており、スペイン北部、石灰岩でできたシエラ・デ・アタプエルカ丘陵にあるシマ・デ・ロス・ウエソス(骨の穴という意味)から見つかったホモ・ハイデルベルゲンシスの化石には、中央部が突き出た顔や後頭部の隆起などの特徴が見られた。ネアンデルタール人の祖先であることをうかがわせる特徴である。

アフリカでは、エチオピアのボド、ザンビアのカブウェ、タンザニアのンドゥトゥ湖などの遺跡から、70万〜40万年前のホモ・ハイデルベルゲンシスの化石頭骨が見つかっている。ヨーロッパ同様、アフリカでも、この時代の考古学記録から認知能力が向上したことが見てとれる。

20万年前には、ヨーロッパとアフリカのホモ・ハイデルベルゲンシス集団が、それぞれネアンデルタール人と現生人類に進化した。

狩猟と調理

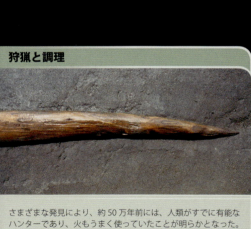

さまざまな発見により、約50万年前には、人類がすでに有能なハンターであり、火もうまく使っていたことが明らかとなった。40万年前のシェーニンゲンの槍(⇨上)は、考古学的に重要な出土品である。バランスのよい投げ槍は、この時代の人類が木で専用の武器を作っていたことを示している。彼らは、肉食獣の食べ残しをあさるだけではなく、積極的に狩りをしていたのである。

火を使いこなしていたと思われる証拠が発見された遺跡は、150万年前のものだが、50万年前になると、広く認められた火の使用を示す証拠が存在する。調理すると食べ物から得られるエネルギーが増すので、調理は重要だったと思われる。

シマ・デ・ロス・ウエソスへの入り口

この遺跡は小さな地下洞窟で、深さ13mの立て坑から入ることができる。ここで発掘に携わる考古学者は、登山と洞窟探検の名人でもある。

東洋のいとこ

この時代の東アジアの化石・考古学記録は、不完全で年代があいまいである。しかし、ジャワでホモ・エレクトスが生存していたことを示す証拠(ンガンドン、サンブンマチャン、ンガウィ遺跡)が存在する。各種年代測定法で、これらの化石は、30万〜3万年前のものかもしれないとの結果が出ている。中国の大理遺跡、馬壩遺跡、金牛山遺跡、許家窯遺跡から見つかった4つの化石頭骨が多地域進化説(⇨ p.177)を裏付ける証拠としてあげられている。ホモ・エレクトスからホモ・サピエンスに移行する過渡期の形態をあらわすとされ、年代測定は難航したが、20万〜9万年前のものと思われる。頭骨にはホモ・エレクトスとホモ・サピエンスの解剖学的特徴が混在しており、東アジアで枝分かれしたホモ・ハイデルベルゲンシスのものかもしれない。だが、綿密な解析が証明しているように、多地域進化説論者が言うような東アジアの現生人類の祖先である可能性は低い。現地の集団が絶滅し、ほかの地域から移住した現生人類に取って代わられたというのが、最も説得力ある説明だろう。

大理で見つかった頭骨
中国で発見されたこの20万年前の頭骨は、地域連続説を裏付ける証拠としてあげられている。原始的な特徴を多少そなえているようだが、脳頭蓋が大きい。

シマ・デ・ロス・ウエソス
この洞窟には、多種多様な個体の骨が大量に残されている。意図的に遺骸を処分した非常に初期の例かもしれないが、その動機が衛生面にあったのか、儀式だったのかは測りがたい。

新しい人類種の出現

20万年前ごろ、ヨーロッパとアフリカに住んでいたホモ・ハイデルベルゲンシスの集団がそれぞれやや違う方向に進化し、異なる2つの種が誕生した。ヨーロッパでは、ネアンデルタール人が出現し、現生人類であるホモ・サピエンスは、アフリカで進化した。

おもな遺跡

地図には、初期のホモ・サピエンスの化石や過渡期の化石が見つかった遺跡、現代的行動を示す証拠と見なされる考古学的証拠が発見された遺跡が、示されている。

凡例
- 過渡期の化石
- 現生人類の化石と「現代的」行動を示す考古学的証拠

アフリカ発祥

化石と遺伝子の両方を調べることで、現生人類の発祥地としてのアフリカを特定することができる。人類の遺伝系統樹では、アフリカでの枝分かれが最も多く、ルーツも最も深いので、**ホモ・サピエンスは、アフリカで出現したと思われる**（⇨ p.178）。ホモ・ハイデルベルゲンシスからホモ・サピエンスに移行する過渡期のものと思われる化石がアフリカでいくつか見つかっているが、そのなかには、南アフリカのフロリスバッドやモロッコのジェベル・イルーからの化石のほか、東アフリカで見つかった2つの化石も含まれる。アフリカは最古のホモ・サピエンスの化石が見つかったところでもあり、30万年前のものがジェベル・イルーから、19万5000～15万5000年前のものがオモ・キビシュ遺跡とヘルト遺跡から発見されている。しかし、現存する証拠からは、アフリカのホモ・ハイデルベルゲンシスが徐々にホモ・サピエンスに変容したのか、それとも、原始的な姿の人類集団とより現代的な姿の人類集団が共存するという、もっと複雑なパターンが存在していたのかは、はっきりしない。

現代的な行動

貝殻でできたビーズは、2004年に考古学者クリストファー・ヘンシルウッド率いる発掘の際に、南アフリカのブロンボス洞窟内で発見され、約7万5000年前のものと判定された。孔のあいた貝殻をつなぎ合わせてネックレスにしていたと思われる。現代的な考えかたや行動をしていたことがうかがえ、装飾や埋葬に関連する儀式が行われていた証拠である。

クラシーズ河口

南アフリカのこの遺跡には複数の洞窟があり、12万5000～6万年前のあいだに人類が断続的に居住していた証拠を示す、深い遺物の地層が見られる。洞窟からは、火の使用、複合的な道具の製作、狩猟、貝採集を行っていたことを示す良質な証拠が得られている。

居住域の拡大

成功した種であるホモ・サピエンスは、繁栄し、やがてアフリカを飛び出した。アフリカ以外の地域で最初に現生人類の化石証拠が見つかったのは中東で、イスラエルにある約12万年前のスフール遺跡とカフゼー遺跡から発見された。しかし、こうした中東における現生人類の初期の証拠は、長くは続かなかった拡散の時期のものと思われる。気候が寒冷化したため、先駆的人類は、再びアフリカに戻らざるを得なかったのかもしれない。やがて世界中に移住することとなった現生人類による出アフリカと拡散がはじまったのは、さらに後のことで、10万年前以降と考えられる。

ハインリヒ・イベント

ハインリヒ・イベントと呼ばれる気候事象にかかわっているのが、北大西洋の氷床からはがれ落ちた巨大な氷山である。海水温を下げ、寒冷化と乾燥化をもたらすこととなった。こうした事象が起きたのは約9万年前で、それに続く気候変動が原因で、現生人類の先駆的な祖先は、中東から戻らざるを得なかったと思われる。

カルメル山洞窟群

イスラエル沿岸近くの洞窟では、1920年代から調査が行われてきた。スフール洞窟とカフゼー洞窟からは、現生人類の証拠が見つかっているが、近くのタブーン洞窟には、ネアンデルタール人の骨が残されていた。

184 | 出アフリカ

ブロンボス洞窟
この洞窟遺跡には、古代の南アフリカにいた生物に関する目を見張るほどの記録が残されている。厚い飛砂堆積層のなかに、何千年も封じ込められていたからである。この洞窟を使っていた狩猟採集民は、陸生動物、魚、貝などバラエティーに富んだ食生活をしていたようだ。また、現在知られているなかで最古の芸術ともいうべき、引っかいて描かれた幾何模様のあるオーカーも制作していた（⇨ p.33）。

東方への沿岸移動

8万年前より少し後に、人口の増加と人類の移動がはじまり、現生人類が世界に向けて移住するきっかけとなったようだ。決定的な考古学的証拠は存在しないが、遺伝の軌跡をたどると、アフリカを出て、中東を通り、アジア南部や南アジアに分け入り、最終的に、はるかオーストラリアにまで到達していたことがわかる。

ニアー洞窟
考古学分野での正式なトレーニングは受けていないが、考古学に造詣が深いトム・ハリソンが、1950年代と1960年代にボルネオのこの洞窟で発掘を行った。ハリソンが発見した「ディープ・スカル」は、放射性炭素年代測定法で4万年前のものと特定された。当時、この結果に対して異論が噴出したが、最近に行われた発掘と年代測定により、ハリソンが正しいことが証明された。

アラビア——世界への入り口

現生人類が北東アフリカを出て中東に渡ったことを示す証拠があるが、主要経路がシナイ半島を縦断し、紅海の北方にまで達していたのか、それとも紅海の南端を横断し、アラビアにたどり着いていたのかについては、議論が交わされている。

更新世の大半を通じて、アラビアの大部分は乾燥した、人の住めない砂漠であったと思われる。最近発見された考古学的証拠によれば、一部の地域は、乾燥期でも緑におおわれたオアシスであった可能性がある。また、この時代には海水面が低かったことから、アラビア南岸が長いひと続きのオアシス、アフリカとアジアをつなぐ回廊だったと思われる。だが、ひとつ問題がある。アラビアには考古学的遺跡がいくつか存在するが、そこに残されていた石器の製作者は、ホモ・サピエンスとそれ以前の人類種の両方が考えられることだ。現生人類がアフリカを出てアラビアに渡り、さらに遠くにまで拡散していった決定的な考古学的証拠はまだ存在しないものの、遺伝学的データがそうした人口増加・移動モデルを裏付ける、と主張する研究者は多い。

マラクナンジャ岩陰住居
アーネム・ランドにあるこの遺跡からは、石器や顔料が使用されていたことを示す証拠などが見つかっており、磨石やオーカーが含まれていた。最古の人工遺物は、6万年前のものと判定されたが、近くのナウワラビラ岩陰住居遺跡についても、同様の年代が得られている。これらの年代に異論の声もあるが、現生人類がヨーロッパよりも前にオーストラリアに移住した可能性はある。

遠方への拡散

現生人類のDNA解析による証拠は、おそらく8万～4万年前のいずれかの時点で、ホモ・サピエンスのアジアへの移住がはじまったことを示している、と遺伝学者は主張する。だが、インド洋岸に沿ってそうした移住の波が起きたことを示す考古学的証拠は、まだ非常に少ない。

インドのジュワラプラムで発見された7万年以上前のものとされる石器は、現生人類の存在を示すと見る考古学者もいるが、確信に至る人類の骨は、まだ見つかっていない。東南アジアに現生人類がいたことを示す最古の確固たる証拠は、ボルネオのニアー洞窟で見つかった約4万年前のものとされる「ディープ・スカル」である。オーストラリアのウィランドラ湖群地域から見つかった「マンゴ・マン」や「マンゴ・レディ」と呼ばれる人骨やニューギニアやタスマニアの考古学的遺跡についても同様の年代が得られている。

マンゴ・マン
ウィランドラ湖群系の一角、干上がったマンゴ湖を取り巻く浸食の進んだ砂丘で見つかった。この骨格や周辺の堆積物について当初行われた年代測定では、約6万年前のものではないかとされたが、ごく最近の年代測定で、約4万年前のものと判定された。火葬された「マンゴ・レディ」の骨とともに、オーストラリア最古の人類の骨であることには変わりない。

東方への沿岸移動 | 187

壁画のある洞窟
最終氷期最盛期がピークに達した約2万年前、西ヨーロッパの現生人類は、フランス南部のラスコー、ペシュ・メルル(⇨下)やクーニャック、北スペインにあるアルタミラなどの洞窟で息をのむほどの壁画を描いていた。

ヨーロッパへの移住

ヨーロッパは、地理的にはアフリカと非常に近いが、現生人類が移住してきたのは5万年前以降である。9〜12万年前のイスラエルのスフール洞窟とカフゼー洞窟で、現生人類のものとされる最古の確固たる化石証拠が見つかったが、その後、数万年のあいだを置いて出現した現生人類の証拠が、中東、次いでヨーロッパでも見つかった。

ヨーロッパの初期の遺跡
すべて4万5000〜4万年前の遺跡である。骨格が見つかった場所もいくつかあるが、オーリニャック文化の道具という形で現生人類の痕跡を示す遺跡が多い。

沿岸を通る経路とドナウ川を遡上する経路

約5万年前、地球の気候がよくなり、砂漠だったところが住めるようになったことが、現生人類にヨーロッパへ拡散する機会をもたらしたのかもしれない。アラビアか、北東アフリカか、どちらから北上していったのかについては、まだ議論が交わされているが、5万〜4万5000年前ごろになると、東地中海で発見される現生人類の証拠が増えはじめる。移住者の跡をたどると、トルコに初期の遺跡があり、さらにヨーロッパ各地にも4万5000〜4万年前の考古学的遺跡が存在する。

ヨーロッパの初期の現生人類遺跡からうかがえるように、移住者は、ほかの地域で行ったと同様に、海岸や川に沿って大陸移動を行っていたようだ。イタリア、フランス、スペインの地中海沿岸またはその周辺、黒海沿岸、ドナウ川沿いに遺跡が点在している。現生人類の骨格を出土した遺跡は少ないが、現生人類がヨーロッパに持ち込んだと考えられているオーリニャック文化の考古学的証拠(現在までに知られているなかで最古の具象彫刻や楽器など)を出土した遺跡は、数多く存在する。ほと

ドナウ川
ルーマニアのペシュテラ・ク・オース、オーストリアのヴィレンドルフ、ドイツのフォーゲルヘルトなど、ドナウ川周辺にある一連の重要な遺跡は、ヨーロッパ中心部に通じるこの経路が、いかに重要だったかを物語る。

んどの遺跡で、ネアンデルタール人文化とオーリニャック文化到来とのあいだには、明確な断絶が見られる。

考古学者は、初期の現生人類遺跡の点在のしかたと、それよりはるか後になって、ヨーロッパ各地に新石器時代(初期農耕)の人類集団が拡散していったときの道筋とのあいだには、類似点がある(いずれも地中海沿岸とドナウ川遡上の経路をたどった)と指摘し、人類の移動における地理の重要性を強調する。

神秘的な彫刻
この3万年前のライオン・マンの彫刻は、1939年、ドイツのホーレンシュタイン・シュターデル洞窟で発見された。

ヨーロッパ最古の現生人類

2002年、ルーマニアのカルパティア山脈南西部にあるペシュテラ・ク・オースの洞窟を探検していた洞窟ダイバーが、人類の下顎骨を発見した。この下顎骨は、放射性炭素年代測定法で3万5000年前のものと判明した。翌年、考古学者チームがその洞窟を調べ、さらに古い約4万年前のものとされる人類の頭骨片を発見した。この頭骨と下顎骨は、ヨーロッパ最古の現生人類の化石であるが、解剖学的に奇妙な点がいくつかあり、一部の人類学者は、ネアンデルタール人と交配があった証拠とみている(⇨ p.190〜191)。

楽器の製作
2004年、ドイツの約3万5000年前のフォーゲルヘルト洞窟で、象牙あるいは骨でできた笛が発見された。楽器が製作されていたことを示す、現存する最古の証拠である。

ヨーロッパのネアンデルタール人と現生人類

約5万年前、現生人類はヨーロッパへと足を踏み入れたが、そこは別の人類種のテリトリーだった。ヨーロッパでは、ネアンデルタール人とその祖先が、何十万年も先住民として君臨していた。2つの人類種が遭遇したときに何が起きたかについては、激しい議論が交わされている。

先住人類との遭遇

最近、ヨーロッパにおける現生人類とネアンデルタール人の遺跡について、放射性炭素年代測定が行われた。それによれば、約6000年間の重なりがあり、そのあいだ、2つの人類種はこの大陸で共存していたことになる。ヨーロッパでネアンデルタール人からクロマニヨン人（現生人類）に進化したという古い考えがくつがえされて久しいが、移住してきた現生人類がネアンデルタール人に取って代わったという説の実態については、議論が沸き上がっている。ネアンデルタール人と現生人類は、考古学的にはかなり明確に区別されているようだが、最近の議論では全貌が複雑化している。考古学的証拠（サン＝セゼール、グロット・デュ・レンヌ、ロック＝ド＝コンブなどの遺跡から出土）から、ネアンデルタール人の文化と技術が当時の現生人類のものと酷似していたらしいことがわかっている。

おもな遺跡
ラガール・ウェロ、ペシュテラ・ク・オース、チオクロヴィナ、ムラデチから出土した人類の骨は、ネアンデルタール人と現生人類の交配種かもしれない。シャテルペロン、ロック＝ド＝コンブ、サン＝セゼールの考古学的遺跡には、シャテルペロン文化の道具が残されている（⇒右ページ）。

交配種

ヨーロッパで見つかった旧石器時代の現生人類の骨のなかには、ごく少数ながら、特異な特徴をそなえるものもある。たとえば、チェコのムラデチから出土した頭骨には、ネアンデルタール人の特徴である「後頭部のシニョン（丸髷）状の隆起」が見られ、ポルトガルのラガール・ウェロから出土した子どもの骨格にも、ネアンデルタール人に似た特徴が見られる。ほかにもルーマニアのペシュテラ・ク・オースからの下顎骨には、下顎枝（下顎の後部）が非常に幅広いことや、第3大臼歯（親知らず）がきわめて大きいことなど、変わった特徴が見られる。こうした特徴は、ネアンデルタール人に由来すると言われている。現生人類は、ネアンデルタール人の姉妹種であるため、これらの化石に見られる解剖学的構造の違いが本当に交配の証拠なのか、それとも祖先が同じである証拠なのか、突き止めるのはむずかしい。

ラガール・ウェロの子どもの骨格
ポルトガルの崖の下で発見されたこの骨格は、約3万年前のものと推定される。下肢のプロポーションと頭骨のくぼみがネアンデルタール人に似ており、現生人類とネアンデルタール人とのあいだに交配があったとする人類学者もいる。

凡例
● 過渡期の道具を出土した遺跡
▲ ネアンデルタール人と現生人類の交配種と思われる人骨を出土した遺跡

ムラデチ出土の頭骨
チェコの遺跡から出土したこの頭骨は、現生人類のもののようだが、後頭部のシニョン状の隆起など、明らかなネアンデルタール人の特徴もいくつかそなえる。

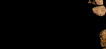

遺伝子研究

最近では古代DNA解析法が進歩し、ネアンデルタール人の骨などからもDNAを抽出できるようになった。ミトコンドリアDNA（⇨ p.178）研究では、最後の共通祖先から枝分かれした後、交配した証拠がないので、ネアンデルタール人は、現生人類とは別の種だとする結果が出ている。その一方で、ドイツ、ライプツィヒの研究者がネアンデルタール人の化石から抽出した核（染色体）DNAの配列決定に成功し、ネアンデルタール人のゲノムを現生人類のものと比較、ネアンデルタール人とホモ・サピエンスの枝分かれが44万年前までには起きていた証拠を得た。だが、現代のヨーロッパ人とアジア人（アフリカ人は例外）のDNAの1〜4%がネアンデルタール人由来のようだということも発見した。これは、ネアンデルタール人がヨーロッパに拡散した現生人類集団に完全に同化したのではなく、「出アフリカ」モデルでは、初期の集団との多少の交配も考慮に入れる必要があることを意味する。ネアンデルタール人の遺伝子がヨーロッパ人やアジア人のゲノムに取り込まれた理由として最も有力なのは、現生人類が最初にアフリカから出たときに、中東で多少の交配があったという説である。

DNA抽出
たとえ化石の骨のなかに存在するとしても、古代のDNAは、非常に断片化している。約30億の塩基対から成るゲノムを、それぞれが100塩基対程度のごくわずかな断片から復元しなくてはならない。

デニソワ人──新しい人類種？

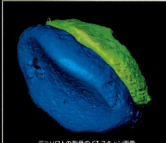

デニソワ人の指骨のCTスキャン画像

シベリアのデニソワ洞窟から出土した3万年前の正体不明の手の指骨からDNAが抽出されたが、ネアンデルタールと現生人類、そのいずれのものでもなかった。実際、明らかにユニークな特徴が見られるので、新しい人類種の可能性がある。このデニソワ人には、現在のメラネシア人といくつかの遺伝的類似点があり、現生人類とそれ以前の集団とのあいだに交配があった証拠となるかもしれない。

ネアンデルタール人の道具一式

ネアンデルタール人の道具類（⇨ p.154）は、現生人類が作った道具類よりも相当劣っていたというのが、従来の考古学者の見かたであった。「シャテルペロン文化」と呼ばれる道具一式が初めてフランスで見つかったとき、それは、現生人類が作ったものだと考えられていた。だが、その後も出土が続き、年代測定法も改良された結果、多くの考古学者のあいだで、実際にはネアンデルタール人の道具であるという結論がドされた。イタリアとギリシャのウルッツァ文化同様、シャテルペロン文化からも、ネアンデルタール人が当初考えられていたよりも器用で独創的だったことがうかがえる。興味深いことに、これらの道具類や文化が登場するのは、現生人類がヨーロッパに移住してきた後であるため、ネアンデルタール人が現生人類と接触し、道具の製作法を習ったにちがいないという専門家の意見もある。だが、今でも、シャテルペロン文化の道具類とネアンデルタール人との関連性に疑問を投げかける声もある。

シャテルペロン文化の出土品

シャテルペロン文化の道具は、ラ・ロシュ=ア=ピエロ（サン=セゼール）のネアンデルタール人の墓近くで発見されたため、考古学者は、ネアンデルタール人によって作られたものだと結論づけた。だが、考古学は複雑な層位学的研究を要することから、関連性を認めていない専門家もいる。

石器

動物の歯でできたペンダント

人工遺物
シャテルペロン文化には、道具のほかに、動物の歯でできたペンダントなどの装飾品も含まれる。私たち同様に、イメージや着飾ることに興味があったようだ。

北アジアと東アジア

北アジアと東アジアのミトコンドリアDNA系統（⇨ p.178〜179）から、この地域には、アジア南部の海岸に沿って拡散してきた最初の移住者の子孫が住み着いたことがわかる。内陸の河川に沿って北上し、ヒマラヤ山脈を迂回したり、越えたりする一方で、アジア東岸から西方にも移動していったと考えられる。

おもな遺跡
4万〜2万年前のものとされる、後期旧石器時代の考古学的証拠（現生人類の痕跡が残る）が出土した、重要な遺跡がある。田園、山下町、マーラヤ・スィア、周口店、マロヤロマンスカヤ、マリタなどの遺跡では、人類の骨が残されていた。後期旧石器文化は、4万5000〜4万年前にまずバイカル湖辺りではじまり、遅れて東部の遺跡でもはじまった。

北方への移動

熱帯気候のアジア南岸と比べると、シベリアの環境は著しく異なり、移住者に大きな試練をもたらした。この地域は、食糧にする植物や建材・燃料用の材木に事欠くことが多く、極寒で、しかもとてつもない乾燥に襲われるため、それでも生存できるよう文化や技術を改良せざるを得なかったと思われる。だが、シベリアで発見された考古学的証拠の年代から、人類が4万年以上前にはシベリア南部に到達し、3万年前には、すでに極北の北極海岸に居住していたことがわかっている。

マンモスの骨でできた小屋
古代のシベリア人はマンモスを食糧として、または保温のための材料として、さらには、メジリチなどに残るマンモスの骨でできた小屋のように、建材としても利用していた。マンモスの狩猟も行われていたかもしれないが、シベリア人は、放置され凍った動物の死骸から必要な分をあさって食べたり、川で打ち上げられた骨や牙を収集したりしていたとも考えられる。

シベリアの宝
これらの象牙のビーズや飾り板は、シベリア、イルクーツク近くのマリタから出土したものである。この遺跡に残されていたのは旧石器時代の居住地跡で、半地下住居、数千個の石器、骨や象牙でできた500個以上の人工遺物、鹿角が見つかった。マリタの年代は、約2万1000年前の最終氷期最盛期までさかのぼる。

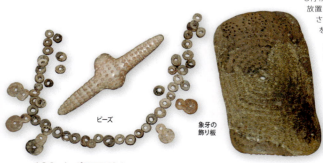

ビーズ　象牙の飾り板

エヴェンキ族のトナカイ飼育民
アジア北部のエヴェンキ族など、北極圏に住む人々は、寒さに対応しやすいように特別な適応力を進化させたと思われる。遺伝学者がミトコンドリアDNAの突然変異を突き止めており、これがミトコンドリアによる発熱を可能にして、全身の保温を助けていたと思われる。

マンモス
シベリアの巨大動物で、約1万年前にはほぼ絶滅していた。

東方への移住

頭骨(とうこつ)の形や遺伝子データの解析により、現在の東アジア人は中国にいたホモ・エレクトスの直接の子孫ではなく、比較的新しい移住者であり、8万〜5万年前の出アフリカ拡散にさかのぼることができる。東アジアの現生人類の最古の化石人骨は、約4万年前のものとされる。

東アジアの考古学的証拠には、謎が多い。現生人類が出現しても、石器には急激な変化が起きず、約3万年前まで、非常に粗雑な礫器(れっき)を作っていたようだ。ただし、初期の移住者は、竹でもっと複雑な道具を作っていたと考えられるが、考古学記録には残っていない。

柳江(リウチアン)人の頭骨
この現生人類の頭骨は、10万年前のものと判定されているが、年代については議論されている。中国の田園(ティエンユアン)と来賓(ライピン)から出土した骨の年代は、4万年前とされるが、こちらのほうが信頼できる。

北アジアと東アジア | 193

新世界

ホモ・サピエンスが移住した最後の大陸が、南北アメリカ大陸である。わかっている限り、それ以前にアメリカ大陸にたどり着いた人類種はいない。新世界での人類の到達と拡散については、今でも盛んに議論が交わされている。だが、ほかの地域と同様に、遺伝学的観点から新たに糸口が見つかり、この大陸における祖先たちの全容解明が進んでいる。

南北アメリカ大陸に通じる経路

更新世（260万～1万2000年前）の大半を通じて、アジアと北アメリカは別の巨大な陸地、ベーリンジアでつながっていた。移住者は、北東アジアから現在のアラスカに相当する地域まで、陸伝いに移動できたのだろう。だが氷期には、南北アメリカ大陸のほかの地域に通じる経路が巨大な氷床で遮断されていたと思われる。

約1万4000～1万3500年前になると、かなりの氷が解けて、北アメリカ北西部を縦断する形で無氷回廊が開けていた。しかし、この経路が開けるより少なくとも1000年前のものと、正確な年代がわかっている考古学的遺跡が存在している。ハイダ・グワイ諸島での環境分析により、1万7000～1万4500年前のカナダ西岸からは氷が後退していたことがわかり、移住者は太平洋岸に沿って、舟であちこち上陸しながら北アメリカの地域に分け入ったと考えられる。

ほかにも、ヨーロッパから北大西洋を横断する移住経路をあげる声もあり、クローヴィス型尖頭器（北アメリカ）とソリュートレ文化尖頭器（ヨーロッパ）のあいだに類似点があることが、その根拠となっている。だが、確かな証拠がないため、多くの専門家は、その関連性に懐疑的である。

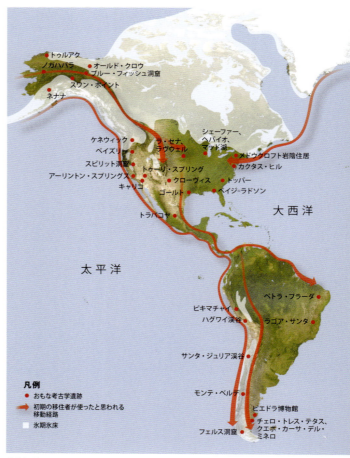

移動経路
この地図には、氷期に南北アメリカ大陸に通じる経路を遮断していたと思われる巨大氷床、無氷回廊、重要な考古学的遺跡が示されている。現生人類が南北アメリカ大陸で北から南へと拡散していったことを裏付ける証拠があり、矢印は、仮説に基づく移住経路をあらわしている。

初期アメリカ人の化石
ブラジルのスミドウロ洞窟で発見されたこの頭骨は、約1万3000年前のものとされる。有名な「ルーシー」の骨格にちなんで「ルシア」と命名され、南北アメリカの人類化石として、現在知られているなかでも最古のものに数えられる。

サウスカロライナのトッパー遺跡

トッパー遺跡には、クローヴィス型石器やクローヴィス文化以前の約1万5000年前の道具が残されている。だが、2004年に、考古学者のアルバート・グッドイヤーが、何と5万年前というはるかに古い考古学的証拠をトッパー遺跡で発見したと発表した。ほかの専門家はこの事実に疑問を投げかけ、年代測定だけでなく、発掘された考古学的証拠そのものについても、懐疑的な見かたを示した。

天然または人工？
トッパー遺跡で見つかった古代の「石器」は、人工の道具ではなく、天然石の剝片かもしれない。

美しい矢じり
数十年間、考古学者のあいだでは、クローヴィス型尖頭器を作ったのは、約1万3500年前の南北アメリカ大陸最古の定住者だと考えられていた。だが、ごく最近、それ以前の考古学的遺跡が発見されたため、この「クローヴィス最古」説は退けられるようになった。

194 | 出アフリカ

南北アメリカ大陸最古の人類

北アメリカには、最終氷期最盛期(LGM)以前にまでさかのぼる、3万年または4万年も前のものとされる遺跡が何カ所かある。たとえば、ユーコン準州のブルー・フィッシュ洞窟群やオールド・クロウ遺跡などだが、一部の遺跡については、年代測定に問題があるうえ、天然石なのに「石器」と見なされたものもあるようだ。
南北アメリカ大陸に人類がいたことを示す最古の確固たる証拠は、最終氷期最盛期以後のもので、広く認知されている最古の遺跡の年代は、1万5000～1万4000年前にさかのぼる。そのなかには、アメリカ合衆国のメドウクロフトの岩陰住居やカクタス・ヒル遺跡、チリのモンテ・ベルデがある。モンテ・ベルデは、考古学的証拠の保存状態がよいことでも注目に値し、木造小屋の枠組みや獣皮の覆い、薬用植物、人類がジャガイモを使っていた最古の証拠などが残されている。

南北アメリカ大陸最古の人骨には、ブラジルで出土した約1万3000年前の「ルシア」という頭骨(⇨左ページ)や、ワシントン州で見つかった約9000年前の「ケネウィック・マン」の骨格が含まれる。

大まかに言って、遺伝学的証拠は、アジアからやってきた人類が北アメリカから南アメリカに移住していったという説を裏付ける。遺伝学的証拠は、最終氷期最盛期以前に移住が起きたとする説と符合するとの意見が以前よりあったが、ミトコンドリアDNAに基づく最近の推定により、約1万5000年前に南北アメリカ大陸への拡散がはじまったという説が立証された。

アーチ湖の成人女性
滑石のビーズや道具が、埋葬儀式の証拠として見つかることがある。写真は、ニューメキシコで約1万年前に埋葬された成人女性の墓で発見されたもの。女性の身体をおおうのに赤いオーカーも使われていた。

南北アメリカ大陸における絶滅

氷河時代、南北アメリカ大陸には、剣歯ネコ、マンモス、マストドン、オオナマケモノなど、多くの巨大動物種が生息していた。だが、約1万3000年前には、こうした動物のすべてが姿を消していた。気候変動(これも小惑星の爆発と関連していると思われる)がその原因かもしれないと唱える専門家もいる。だが、人類という恐ろしいハンターの出現のほうが原因としては有力である。

ウナラスカ島での発掘
アリューシャン列島で行われた考古学的発掘で、9000年前に沿岸で人類が生息していたことを示す証拠が発見された。現在、ウナラスカ島のダッチ・ハーバー空港となっているあたりで、少なくとも25の先史時代の村が見つかった。

オセアニア

東南アジアにあるボルネオ、スマトラ、ジャワなどの多くの島は、更新世の大半を通じて、スンダ陸塊につながっていた。オセアニアの島々の一部も、かつては、ニューギニアとオーストラリアを含む大きなサフル陸塊とつながっていた。東方に位置していた他の太平洋諸島は、つねに大きな陸塊から隔絶されていた。

ニアー・オセアニアへの移住

スンダ陸塊またはサフル陸塊の一部である島々や、これらの陸塊に挟まれていた島々に早い時期から移住が行われていたことを示す、考古学的・遺伝学的証拠が存在する（⇨ p.186～187）。更新世の狩猟採集民は、サフル陸塊からニアー・オセアニアの島々への移住に成功し、3万3000年前には、ニューギニアの北東岸沖にあるビスマルク諸島にたどり着いていた。ニューギニアやメラネシア諸島で使われているパプア語は、この古代の移住段階のなごりと思われる。

東南アジアの島々やニアー・オセアニアに住んでいた初期の現生人類は、狩猟採集民として沿岸や森林に住み着き、シンプルな礫器や剝片石器を作っていたか、あるいは、場所によっては、石器を使わずに何とかしのいでいた。だが、これらの島々に移住した人類は、最終氷期最盛期（LGM、約2万1000～1万8000年前）のピークを迎えたころ、その不安定な沿岸環境で生きのびるのはむずかしいと考えた。ニューギニアやビスマルク諸島に人類が居住していた形跡は、最終氷期最盛期よりはるか以前、またははるか後のものと判定される傾向がある。1万4000～7000年前は、沿岸環境が安定しつつあった時代で、ニューギニア、ティモール島、タイで見つかった貝塚からわかるように、現生人類は、拡大しつつある入江やラグーンで得られる資源を有効利用していたようだ。

オセアニアを縦断する経路
この南太平洋の地図には、初期移住者がオセアニアの島々を通るときに使ったと思われる移動経路が示されている。経路と年代は、考古学的証拠、遺伝学的証拠、言語学的証拠に基づき推定。

樹木伐採民
最近の出土品により、約5万年前に人類がニューギニアの高地に住み、このような石斧を使っていたことが証明された。

ラピタ文化

紀元前1350～750年にさかのぼるこの文化を伝えたのは、東南アジアの島々から押し寄せるように東方に拡散した、新石器時代の移住者だったとみる専門家がいる。だが、この文化が東南アジアの島々で発祥し、ミトコンドリアDNA系統から解明された移住パターンにほぼ沿って、ニアー・オセアニアからリモート・オセアニアへと普及していったという見かたもある。ラピタ文化には、ここに示すような型押し装飾が施されるなどの特徴的な土器が含まれる。

ラピタ土器

離島

さらに遠く離れた太平洋諸島に人類が到達したのは、ごく最近のことで、ニュージーランド、イースター島、ハワイに人類が居住していたことを示す最古の証拠の年代も、過去1500年の枠内に収まる。考古学的・言語学的証拠をもとに、6000年前から新石器時代の農民が中国南部や台湾からポリネシア諸島に拡散しはじめ、オーストロネシア語を持ち込んだと考えられていたが、島民から採取したDNAからは、それとは異なる結果が得られた。

ハワイの岩絵
ハワイ諸島の多くの島で岩絵が見つかった。放射性炭素年代測定法で調べた結果、これらの棒線画は、西暦1400〜1500年に作られたことがわかった。

言語と遺伝子

移住がどれほど迅速に進んだのか、新石器時代における第2陣の移住者とニアー・オセアニアの初期集団とのあいだにどれほどの交配があったのかについては、盛んに議論が交わされている。文化的(考古学的、言語学的)証拠と生物学的証拠(遺伝学的証拠を含む)のあいだには、つねに食い違いが生じるが、それは当然である。遺伝子は受け継がれるが、文化や言語は、遺伝学的に異なる集団から集団へと伝播していくことが可能だ。東南アジアとオセアニアのオーストロネシア語族の発祥地は、台湾地域と思われ、新石器時代に急速に移住が広がったことを裏付ける。だが、大半のオセアニア住民の遺伝子系統は、古い更新世の移住にまでさかのぼることができる。農業やオーストロネシア語の普及は、人類の移動というよりも、考えや文化の伝播という意味合いをもっていた。

南アメリカとの接点

サツマイモ

考古学的、遺伝学的、言語学的証拠は、南アメリカにいた人類によるオセアニアへの大規模な移動説を、事実上排除している。しかし、イースター島への航海はあり得たかもしれない。実際に、南アメリカとオセアニアの島々には、早い時期から、何らかの接点があった可能性は高い。たとえば、古代ペルーの石像彫刻とイースター島で見つかった石像彫刻には、顕著な類似点がある。また、考古学者はオセアニアで、サツマイモとヒョウタンの存在を示すきわめて初期の証拠を発見したが、南アメリカから流入した可能性が高い。

イースター島の彫像
これらの彫像は、人類の移住と脆弱さをあらわす、地球上で最も象徴的なシンボルのひとつと言える。西暦1000〜1650年ごろに作られたが、この巨大芸術を作った社会は、1722年にヨーロッパ人が上陸したころには、すでに滅亡していたようだ。

狩猟者から農民へ
FROM HUNTERS TO FARMERS

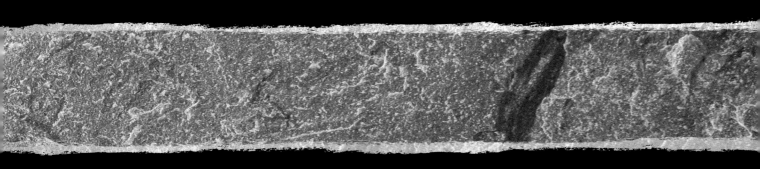

現生人類の種としての繁栄の鍵を握ったのが**技術革新**であり、そのおかげで人類は、本来の身体能力以上のことができるようになった。人類史における直近の1万年間で、変化の速度は急激に高まり、それとともに人口も加速度的に増加した。最終氷期直後に多くの地域で農業が発達し、その5000年後には都市生活が出現した。
人類の進化は終わったわけではない。現生人類は、食生活や環境、病気などの変化に対応するため、適応力を養い続けている。

氷河の融解
氷河が解けると、大量の水が流れ出るため、地球の海水面が上昇し、河川や湿地、湖が拡大したり、新たにできたりする。水は大気中にも広がり、雨に姿を変えて地球に戻る。

海水面の変化

氷期(A)は、海水が氷床に閉じ込められているため、海水量が少ない。氷が解けると(B)海洋が膨張し、地球の海水面が上昇して、大陸棚の大部分が水没する。その結果、河川の勾配が緩和されるため、流れが遅くなり、川幅が広がる。これが氾濫原や三角州の誕生につながる。だが、氷床におおわれていた地域では、土地が隆起する(地殻均衡の回復)。スカンディナヴィアでは、このプロセスが今も続いている。

後氷期

地球の温度が上昇し、氷床が融解したとき、海水面の上昇、雨量の増加、森林や草原の拡大など、世界にはさまざまな変化が生じた。それが人類に新しい機会をもたらし、その生活様式に大きな影響を及ぼした。

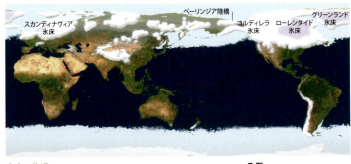

氷床の後退
氷床が後退したとき、北部のこれまで氷河でおおわれていた地域が生息可能になったが、かつて生息可能だった地域の多くが水没し、大陸をつなぐ陸橋も水没した。

凡例
□ 1万8000年前の氷冠
■ 1万年前の氷冠

地形の変化

最終氷期最盛期(LMG)後の紀元前1万6000年ごろに、地球の温度が上昇し、紀元前7000年には、現在よりも数度高かった。氷床が後退し、閉じ込められていた水が再び循環したことで雨量が激増した。海水面は、最終氷期最盛期には現在よりも120m以上低かったが、徐々に上昇し、紀元前9000年には、現在よりも50m低いレベルに達し、紀元前4000年からしばらく後に現在のレベルに達した。その結果、とくに低海抜地域では、沿岸陸地の大部分が徐々に水没した。アジアと北アメリカをつなぐ広大な陸橋であるベーリンジアは、紀元前8500年ごろに水没した。東南アジアの約半分の陸地が水没して、多数の島ができ、日本は、東アジア本土から切り離された。オセアニアも同じように影響を受けた(⇨p.196)。スカンディナヴィアとスコットランドをおおう氷床が融解したとき、両地域のあいだに広がる広大な平野がドッガーランドという低湿地帯に変わり、縦断する大きな川の流れができ

鹿角でできた銛
1931年に、この銛は北海から引き揚げられた。これが作られた紀元前1万年当時、北海は乾燥地だった。

溝
かかり(返し)

た。海水面の上昇により、盆地が水没して北海が出現。イギリスは、紀元前6500年ごろにヨーロッパ本土から分離した。だが、スコットランドやスカンディナヴィアでは、地殻均衡の回復により海水面の上昇が相殺された(⇨左ページ)。

水没した海岸
大陸棚が徐々に水没し、浅海魚や貝類(後氷期の多くの狩猟採集民には大切な食糧資源)にとって理想的な浅い海洋環境が生まれた。

うなぎ捕り罠
現代のうなぎ捕りの罠に似た古代の罠が、北ヨーロッパで見つかった。作り手は、気候が温暖化したときに、この地域に移住した人類。

ヤナギでできた籠
罠の入り口

新しい土地への移住

温暖化と雨量の増加が、環境、植生、動物相に大きな影響を及ぼした。融氷水がたまって広大な淡水湖ができ、海水面の上昇により水没した沿岸の浅瀬では、海洋生物資源が繁殖した。氷期の環境を生きのびることができた地域では、森林が拡大していった。こうした変化が人類のコミュニティに新たな機会をもたらし、人類は、新しい資源を利用できる地域に移住した。ヨーロッパでは、氷期の広大なツンドラが極北まで後退し、かつて氷でおおわれていた極北地域にも人類が移住してきた。氷期の環境で繁栄したトナカイなどの動物も北方に移動したが、オオツノジカのように絶滅した動物もいる。アカシカやノロジカ、ウシ、イノシシなど、ほかの動物たちも、植生が広がる方向に移動していった。地中海は、数千年のあいだ、食用に適した植物種の豊富な落葉樹林地帯におおわれていたが、紀元前7000〜5000年になると、落葉樹林は、温帯ヨーロッパへと北上しつつあった。だが、やがて地中海では、はるかに実りの少ない常緑植生に取って代わられ、今に至っている。

極北地域でローレンタイド氷床やコルディレラ氷床が後退したため、多くの移住者が南北アメリカ大陸を縦断して急激に拡散し、紀元前9000年には、ティエラ・デル・フエゴに到達していた。北アメリカに移住してきたクローヴィス狩猟採集民は、氷期(⇨p.194〜195)に現地で生息していた大型鳥獣類をはじめ、幅広い種類の植物や動物を捕食していた。北アフリカでは、雨量が増加し、雨を運ぶ風が北向きに変わった結果、サハラ砂漠が湖、河川、草原に姿を変えた(⇨p.212)。

淡水湖
氷河の融解でできた湖は、紀元前8000年には、水生動植物が豊富に生息するようになり、野鳥やほかの動物を引き寄せた。湖岸は、狩猟採集にとって恵まれた場所であった。

後氷期 | **201**

狩猟採集民

人類は、新しい後氷期の環境に合わせて、捕食戦略や生活様式を変えた。流動性があることに変わりはなかったが、資源が豊富に存在する恵まれた地域では、コミュニティが定着するようになったと考えられる。

季節周回

狩猟採集民は、多様な種類の食糧を利用していた。ほとんどの地域で、それぞれ決まった時期に何らかの食糧を手に入れることができた。たとえば、群れで暮らす動物は夏には高地、冬には低地の牧草地に移動し、海水魚や野鳥は、季節ごとに移動する。森林地帯では、秋には果物、春には球根植物が採れた。ほかにも貝類、小型哺乳類、淡水魚などの食糧資源を、一年中、必要なときに獲ることができた。狩猟採集民は、道具用の石材など役立つ物を拾い集めながら、こうした食糧を最大限に利用しようと考え、定期的にしかも柔軟なパターンで移動していた。

エルテベレの季節資源

デンマークの有名なエルテベレ文化の多くの遺跡で、特定の資源を利用するため、季節的定住が行われていた。たとえば、冬には内陸のリングクロスターで野営して、イノシシの子どもを捕え、木の実を採集し、毛皮をとるためにマツテンを罠で捕えていた。

蜂蜜の採集

狩猟採集民は何を食べていたのだろうか。最もはっきりとわかるのは、遺跡に残された骨や貝殻だが、木の実の殻や炭化した種子など、植物の痕跡が残っていることもある。だが、彼らの食生活の大部分については、なかなか証拠が見つからない。スペイン、バレンシア地方のアラーニャ洞窟壁画には、めずらしい絵（木に登り、野生ミツバチの巣から蜂蜜を採集している人物）が描かれている。

狩猟採集民を取り巻く自然環境

狩猟採集民は、湖、河川、湿地、沿岸、森林地帯の端など、多様な資源が得られる環境を選んで生活していた。とくに好都合だったのが、河口など、好条件が混在する場所で、淡水資源や陸上・海洋生物資源が獲れた。密林は、得られる食糧が少ないので利用されなかったが、後氷期には意図的に森林管理を行い、森林を切り開いた空地を作って、食用植物の成長促進を図ったり、鳥獣類を引き寄せたりしていた証拠が残っている。

ごみ捨て場

捨てられた貝殻が積み重なった貝塚。デンマーク、グレースボー近くの貝塚だが、後氷期の狩猟採集民の食生活を物語る、最も明らかな痕跡である。しかし、貝類そのものは、彼らの食生活のごく一部を占めるにすぎなかった。

定住した狩猟採集民

豊富な資源が一年中手に入り、しかもそれを保存できる恵まれた地域では、狩猟採集民は、1カ所にとどまることができた。たとえば、東地中海にいたナトゥフ文化の狩猟採集民は、野生穀物、豆類、木の実が熟したら、コミュニティが一年中飢えないですむだけの量を採集できた。さらに、鳥獣類、魚類、新鮮な食用植物にも恵まれていた。北ヨーロッパの一部の地域では、多くの狩猟採集民が定住するための居住地を築いた。たいていは沿岸で、しかも貝類を採集し、近海魚を獲り、浜に打ち上げられたクジラをあさり、鳥を捕まえ、食用植物を集めることができるような場所が多かった。また、舟を使って遠洋魚や海洋哺乳類を捕獲し、隣接する陸地では大型哺乳類や小型鳥獣類を狩猟していた。居住地からは、少人数グループがほかの資源が得られる場所まで遠出することもできた。北アメリカ北西部では、西暦500年ごろになると、定住地で暮らす狩猟採集民は階級社会を形成して栄えていたが、その食生活を支えるため、産卵のため遡上してくるサケを毎年大量に獲り、さらには海洋生物資源や森林資源も利用していた。

動物捕獲罠
東地中海の狩猟採集民は、獲物を追い込む通路を使い、効率的にガゼルを捕えていた。両側に石を積み上げて作った何本かの通路の先が、最終的に1カ所に集まるように配置し、動物を通路に追い立て、最後は上のような罠(カイト)のなかに追い込んで殺していた。

マウンテンガゼル

伝統的な狩猟法

後氷期には、槍よりも簡単に、しかもはるかに正確に遠くから獲物を殺すことができる弓矢が重要となった。大型鳥獣類の狩猟は、おそらく、つねに男性の役目だったと思われる(アフリカ南部のサン族では、現在もそうである)。だが、極地付近以外では、狩猟採集民の食生活の大部分を占めていたのは、植物、水産資源、小型鳥獣類で、通常は、女性と子どもが採集や罠掛け、狩猟を行っていた。

生活様式

移動型のコミュニティは、携帯できるものしか所有していなかった。たとえば、道具のほかには貝殻、骨、鹿角、石などでできた凝った装身具、衣服に縫い付けられた装飾などがあった。こうした人々は、歌、舞踏、口承文学など、社会的・文化的・精神的に豊かな活動を行いながら、充実した生活を送っていた。複雑な神話からも垣間見られるように、自分たちを取り巻く環境を熟知していた。墓地を作ることで、霊的信仰や特別な場所とのつながりを示す場合もあった。たとえば、ヨーロッパの大西洋沿岸では、埋葬する遺骸に来世で使用する副葬品を添えるという風習があった。季節によっては、グループが小集団に分かれ、広い地域に散らばる資源を探すこともあったが、狭い地域内で十分な食糧を手に入れることができる季節には、複数のグループが合流し、社会的交流や結婚の機会も生まれていたと考えられる。生きのびるには、血族の絆が重要であった。困ったときには別のグループにいる血族を頼れるからである。

アカシカの頭蓋冠
イギリス、ヨークシャーのスター・カーで見つかったこの頭飾りは、めずらしい儀式活動の片鱗を示す。シャーマンが狩猟儀式で踊るときにかぶっていたのかもしれない。

意図的に折られた鹿角

頭骨にあけられた皮ひもを通すための孔

大切に埋葬された死者
デンマークのヴェドベックにあるこの墓では、若い母親のそばに、白鳥の羽根の上に寝かされた新生児が埋葬されていた。

狩猟採集民 | 203

岩面美術

岩絵や岩面彫刻は、日常活動や慣習的儀式を行う古代人の姿を鮮明に映し出す。岩面美術には、神話など、古代人の世界観も反映されている。そのため、岩面美術を解釈するには、想像から現実を導き出したり、古代の表象を解釈したりというむずかしい作業が必要となる。

岩面美術の歴史は、数万年前にさかのぼる。最古の例は、風雨にさらされずにすんだ洞窟や岩陰住居で発見されたものだが、彫刻の場合、野外遺跡で見つかったものもある。彫刻は、絵よりも耐久性があるものの、風化でできた岩面の模様と区別するのがむずかしく、見逃されることが多い。世界には、壁画の伝統がとくに豊かな地域がある。たとえば、スカンディナヴィアやイタリア・アルプスの先史時代の岩面彫刻、メソアメリカの洞窟内の岩絵や岩面彫刻などである。岩面美術の年代測定はむずかしく、旧石器時代からの伝統が途絶えずに残ったオーストラリア、インド中央部、アフリカ南部などの地域ではとくにむずかしくなる。年代測定の糸口として用いられるのが、描かれた情景から読み取れる技術や活動で、たとえば、サハラの岩絵に描かれた荷馬車からは、鉄器時代またはそれ以後の時代だったことがわかる。そのほかにも、時代とともに変化する様式的な特徴や、壁画をおおう堆積物の年代など、関連の考古学的証拠も用いられる。

後氷期初期のサハラ砂漠が緑でおおわれていたことなど、岩絵からは、それを作ったコミュニティの生活様式や当時の環境について知る貴重な糸口が得られる。舞踏や歌など、考古学的証拠が残っていない多くの活動についても、岩絵には描かれている。たとえば、ビンベットカの岩絵に描かれているダンサーの口元には、歌っているようすをあらわすために、歌声が泡のようなもので表現されている。だが、岩絵が意味することは、その表面的な意味とは大きく異なることがある。ありふれているように思える物や生き物でも、現代人が想像もつかない神話や儀式を反映している可能性がある。

1. **イナンケ洞窟、ジンバブウェ** サン族の岩絵には、エランド（岩絵の右下に）がよく出てくる。アフリカ南部のブッシュマンの伝統では、レイヨウを霊界と現世をつなぐ霊媒とみる。
2. **カガ・カンマ岩陰住居、南アフリカ** ブッシュマン狩猟採集民の岩絵には、日常活動が描かれていることが多い。ここでは、ひとりの男性が棒または弓を手にもち、もうひとりが獲物を入れる袋を運んでいる。
3. **フォッサムの岩面彫刻、スウェーデン** この青銅器時代のスカンディナヴィアの岩面彫刻には、男性、シカ、舟が描かれている。すべてが深い意味をもち、舟は、海または太陽の1日の動きを象徴しているのかもしれない（赤い色は一時的に着けたもの）。

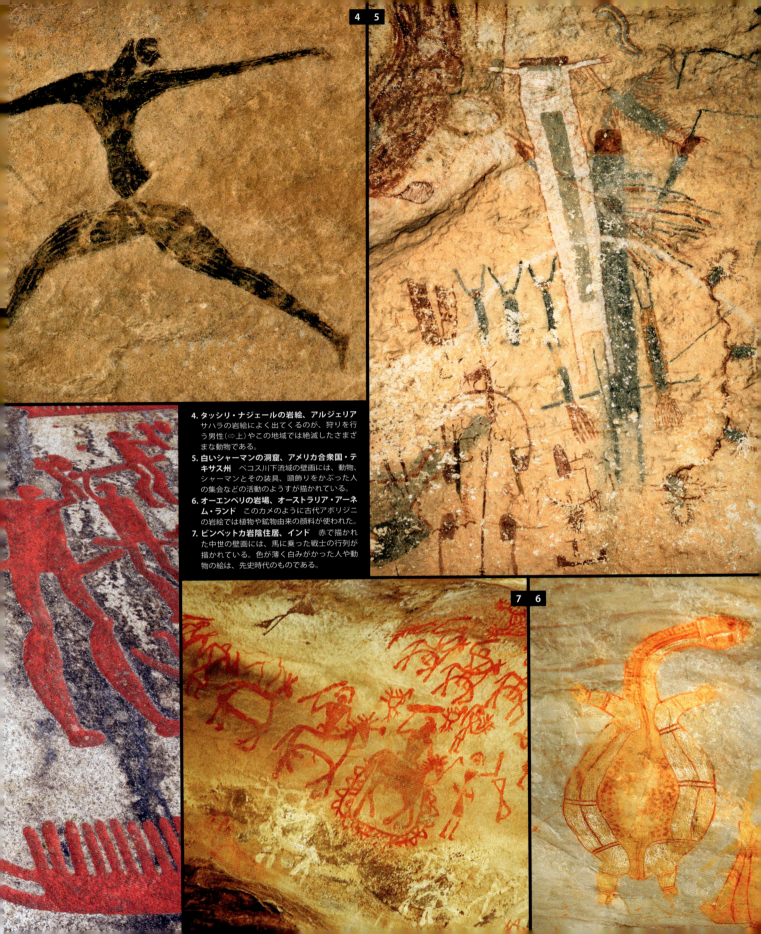

4. **タッシリ・ナジェールの岩絵、アルジェリア** サハラの岩絵によく出てくるのが、狩りを行う男性(⇨上)やこの地域では絶滅したさまざまな動物である。
5. **白いシャーマンの洞窟、アメリカ合衆国・テキサス州** ペコス川下流域の壁画には、動物、シャーマンとその装具、頭飾りをかぶった人の集会などの活動のようすが描かれている。
6. **オーエンペリの岩場、オーストラリア・アーネム・ランド** このカメのように古代アボリジニの岩絵では植物や鉱物由来の顔料が使われた。
7. **ビンベットカ岩陰住居、インド** 赤で描かれた中世の壁画には、馬に乗った戦士の行列が描かれている。色が薄く白みがかった人や動物の絵は、先史時代のものである。

狩猟採集から食糧生産へ

農業は、世界各地で別々にはじまったが、その理由は地域によって異なる。栽培された作物の種類も、農業の発展過程もそれぞれ異なる。農業は、後氷期になって初めて見出されたものではない。狩猟採集民は、植物や動物についてすでに豊富な知識をもっていたし、植物や動物、環境をうまく利用して生産性を高めることもよく行われていた。

作物栽培

植物の遺存体の保存状態にむらがあるため、これまでは穀物や豆類に注目が集まる傾向があった。だが、新技術の登場により、顕微鏡でしか見えないような微小な塊茎や植物の遺存体でも検知できるようになり、初期の栽培についてバランスのとれた全体像をつかめるようになった。後氷期には、多くの地域で、コムギ、オオムギ、コメ、各種雑穀など、収穫量の多い穀物が狩猟採集民の重要な主食となり、保存できる食糧としても役立った。収穫した穀物の種をまいた結果、遺伝子変化が起きたため、選択的種まきを行うことで有利な変化を引き出そうとした。たとえば、小さなブタモロコシの穂が千年かけて大きなトウモロコシの穂軸に変容を遂げ、これがメソアメリカの農業の主要作物となった（⇨ p.218）。タンパク質が豊富な豆類は、穀物と並行栽培されることが多かった。熱帯林地域では、ヤムイモなどの塊茎作物やサゴヤシなどの樹木作物が栽培されたが、その多くに、ほとんど遺伝子変化が現れなかった。やがて、食糧、薬、染料をはじめ、さまざまな用途に使うため、非常に幅広い種類の植物が栽培されるようになった。

野生アインコルン

初期のコムギであるアインコルンは、穀粒が成熟すると穂が壊れて種を放散する。農民は、穂が壊れなかった突然変異種から品種改良を行い、収穫期まで穂が壊れない栽培種のアインコルンを作りあげた。

アインコルンの種

アインコルンの穂

畜産

家畜化に適しているのは、特定の動物に限られ、おもに牧畜しやすい群れを作る種である。そのため、家畜化は世界の一部の地域でしか行われなかった。たとえば、メソアメリカでは、適当な群れを作る動物がいなかったため、農民は相変わらずタンパク質源を野生動物に頼っていた。野生の繁殖個体群からの隔離に加えて、意図的な育種などの人的管理による淘汰圧が加わり、家畜に変化が現れた。ヒツジとヤギは、アジア西半分の2つか3つの地域で家畜化され、そこから広く普及していった。ブタは、旧世界の多くの地域で家畜として飼われていた。新世界で飼い馴らされた群れを作る動物は、ラマとアルパカのみである。野鶏やほかの鳥類も、多くの地域で飼育された。

ミノア文化の雄牛の形をした聖杯

家畜

ヒツジやウシなどの初期の飼育種は、選抜育種が行われて小型化し、手なずけやすくなった。とくに顕著な例として、巨大で獰猛な野生のオーロックスが家畜牛に姿を変えた。

北アメリカ東部

アカザ	
タデ	
ミナトムギクサ	
メイグラス	
カボチャ	
絶滅したキク科植物	
ヒマワリ	

北アメリカ南西部

リュウゼツラン	シチメンチョウ
アマランス	
テパリービーン	

メソアメリカ

アボカド
ヒョウタン
トウガラシ
インゲンマメ
トウモロコシ
ベニバナインゲン
カボチャ
トマト

ユカタン半島

カカオ
綿

アマゾン南部

チリ
インゲンマメ
マニオク
ピーナッツ
カボチャの一種

熱帯低地

クズウコン
バターナッツカボチャ
チリ
インゲンマメ
グアヴァ
マニオク
ライマメの一種
サツマイモ
ヤムイモ

アンデス地帯

アマランサス	アルパカ
コカ	テンジクネズミ
ライマメ	ラマ
綿	バリケン
タチナタマメ	
ジャガイモ	
キヌア	
カボチャ	
タバコ	

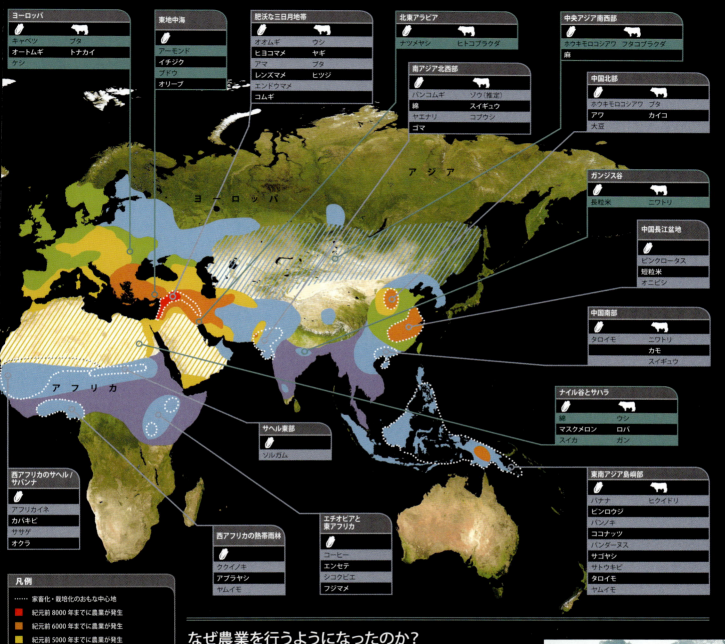

なぜ農業を行うようになったのか？

人間の管理下で収穫量が増加し、安定した食糧源を確保できるからである。だが、狩猟採集民は幅広い種類の資源を利用し、たとえどれかが手に入らなくても、代わりの食糧を確保できるのに対して、農業は重労働で、大きなリスクも伴う。しかし、人口増加で資源がひっ迫するなか、幼児を間引きするよりも農業のほうが好ましいと考えるようになったと思われる。農業を行うことで長期定住が可能になり、野生の食糧源が枯渇しても保存可能な食糧を確保できるようになったこと、家の近くで好きな食糧を栽培できることなどが、その理由である。家畜が予備の食糧源となり、困窮したときに食べたり、売ったりすることができた。穀物栽培や家畜の飼育は、当時重要な社会活動であった祭礼を目的として行われていたとも考えられる。

焼畑農業

熱帯地方では千年の歴史をもつ農法で、樹木を伐採して燃やすことで雑草の種を死滅させ、灰質の土壌を作りだす。できた土壌は、3〜5年間は非常に肥沃な状態を維持する。

農業の普及

多くの地域で植物栽培や動物の家畜化が行われるようになった。栽培植物や家畜の一部は、新天地に移住した農民や交易により広められた。ときには、生産性に劣る地元の栽培種や飼育種に取って代わることもあった。また、さまざまな環境に拡散していくなかで、新たな条件に適した新しい変種が出現した。

狩猟採集から食糧生産へ | 207

西アジアと南アジアの農民

後氷期初期に、トルコ東部とそれ以南の地域に農業コミュニティが出現し、エンマーコムギやアインコルン、オオムギ、アマ（種子の油や繊維用）のほか、レンズマメ、ヒヨコマメ、ソラマメなどの豆類を栽培するようになった。西アジアでは、紀元前7000年には、中央トルコからイラン東部や南西部にいたるまでのさらに広い地域に農業が普及し、家畜としてヒツジ、ヤギ、ブタ、ウシの飼育も行われていた。

おもな集落
最古の農業集落は、西アジアの肥沃な三日月地帯という円弧状の地域に位置する。このあたりから、トルコ、イランを経て、さらにその先へ広がる西アジアの各地域に農業が普及していった。また、南アジアの一部地域でも独自に農業の発達がみられた。

西アジア

最終氷期後期、西アジアの丘陵森林地帯では、おもにコムギやオオムギ、豆類などに依存する定住型の狩猟採集民の村が出現していた。紀元前9600年以後の無土器時代または先土器新石器時代になると、その子孫たちがこうした植物の栽培をはじめた。狩猟も続けていたが、しだいにヒツジやヤギの飼養も行われるようになった。ウシやブタの家畜化がはじまったのは、少し後になってからである。テル・アブ・フレイラ（シリア）に代表されるような、円形や長方形の住居が並ぶ小さな村で人々は暮らし、村は水辺近くに築かれることが多かった。だが、エリコ（イスラエル）は2.5ヘクタールと、かなり大きな村だった。この村を取り囲む、堂々とした塔をもつ巨大な石壁は、おそらく洪水から村を守るためだったと思われる。このころには、麻の編布や織布も作られていた。

紀元前7000年以降、メソポタミア北部平野などの新しい地域に農民が拡散していき、一部の地域では遊牧生活が重要となってきた。粘土で単純な土器も作られていたが、紀元前6000年には、技術的に洗練された土器となり、装飾として目を引く彩色文様が施されていた。

エリコ出土の頭骨
先土器新石器時代の集落では、死者を住居の下に埋葬することが多かった。ときには、頭骨を取り出し、粘土で顔を復元することもあり、眼窩にはコヤスガイをはめ込むのが一般的だった。

キプロス島の新石器時代の住居
キプロス島は、紀元前9000年には移住者がいた。石と漆喰を塗った泥レンガでできた住居は、紀元前7千年紀のヒロキティア村に復元された。

チャタルヒュユク

チャタルヒュユクは、当時としては格別大きい集落である。紀元前7400～6200年には、広さ13ヘクタール、最大8000人が住んでいた。どの家屋も似通っており、社会的階級が存在した証拠は見つかっていない。肥沃なコンヤ平野（トルコ）に位置する絶好の立地で、穀物を栽培する土地やヒツジの大群を放牧する牧草地にも恵まれていたが、この集落の規模については、今でも謎が残る。住居内部は漆喰が塗られ、ふんだんに装飾が施されていた。たとえば、宗教的な場面（小さくて弱々しい人間に囲まれた巨大な雄牛など）を描いたと思われる絵、幾何学的な図柄、角のある本物の頭骨の上に復元した雄牛の頭部など、泥漆喰による彫像が見られる。死者は、住居の床下に埋葬されていた。

骨でできた食器
チャタルヒュユクでは、まだ発掘が続いているが、生活用品や道具が多く見つかっている。骨で作られた食器は、おそらく黒曜石でできた道具を使い成形されたものと思われる（⇒p.226）。

スプーン
ヘラ
フォーク

集落跡
壁が隣接した住居が密集し、道路がなかった。出入口は平らな屋根にあり、そこからはしごで室内に入る構造になっていた。それぞれの住居には、主室が1つあり、壁に沿って頑丈なベンチが設けられていた。通常、小さめの貯蔵室もあった。

中央アジアと南アジア

西アジアから、イラン高原北部全域に農業が普及し、紀元前6000年にはカスピ海東部に伝来した。カスピ海東部のジェイトゥーンなどの遺跡では、西アジアで一般的な栽培穀物や家畜が見つかっている。乾燥したイラン高原のほかの地域へは、農業の普及は遅々として進まなかった。だが、パキスタンのメヘルガルでコムギ、オオムギ、豆類、ヒツジ、ヤギのほか、地元で家畜化されたウシの痕跡が、紀元前7000年の遺跡から見つかっている。住民が単独で農業を発展させたのか、どのようにコムギ（確かに伝来していた）を手に入れたのか、ほかの穀物や動物も伝来したのか、地元で栽培化・家畜化されたのか、まだ解明されていない。メヘルガルは、当初は季節的居住地だったが、紀元前5500年には人口が増え、大きな村になっていた。このころこの地域では、ほかにも農村が存在していたことがわかっている。南アジアのほかの地域では、紀元前3千年紀に、ガンジス谷でも稲作がはじまっていたが、ウシを飼っていた南インドの狩猟採集民もこのころ、在来植物の栽培をはじめた。

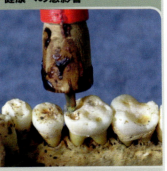

健康への悪影響

農業が健康に悪影響を及ぼすこともあった。穀物の製粉を日課としていた女性たちは、関節炎に悩まされた。穀物を主食とする食生活は、タンパク質やビタミン類が不足することが多く、貧血や骨粗鬆症など、血液障害や骨障害を引き起こし、虫歯も悪化させた。現在知られているなかで最古の歯の治療痕は、新石器時代のメヘルガルのもので、石製のドリルで歯に穴をあける処置が施されていた。

コブウシ
メヘルガル遺跡で見られるウシの骨格形態の変化は、南アジア原産のコブのあるウシ、コブウシが徐々に家畜化されたことをあらわしている。コブウシは、この地域で主要な家畜となった。

メヘルガル遺跡
メヘルガルでは、泥レンガでできた住居と内部が仕切られた貯蔵用の建物（⇒左）が見られる。4000年以上も人々が代々住み続け、大きな町に発展した。

西アジアと南アジアの農民 | 209

ギョベクリ・テペ

最近の一連の発見により、西アジアの後氷期初期の狩猟採集民や農民の非常に変わった儀式生活について、解明の糸口が得られた。トルコのギョベクリ・テペでは、ふんだんに装飾の施されたT字形の巨柱を取り囲む円形の囲いが、1万1000年以上前に建造されていた。

考古学者クラウス・シュミットは、1994年にギョベクリ・テペを発見し、以来、ドイツ・トルコ合同チームで発掘を続けている。シュミットは、この地を、広範囲な場所に及ぶさまざまなコミュニティにとっての中心的聖地とみている。周辺で集落はいっさい見つかっていない。注目に値するのは、建設の開始が紀元前9500年以前で、この地域で農業がはじまる前だった点である。遺跡近くの、T字形石灰岩板が切り出された場所には、未完成の柱がいくつかころがっている。円形建造物の建設や、高さ5m、重量が10トンもある柱の成形・彫刻・運搬・建立には、数百人が協力して取り組む必要があったと思われるが、当時の小さなコミュニティでそれが行われたとは、考古学者にとっても予想外のことであった。

ほとんどの石には、野生動物やそのほかの生き物、幾何学模様が彫り込まれている。動物は、囲いを建造するために集まったさまざまなグループのトーテムをあらわしているか、あるいは、それぞれが住んでいた場所の典型的な動物相をぶしているのではないかとシュミットはみる。一部の石に彫り込まれた人間の肘、肩、手指からは、柱自体を象徴的な意味で、人間に見立てていることが読み取れる。さらに後の紀元前8000年ごろの建造物は、円形ではなく正方形で、はるかに小さく、柱の高さは最大1.5m。動物を模した装飾はほとんど見られない。やがて、遅くとも紀元前8千年紀には、さまざまな動物の骨、岩や土などの生活ゴミで、囲い地は意図的に埋められてしまった。

1. **発掘現場** 毎年4カ月間、発掘が行われている。遺跡調査で、少なくとも20の囲いがあったことがわかっているが、そのうちの6つは、まだ発掘されていない。
2. **捕食動物の彫刻** このうなり声をあげているような生き物については、爬虫類、ライオン、ヒョウとさまざまな解釈がある。多くが獰猛な姿をしており、作者は、自分を取り巻く世界の恐ろしい側面を支配したい、あるいは聖地の守護神としてこうした生き物を取り込みたい、という意思を形にしたと思われる。
3. **石灰岩でできたT字形の柱** 一部の柱には、頂部に浅いカップマークがあり、直径が10～20m以上もある囲い地に立っている。

4. **円形の囲い** 地面に掘られた深い円形の穴のまわりに石垣が築かれ、そこにT字形の柱が配されている。大きい柱2本は、建造物の中心に立っていた。後に新たな石垣が築かれ、内部スペースが狭くなっている。

5. **キツネの柱** この囲い地の中心に立つ一対の柱は、それぞれにキツネをモチーフにした装飾が施されている。キツネが、儀式と日常生活の両面で重要だったことは明らかである。ヘビを除き、キツネ以上に頻繁に描かれた生き物はおらず、囲い地を埋めるのに使用された土からもキツネの骨が多数見つかった。

6. **複雑な図柄** 石によって描かれた図柄は異なるものの、この石に描かれたようなイノシシ、ツル、ハゲワシ、そのほかの鳥類、サソリ、ヘビは、幾何学模様同様、モチーフとしてよく使用された。

アフリカの農民

北アフリカでは、紀元前5000年には農業がはじまり、在来種と西アジア原産種の両方の穀物や動物が利用されていた。紀元前2000年ごろのインドで、東アフリカ原産と西アフリカ原産の穀物が存在していたことから、この地域では、それ以前にすでに農業がはじまっていたにちがいない。だが、これまでに見つかった遺物は、どれもそれ以後の年代のものである。農業は、しだいに普及していき、紀元1千年紀初期にはアフリカ南部まで伝わった。

おもな集落
アフリカ北部で農業が発達し、南部に伝わった。環境にうまく適合した狩猟採集民によるさまざまなコミュニティが混在していたが、やがて農民と牧畜民がそれに取って代わった。

サハラの湖群

最終氷期以後に雨量が増加したことで、現在のサハラ砂漠にあたる地域に、草原、湖、川、湿地ができた。当時そこに生息していたカバやゾウなどの動物は、現在では、サハラ以南地域でしか見られない。この地域や隣接するナイル谷の原住民は、紀元前9000年には、植物性食糧の調理用だったと思われる、波線模様のある土器を作るようになっていた。湖はナイル・パーチなどの魚類に恵まれ、人々は魚を大量に獲る一方で、植物の採集や鳥獣類の狩猟も行っていた。この生活様式は、岩絵に描かれている。紀元前7000年ごろになると、在来種のウシを飼う牧畜もはじまり、おそらく頻繁に起きた短期的な気候変動にも対応できていたと思われる。

空中写真
サハラ砂漠が昔、緑地帯であった痕跡が衛星写真に映し出されている。チャドのウーニアンガ盆地にある10の小湖は、紀元前1万2800～3500年ごろに存在していた1つの巨大湖のなごりである。

緑地帯だったサハラにいた原住民
紀元前6000年以前にゴベロの大きな墓地に埋葬された狩猟採集民。生前は、深い湖のそばに住んでいた。紀元前4000年には、湖はすでに浅くなり、魚類も小型化していた。そのため、原住民はウシも飼っていた。手をつなぎ合った成人女性とふたりの幼い子どもの埋葬の跡は、胸を打つ。

所有や財産

一年中同じところに住むことで、とくにこのような石皿など、移動型コミュニティでは運ぶには重すぎる物を、多く所有できるようになった。また、適切に保存する能力が身に付いたことで、所有権や継承という概念が深まった。農業が盛んになり、農地の長期的改良に労力を注ぎ込むようになるにつれ、そうした考えはいっそう普及していった。

磨石（すいし）
石皿（はんらん）

北アフリカ

紀元前6500年以降、サハラの乾燥化はますます進み、草原が南方に後退して狭くなったため、ウシを飼養する必要度が増した。紀元前5000年ごろに西アジアから伝来したヒツジやヤギの牧畜も、北アフリカ全域で、さまざまなコミュニティが行うようになった。ほかにも、コムギ、オオムギ、アマ、豆類が伝来し、ナイル谷の主要な農作物となった。エジプトやヌビアで農業が定着すると、ガン（ガチョウ）や各種メロンなど、在来の動植物も家畜化または栽培化されるようになった。紀元前3500年には在来種から家畜化され重要な存在になっていたのがロバで、その後、西アジア全土に分布していった。農業集落は、とくにエジプトで栄えた。ナイル川が毎年氾濫し、穀物の栽培に必要な水と肥沃なシルトをもたらしたからである。ナイル川は、豊富な魚や野鳥の供給源でもあった。

212 | 狩猟者から農民へ

ウシの牧畜
リビアのタッシリ・マギデットで見つかったこの例のように、サハラの多くの岩絵には、ウシの群れを放牧したり、多数のウシと共生しながら日常生活を営む人々の姿が描かれている。

サハラ以南のアフリカ

西アフリカと東アフリカで農耕がはじまったのは、おそらく紀元前3000年ごろのことで、地域ごとに異なる穀物を栽培化していた。たとえば、西アフリカではトウジンビエ、スーダン東部ではモロコシ、エチオピアではエンセテ、東アフリカではシコクビエなど。ウシ、ヒツジ、ヤギを飼育する遊牧は、この地域一帯で重要だった。さらに南方の熱帯雨林では、ヤムイモやアブラヤシなどの樹木作物の栽培がおそらく同じころはじまった。ニジェール・デルタでは、紀元前1千年紀にアフリカ米が栽培化された。最近、ンカング（カメルーン）で発見された紀元前500年ごろのバナナ植物化石（微小シリカ体）は、はるか遠方の地と早くから接点があったことを示す驚くべき証拠である。バナナは、東南アジア原産なのだ。

主食
アフリカ全土およびアジアの一部地域で主食のモロコシは、粥、クスクス、パン、ビールの原料となる。

伝統的な穀倉
農業の大きな利点は、穀物などの作物を収穫後長期にわたり保存して使用できることにある。保存する場合、一般に、覆いのある穴や貯蔵容器、穀倉などに作物を入れ、乾燥させ、冷温で虫がつかない状態に維持する必要がある。この穀倉はブルキナ・ファソにあったもので、アフリカの伝統的な穀倉のように、ヨシや草を編んで造られ、円錐形の屋根は草でできている。

人口増加

移動集団は、幼くて歩けない子どもを抱きかかえて歩かなければならないので、2年以上間を置いて出産する傾向がある。だが、定住型コミュニティではそうした制約がないので、女性は毎年出産できる。このように定住は、人口増加に大きく寄与した。また、農業は狩猟採集よりも仕事量が多いが、子どもも家畜の世話などの担い手として役立つので、農民は、大家族をつくることに積極的だった。

アフリカの農民 | 213

稲田
当初、コメは水田では栽培されていなかった。土手で囲まれ、水をためたり排水したりするための溝を設けた耕地が作られるようになったのは、紀元前4000年ごろである。

東アジアの農民

穀物栽培は、早くから中国ではじまり、韓国、日本、東南アジア本土(後氷期には、これらの地域の狩猟採集民コミュニティは高度に発達していた)に伝わった。数千年にわたり塊茎作物や樹木作物が栽培されてきた東南アジアの島嶼部にも、コメ、ブタ、ニワトリが伝来した。土器は、それ以前から広く普及していた。

半坡で発掘された住居
1950年代に、堀で囲まれた半坡村で発掘された46の住居は、ほとんどが円形だったが、一部に正方形のものも見られた。床が部分的に地上より低い構造のものと、地上に建てられていたものとがあった。

黄河流域

中国北部、黄河流域の住民は、おそらく紀元前8000年以前にはホウキモロコシを栽培していたと思われるが、紀元前6000年になると、アワおよび各種の果物や野菜の栽培に加えて、ブタの飼育も行われていた。紀元前5000年には、半坡(⇨左)などの大きな村も出現した。村民は絹織物や麻織物を作り、村の外に設けた窯で美しい赤や茶色の土器を焼いていた。成人は屋外の墓地に埋葬され、子どもは、大きな骨つぼに入れられて村内に葬られた。副葬品に差があり、社会的階級が生まれつつあったことがうかがえる。農業が経済の中心だったが、野生の資源もまだ利用されていた。主要な家畜はブタだが、ニワトリ、スイギュウのほか、少数ながらウシも飼育されていた。紀元前3000年には、中国北部にコメが伝来した。

おもな集落
中国から、農民が南方と西方に進出していった。北東地域の狩猟採集民は、中国原産の穀物と動物を使って農業をはじめ、やがて北西地域にも伝わった。太平洋地域に移住した農民や漁民は、本土原産の動物や東南アジアの島嶼部原産の植物を持ち込んだ。

214 | 狩猟者から農民へ

長江(揚子江)流域

紀元前6000年またはそれ以前には、長江中流域や下流域で、すでに短粒(ジャポニカ)米が栽培されていた。当時の生活のようすを鮮明に伝えるのが水に浸かった河姆渡(ヘムド)遺跡で、縄やさまざまな木工品が残されている。たとえば、犂(すき)、櫂(かい)、木造の共同住宅跡など。ブタが飼育されていたが、野生植物、鳥獣類、魚類、海洋哺乳類も重要だった。紀元前4000年には、地面を耕すのに、先端に石を取り付けた木製の犂を使っていた。おそらく家畜のスイギュウが牽引していたと思われるが、それを示す証拠は、後世のものしか見つかっていない。アワは、紀元前4500年には長江中流に伝来したが、長江下流には広まらなかった。翡翠で作られた装身具やりっぱな土器が一部の墓で見つかったが、すべての墓から出土するわけではなく、社会的階級が生まれつつあったことがうかがえる。

骨器
河姆渡遺跡から出土した動物の肩甲骨は、木製の柄にしっかり固定され、犂や鍬として使用されていた。木や石で作られた犂もあった。

高床式住居
河姆渡遺跡博物館にあるこの復元に見られるように、長江流域の村の住居は、杭の上に建つ高床式で、季節性の川の氾濫で上昇する水位より高い位置に保たれる構造になっていた。

東南アジア

長江地域にいた稲作農民が、紀元前3500年ごろに川の流域に沿って中国南部やヴェトナムに進出し、南西方向のタイやカンボジアにも移住した。タイやカンボジアでは、沿岸や森林の野生資源を糧としていたコック・パノム・ディなどの原住民コミュニティが紀元前2300年以降、徐々に稲作を取り入れた。紀元前3000年には、アワやコメの栽培とブタやニワトリの飼育を行っていた農民が台湾に渡り、フィリピンに進出した後、紀元前2000年には、東南アジアの島嶼部に到達した。そこでは、ヤムイモやタロイモ、サゴヤシやココナッツなどの樹木作物を中心とする別の農業の伝統がすでに深く根付いていた。ニューギニアの高地で行われていた初期農耕は、紀元前7000年にさかのぼる。紀元前1500年以降に太平洋地域に進出した半農半漁民は、それらの植物とイヌ、ブタ、ニワトリを主食としていた。

セキショクヤケイ
セキショクヤケイからニワトリへの家畜化は、中国南部では紀元前6000年、インドでは紀元前2500年までに別々に発生した。

コック・パノム・ディの墓
この埋葬された成人女性には、りっぱな土器と、大きな耳飾りやおそらく衣服に縫い付けられていたと思われる10万個のビーズなど、貝殻でできた装身具が添えられていた。

韓国と日本

後氷期には、韓国と縄文時代の日本の人々は、豊かな生活を送っていた。狩猟や木の実などの植物採集を行い、海産資源や淡水産資源を利用し、通常は、沿岸や河岸でコミュニティを形成して定住していた。縄文人は、凝った土器を作り、貝類や食用植物を調理するのに使用していた。また、紀元前4千年紀後期には、在来植物も栽培していた。50〜100世帯が住む集落、三内丸山(さんないまるやま)では、6本の太い木柱でできた高さ14.7mの構造物が建てられていたが、おそらく見張り塔、または社(やしろ)だったと思われる。雑穀は、紀元前4000年には韓国に伝わり、のちに日本に伝来した。紀元前3千年紀にコメが韓国に伝わり、急速に重要度を増していった。コムギ、オオムギ、麻(西方から中央アジアを通り中国に伝来)も青銅冶金技術とともに、同じころ韓国に到来した。コメ、コムギ、冶金は、紀元前1千年紀初期に日本に伝わった。

調理と保存

移動民は、袋や籠などの携帯できる容器を必要とする。だが、定住型コミュニティは、石などの重いものや、粘土などの崩れやすいものも使用できる。土器(焼いた粘土)は紀元前1万4000年ごろ、初めて日本に出現した。ここに示された土鍋は、のちに作られた特徴的な縄文土器の例である。一般的な保存に役立つ土器は、防水性と耐火性もそなえるので、液体の加熱に使用できる。おそらく、土器が料理に革命をもたらしたと思われる。煮ることで食べ物が消化しやすくなり、食材を一緒に炊くこともできた。

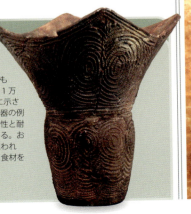

東アジアの農民 | 215

ヨーロッパの農民

農業がヨーロッパに伝わったのは紀元前 7000 年ごろで、紀元前 4000 年には、ヨーロッパ全土でおもな生きる術(すべ)となっていた。だが、多くの地域で、野生資源もまだ重要だった。西アジア原産の栽培植物や家畜を携えた農民が移住してきた地域もあれば、地元の狩猟採集民がそうした栽培種・飼育種を取り入れた地域もあった。ヨーロッパ原産種の栽培化や家畜化も行われた。

おもな集落
気候や環境の違いという試練に適応しながら、ヨーロッパ全土に農業集落が広がっていった。

ハンブルドン・ヒル
イギリスにある新石器時代の土手道付き囲い地は、さまざまな目的に使用された。ここは、のちの鉄器時代には砦となったが、集落のほかに、死者を野ざらしとする場所があり、その後、選別した骨を墳墓に埋葬した。写真後方の長形墳である。

ギリシャとバルカン半島

紀元前 7000〜6000 年にアナトリア(トルコ)出身の農民がギリシャとバルカン半島一帯に散らばり、肥沃な平野に定着した。コムギ、オオムギ、豆類の栽培、ヒツジやヤギの飼育を行い、泥レンガ、または木造で泥を塗り付けた長方形の住居が集まる村に住んでいた。とくにバルカン半島のカラノヴォなど長い歴史をもつ集落は、大きな丘(テル)を形成するほどに膨れ上がった。当初飾りのなかった土器が、のちに幾何学的彩文が施されたものとなり、人間や動物を模した小立像も作られるようになった(⇨ p.222)。宗教に関連があると思われるような像も作られていて、ネア・ニコメデイアでは、聖堂と思われる大きな建物内でそうした像が数多く見つかった。道具を作る材料には、木や石が使われていた。なかにはメロス島産の黒曜石(火山ガラス)も見つかるが、これは農民と地中海の狩猟採集民とを結ぶ物々交換ネットワークにより得たものかもしれない。また、沿岸部の農民は有能な船乗りでもあった。

住居内部
1 部屋しかない住居には、炉、つまり粘土でできたかまどのほか、調理・保存用の土器があった。写真はギリシャ北部の例。

地中海

地中海の狩猟採集民は、紀元前 7000 年以降、魚類、とくに遠洋性のマグロへの依存度を増していった。航海を行うことで、地域間交流や、物やアイデアの交換が促進された。そのひとつが陶芸で、地中海のコミュニティは、ほかの地域とは異なるタイプの押型文(おしがたもん)土器を作りはじめた。しだいに、西アジア原産の動物や穀物も伝播していった。最初は、野生資源の不足を補う程度だったが、時とともに、その重要度を増していった。アナトリアや南東ヨーロッパから来た農民のなかには、地中海地方の一部地域、とくにイタリア南部に移住するものもいたと思われる。イタリア南部では、紀元前 6000 年には、掘割の囲いのなかに集落が築かれていた。農業は、イタリア北部、スペインやフランスの内陸部へと徐々に普及していった。

装飾用道具
地中海では、初期の土器に押型文様を施すために、鋭利な道具が用いられていたが、最もよく使われていたのがザルガイの殻の縁である。

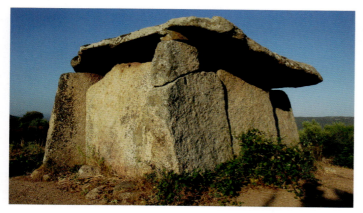

巨石墓
後世の農民は、さまざまな種類の巨石墓を造ったが、共同墓地が設けられることが多かった。地中海西部にもあるが(その 1 例がこのコルシカ島ドルメン)、おもにヨーロッパ大西洋岸地域で見られる。

216 狩猟者から農民へ

中央ヨーロッパ、西ヨーロッパ、北ヨーロッパ

紀元前5600年ごろに中央ヨーロッパにも出現するようになった農業コミュニティは、厳しい冬、大雨、深い森に適応することを求められた。おもにウシを飼い、開けた河岸段丘を耕作して、そこに小規模な線状にのびる集落を築き農業を行っていた。傾斜のきつい屋根と張り出した庇をもつ長方形の共同住宅では、さまざまな用途に木が使用されていた。線模様のある土器にちなんで線帯文土器文化（LBK）と呼ばれる文化を営む人々が急拡散し、紀元前5200年にはパリ盆地に到達した。農業は、紀元前4000年には、西ヨーロッパを経て中央ヨーロッパ、北ヨーロッパ、東ヨーロッパにまで伝わった。農民の新しい土地への移住と狩猟採集民による混合経済、農業経済への変化が背景にある。森林の伐採や木工細工によく使われていたのが磨製石斧で、その材料となる石は、切り出され、広く交易が行われていた。

ブタの家畜化
ヨーロッパの農民は、西アジア原産の穀物を生産し、動物を飼育する一方で、在来植物の栽培も行っていた。地域によっては、イノシシの家畜化も行われていた。

住宅建築

狩猟採集民も1カ所に定住する場合があったが、穀物やそのほかの作物を一年中利用できるように保存する農民にとっては、定住するのが普通だった。定住型コミュニティであれば、労力や資源を投じて、恒久的な備品とともに住居を建造することができた。家具の痕跡はほとんど残っていないが、家具が石で作られていたスコットランドのスカラ・ブレイの場合は例外である。ここの家々には、化粧ダンス、箱形ベッド、壁に造り付けられた棚、床に埋設された防水箱、椅子、中央の炉などがそなわっていた。

湿地帯の集落

湿地や湖岸の集落は、水に浸かっていたために保存状態がきわめてよく、初期のヨーロッパ人の生活のようすを細部までうかがい知ることができる。ヨーロッパの農民にとって、野生の植物や水鳥、鳥獣類、魚がなおも重要だったこともわかる。こうした集落では、麻布やさまざまな木製道具などが見つかっている。イングランド西部のサマセット・レヴェルズでは、湿地帯を横断する道に木材が使われ、石器時代の住民が定期伐採などの高度な森林管理を行っていたことがわかる。

水中の遺跡
オーストリアのモントゼーの湖底に残された杭は、後期新石器時代、湖畔にあった住居に使われていたもので、高水位のときでも浸水しないように住居を支えていた。

南北アメリカ大陸の農民

旧世界とは大きく異なり、南北アメリカ大陸には、家畜化に適した、群れで暮らす動物があまりいなかった。アンデス地方以外の農民は、狩猟で肉を手に入れていたが、イヌを使うことが多かった。イヌは、のちに荷を牽引したり運んだりする役畜として使われるようになった。

おもな集落
農業は、メソアメリカや南アメリカ北部で早くから発達し、のちに北アメリカの東部や南西部でも発達した。ほかの多くの地域では、狩猟採集民が環境にうまく適応して築きあげた多種多様な生活様式が残っていたが、ヨーロッパ人の進出とともに壊滅した。

トウモロコシの進化
ブタモロコシの穂や小さな粒が、時間をかけて、丸々とした粒がぎっしり詰まった大きなトウモロコシの穂軸に変容した。

メソアメリカ

メソアメリカの狩猟採集民は、紀元前8000年には、カボチャやユウガオなど特定の野生植物の種まき、植え付け、世話を行っており、栽培化のはじまりとなった。さまざまな地域のコミュニティ間で在来植物の交換や伝播が行われ、時とともに栽培する植物の種類が増え、紀元前4500年にはトウモロコシが加わった。だが、何千年ものあいだ、食生活における農業の貢献度は微々たるもので、野生の季節資源を求めて、人々は相変わらず移動生活を送っていた。しかし、紀元前1600年になると、トウモロコシの穂軸が肥大化し、定住村落を支える主食にできるだけの収穫が得られるようになった。また、豆の栽培、シカや野鳥などの狩猟のほか、魚を獲ることでタンパク質も摂取できた。最近、植物学的証拠により、地峡部や南アメリカ北部の熱帯雨林に住んでいた狩猟採集民が早い時期、紀元前6000年ごろには、サツマイモ、カボチャ、豆などの幅広い種類の根菜や塊茎作物、グアヴァなどの樹木作物などを栽培していたことが明らかになった。

アマゾン

アマゾンの初期集落が知られるようになったおもなきっかけは、大きな村と関連する沿岸の貝塚である。居住者は、陸生哺乳類や海洋哺乳類の狩猟、野生植物の採集、漁労のほかに、おそらく紀元前6000年には、植物の栽培をはじめていたと思われる。内陸部で早くから農業が行われていたことを示唆する間接的証拠がある。たとえば、アンデス地方で栽培されているが、じつはアマゾンで栽培化されたにちがいない植物や、アマゾンの主要作物となったマニオクの加工用おろし器に使われていた細石器などだ。

マニオクの塊茎
マニオクからは栄養価の高いでんぷんが採れるが、有毒なシアン化物を取り除くために、まず、すりおろし、水に浸し、搾り、最後にあぶり焼きにするか茹でる必要がある。

アンデス地方

アンデスには、沿岸から高地の草原まで、対照的と言えるほどの多様な居住環境が、比較的短い水平距離に沿って点在していた。そのため、垂直的経済が発達し、垂直的な移動や交易を通じて、さまざまな地域の資源を利用できた。紀元前8000年以降、アンデス地方のさまざまな場所で初期農業がはじまり、トウガラシ、豆、カボチャ、ジャガイモ、穀物のキノアなどの作物が栽培された。紀元前5000年には、高原地帯でモルモット（食用）、ラマ、アルパカが家畜化されていた。この地域の季節的遊牧宿営地が、のちに穀物を栽培する定住集落となった。物々交換ネットワークを通じて、アンデスの地域間では栽培植物が伝播していき、アマゾンや地峡部の熱帯雨林からは多くの植物、メソアメリカからはトウモロコシが持ち込まれた。沿岸部の住民は、おもに豊富な海産資源に頼っていたが、沿岸平野部の雨が降らない渓谷で植物の栽培も行った。たとえば、釣り用ウキにするヒョウタンや、網、釣り糸、織物を作るための綿など。南部のチンチョーロ辺りの住民は、死者、とくに子どもの遺体をミイラ化することもあった。おそらく、儀式で見せるためだったと思われる。

北アメリカ

紀元前2000年以降に、メソアメリカから栽培種のトウモロコシ、豆、カボチャが北アメリカ南西部に伝来した。紀元前1300年には、灌漑用水路や棚田の知識も伝わっていた。のちに、在来植物の栽培が行われるようになったが、一方でメソアメリカ原産のほかの穀物も導入された。紀元前800年ごろまでに、シチメンチョウも家畜化された。北アメリカ東部では、川や湖、森林に依存していた狩猟採集民が、紀元前2500年以降に在来植物の栽培もはじめた。広く交易を行い、貝殻や五大湖で採れた銅などを流通させていた。

プレ＝プエブロ竪穴式住居
南西部の初期農民が住んでいたのは竪穴式住居の村であり、住居の屋根は木の棒と泥でできていて、それを中央の柱が支える構造になっていた。内部には炉跡があり、屋内または屋外に貯蔵穴が設けられていた。

チンチョーロ文化のミイラ
紀元前5000年ごろから、チンチョーロの狩猟採集民は、死者をミイラ化するようになった。肉を取り除き、骨格を補強し、身体に植物やほかの物質を詰めた。皮膚には粘土を塗った後、彩色が施されていた。

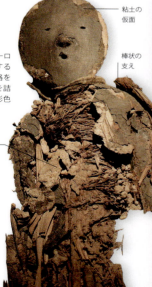

ヴァルディヴィアの小立像
紀元前4500年ごろに南アメリカで初めて土器を作ったのは、エクアドル沿岸部、ヴァルディヴィアの農業兼漁業者である。石を使い、「ミニマリズム」風のすぐれた人物像も作っていた。

家畜化されたラマ
アンデスに住むコミュニティにとって、ラマは荷役動物として貴重だったし、アルパカは、毛を利用するために飼われていた。野生の近縁種、ビクーニャやグアナコ同様、ラマとアルパカも肉や皮の供給源だった。

動物の有効利用

動物を飼養する目的は、当初は肉・皮・骨を利用し、糞を肥料にするためだった。農作物の余剰分を餌として与えた動物が予備の食糧となり、大きな群れは、富と名声を意味した。だが、乳・毛・卵の供給源として、また牽引や運搬など、さまざまな用途に利用されはじめると、家畜の重要度は一気に増した。

畜産物

動物は、食べてしまうと、もう役には立たない。ウシ、ヒツジ、ヤギ、ラクダ、ウマからは乳、ヒツジやアルパカからは毛、ほかにも卵など、生きた動物から再生可能な資源を取り出すようになると、生産性が著しく向上した。ヨーロッパで搾乳がはじまったのは紀元前5千年紀だが、西アジアでは、おそらくはるか以前にはじまっていたと思われる。ミルクの生産にともない、広い地域で新しい形の土器が現れた。野生のヒツジや初期の飼育ヒツジでは、冬の短い下毛が春には抜け落ちたが、織物を作るには役立たなかった。しかし、西アジアでは、紀元前4千年紀になると、織物に適した毛をもつヒツジが育種され、ヨーロッパや中央アジアに急速に広まった。

ソアイヒツジ
ソアイヒツジなどの原始的な種は、毛が抜け落ちるので、引っ張ったり、クシですいたりして毛を取っていた。後世の種は、毛を刈り取るようになった。

毛と紡錘
石、貝殻、土器といった材料で作られた紡錘車（紡錘の重りとして使われた円盤）が考古学遺跡でよく見つかる。毛を利用するためにヒツジが飼われるようになると、糸紡ぎが女性の果てしない仕事となった。

乳糖耐性

乳児期には、ラクターゼという酵素（ミルクに含まれる糖分である乳糖を消化する）がつくられる。ラクターゼが欠乏すると、乳糖が吐き気、胃けいれん、下痢を引き起こすことがある。ミルクをバター、ヨーグルト、チーズに加工すると、乳糖がほとんど取り除かれ、消化しやすくなる。東アジア人、アメリカ先住民、ほとんどのアフリカ人を含む多くの人は、幼児期を過ぎると、この酵素の生成が止まってしまう。民族によっては、一部の人に乳糖耐性がそなわっていることがあり、北ヨーロッパではその割合がとくに高い。祖先のなかに、牛乳が不可欠な食生活を送っていた人々がいたため、成人期でもこの酵素を生成できる能力が、自然選択により民族に受け継がれているからである（⇨ p.36）。

ウシの搾乳を行うエジプト人
エジプト、サハラ、メソポタミアの壁画には、古代の搾乳のようすが描かれている。通常、雌牛の子どもをそばに置き、ミルクが出やすくなるようにした。エジプト人とは異なり、シュメール人の農民は、ウシの後ろに座り、搾乳を行った。

動物を使った労働

運搬や牽引に動物を使うことにより、はるかに大きな成果を上げることができた。ロバ、ウシ、ラマ、ラクダ、ウマだけでなく、イヌやヒツジも荷役動物として利用された。車輪が発明されると、動物が本来運べるよりずっと重い荷物でも引っ張ることができるようになり、生産性がさらに向上した。紀元前5千年紀に発明された犂を引くのに、西洋ではウシ、東洋ではスイギュウが使用された。通常は役畜であるロバだが、人が乗ることもあった。ウマは、権威を誇示するための動物で、おもに戦闘馬車に使用された。鞍や性能のよい轡が開発された紀元前1千年紀までは、人がウマに乗ることはめったになかった。アジアでは、肉や毛皮をとり、牽引や運搬に役立てるため、フタコブラクダが使用されていた。ヒトコブラクダは、当初はおそらく濃いミルクを搾るために使用されたと思われるが、紀元前1000年には、荷役動物や乗用動物としての重要度が増し、交易者や遊牧民によるサハラ砂漠やアラビア砂漠の開拓を可能にした。アンデスでは、物の交易や地域間の運搬は、ほとんどラマに頼っていた。

古王国の農夫
犂を使うことにより、草原や硬い地面の開墾が可能になり、農夫1人あたりの耕作面積が大幅に増えた。犂は、人間が引くこともできるがむずかしく、一般に動物を使って引いていた。

犂を操作するための支柱(柄)

従順に力を合わせて犂を引くウシ

車輪と戦争

紀元前4千年紀に車輪を使った移動手段が発明され、実用面で多くの便益が得られたが、さらなる開発にいっそうのはずみをつけたのが戦争だった。兵士たちに姿が見えるように、戦争指導者たちは、頑丈な車輪を4つそなえ、ロバにひかせた戦車に乗った。軽量化されたスポーク型車輪が2つ付いた、ウマに引かせるタイプが開発され、紀元前1300年には、エジプトから中国にいたるまでの地域で、高級な乗り物として利用されていた。馬車は、やがて、戦場を行き来するための精鋭的な移動手段から、効率的な戦闘用車両へと姿を変えていった。

ステップ地方への移住

中央アジアには広大な草原が広がり、良質な牧草地に恵まれていたが、ほかに長所はほとんどなかった。だが、3つの技術的進展がこの地域への移動や開拓を可能にした。搾乳が再生可能な食糧源をもたらしたこと、荷車で人やテントなどの持ち物を運べるようになったこと、当初はウシ、のちにはウマが、荷車を引く役畜として使われるようになったことである。ウマは乗るためにも使用され、遊牧民は動物の牧畜を簡単に行えるようになったほか、必要なときに迅速に移動できるようにもなった。また、ウマのミルクや肉も利用された。紀元前1千年紀には、この地方の各地で完全に定住型の遊牧コミュニティが生まれた。ステップ遊牧民は、ごく小規模ながら農業を営むことも多かった。立ち寄った場所で穀物を植え付け、後でそこに戻り、収穫したのである。また、ステップ地方辺境での定住コミュニティ間の交易や略奪により、穀物やほかの農産物を手に入れていた。

刺青のある氷の少女
寒冷なアルタイ地方に残された多くの放牧民の墓は、地中で凍っていたため、遺骸や有機物でできた人工遺物が完全な保存状態で見つかることが多い。全身に刺青の入った若い女性もその例で、2400年前に埋葬されたと思われる。

ヒツジの牧畜
ステップ放牧民は、ヒツジ(⇨下)やヤギ、ウシ、ウマに常に新鮮な牧草を与えるため、頻繁に移動していた。無計画に放浪するわけではなく、毎年決まったルートをたどっていた。

動物の有効利用 | 221

工芸の発達

工芸品は、道具としてだけでなく、芸術的創造性を表現する手段としても、人類の発展で重要な役割を果たしてきた。工芸品が映し出す卓越した技能、忍耐強い作業、技術的発見は、それまでの営みの成果が基礎となっていることが多い。たとえば、暖房、調理、防衛を目的として火を自由に使いこなせるようになったことが、陶磁器、冶金、ガラスの出現につながった。

粘土と砂

陶器類は、その実用性だけでなく、形状や装飾を自在に操ることができる芸術的・文化的表現手段でもあった。表面に彩色、彫刻、押型を施すだけでなく、切り抜いたり、ざらざらにしたり、粘土片を追加して成形することもできた。壺は、一般にコイル状や板状の粘土を積み重ねる手法で作られていた。陶器類の焼成には、単純な焚火窯が使われることが多かったが、より進化した窯が登場するようになった。燃焼室の上または横に焼成室を設けたもので、焼成状態をうまく管理することにより、はるかに高温での加熱が可能になった。この技術は陶磁器だけでなく、冶金など、ほかの分野にも恩恵をもたらした。

陶磁器の一種であるファイアンスが作られるようになったのは、紀元前5千年紀である。石英を砕いたものにアルカリ(カリなど)、石灰を混ぜてペースト状にし、金属酸化物(通常は銅)で色付けしたものを成形。焼成すると、表面が溶けてガラス状の釉薬に変化し、内部の粒子が焼結(付着)した。さらに紀元前2200年には、ガラスが発明された。

陶工ろくろ
紀元前3400年ごろに西アジアで陶工ろくろが発明され、大量生産が行われるようになった。手で成形する方法とは対照的に、ろくろを回し続けることで、均一な壺を素早く製造できた。

カラノヴォのシカ形飲み物容器
一部の文化では、並はずれた想像力に富む容器形状を編み出し、人や動物の形を模した飲み物容器や入れ物、壺などを作っていた。その例が、バルカン半島から出土したこの新石器時代のシカ形容器である。

ファイアンスのカバ
一般に、ファイアンスで作られていたのは小物だけで、小さな瓶、印章、ビーズ、ペンダントのほか、この愛らしいエジプトのカバのような小立像などに使用された。灰色の部分は、釉の表面が摩耗した跡である。

優れた職人の技

古代では、木、皮、骨、角、シカの枝角、象牙、石など、さまざまな材料に加工が施されていた。シンプルな道具しか使っていないにもかかわらず、その仕上がりに驚かされることがよくある。硬い石は、ハンマーストーンで成形し、砂岩または濡れた砂を研削・研磨剤として使い、道具や装身具、彫刻に仕上げていた。石製や金属製のドリル(錐)を使ってビーズに孔をあけるときにも、研削・研磨剤が使われていた。貝殻は、ビーズや腕輪などの装身具、衣服の装飾、象眼の材料として人気があった。鉄鉱石も装飾材として用いられていた。たとえば、レッド・オーカー(酸化鉄)は、顔料として広く使用されていたし、メソアメリカでは、磁鉄鉱やチタン鉄鉱を切削して形作り、研磨した後、さらにピカピカに磨きあげて高位者用の鏡を作っていた。工芸品の価値は、材料の希少性や美しさ、最終的な見栄えだけでなく、作者の技能、投じられた時間や努力によって決まっていたとも考えられる。

ビーズ作り
ビーズは、骨や貝殻(これはパレスチナ出土のネックレス)、貴石などさまざまな材料から作られていたが、貴石でとくに人気があったのが瑪瑙や紅玉髄などの玉髄。

オルメカの翡翠でできた人頭
並はずれて硬い翡翠は、さまざまな文化において、彫刻、磨製石斧、宝石類ほかの権威誇示品の材料として珍重された。

222 | 狩猟者から農民へ

織物

初期の織物は、亜麻、麻、綿などの植物繊維で織られていた。羊毛は織るかフェルトに成形されたが、フェルトは青銅器時代から知られた技術で、編み物が出現するのは、後世になってからである。織物は、衣類だけでなく、毛布、テント、帆にも使用されていた。植物顔料や鉱物顔料を使った布の染色も行われていた。南アメリカでは、アルパカの毛を使い、綿布に刺繍を施すこともあった。チャビン時代（⇨ p.242）には、つづれ織り、絞り染め、ろうけつ染め、絵付けも装飾技術の仲間入りをしていた。単色や多色のたて糸とよこ糸の組み合わせを変えることにより、さまざまな織模様を作りだすことができた。織物は、変化に富んでいたこともあり、さまざまな文化において非常に重要な存在だった。

絹

蚕の繭を形成する絹は、1000 mにも達する1本の繊維で、蚕蛾が出てくるときに繭が破れる。だが、繭を熱湯につけると（幼虫が死ぬ）、繊維を結合していた粘性物質が溶け、絹糸を巻き取りやすくなる。紀元前5千年紀には、中国で使用されていた絹が人気の高い商品となり、西洋と東洋間の交易を促進させた。

織機
多くの地域で使われていたのが単純な腰機で、これは、たて糸に張力を掛け続けるために、糸の自由端を支柱（木など）に結びつける仕組みだった。地機（水平織機）は、アジアで広く普及していた。このイタリアのヴァル・カモニカの岩面彫刻に描かれているように、ヨーロッパで使われていた竪機（垂直織機）には、たて糸に重りが付いていた。

服装とアイデンティティ

宝石類や装飾のある衣服が着用されるようになったのは、氷河時代後期以降である。装身具としての機能のほか、個人のアイデンティティの目印として、特定のコミュニティの一員であることや、世代（子ども、成人、既婚者、高齢者）、性別、地位を示す働きがあった。社会が複雑化、不平等化してくると、社会的役割も多様化し、その識別のために必要となる目印も多様化した。日常生活のなかで、衣服、髪型、装飾品のほか、役職をあらわす記章や仕事道具などの物を通して、地位や役割を判断できた。目に見える目印により、出会った相手に社会的アイデンティティがはっきり伝わるので、どのような態度やあいさつをしたらよいのか判断しやすかった。死後でさえ、個人が生前に担ったさまざまな役割が副葬品に反映されていた。

服装に関する決まりごと
ここに示された古王国の情景には、エジプトにおける社会的アイデンティティの手がかりがいくつも見られる。質素な布を巻き付けているのが労働者、凝った服にネックレスをつけ、棍棒と杖をもっているのが執事、ドレス（赤）を着ているのが女性である。

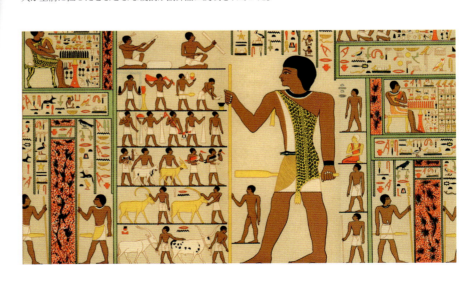

工芸の発達 | 223

銅器時代のヴァルナ墓
紀元前4500〜4000年のものとされるブルガリアのヴァルナ墓地では、300ある墓で、副葬品の数や豪華さに大きな差があった。この男性の場合、衣服に縫い込まれた円板など990個の金細工が副葬されていた。

金属加工

冶金が発達した理由は、地位を誇示するための豪華な品を作る材料として、金属が社会的に重要だったことにある。その後、合金が開発されて初めて、金属は道具や兵器の材料としても重要となった。

ハンマーから窯へ

西アジアでは、紀元前9000年以前から、純金や純銅の塊の冷間鍛造成形が行われていた。北アメリカ東部では、紀元前3000年ごろから、古銅器文化において五大湖産の銅を冷間鍛造し、小物の製造や交易を行っていた。銅鉱や鉛鉱の製錬は、紀元前7000年以降に西アジアではじまった。また、紀元前6千年紀には、金属を溶融できるほどの高温に加熱できる窯が登場し、鋳造が可能になった。紀元前5千年紀には、平たい形状物を作る単純な鋳型が進化して、三次元の物体を鋳造するための精巧な鋳型が現れた。長い間、金属は、おもに富や重要性の象徴として使用された。

古代中国の斧
古代中国の斧は、おもに人身御供などの儀式目的において使用されていた。

金属の道具への使用

紀元前4200年ごろには、ヒ素を含む銅鉱石を選び、銅よりも硬く、もっと道具に適した合金を作っていた。紀元前4千年紀後期に、銅に錫が添加されるようになり、さらに硬い合金である青銅が誕生した。これも、権威誇示品の材料だったが、道具を作るのにも使用された。冶金が東アジアに伝来したのは、紀元前3000年ごろで、紀元前1700年ごろに中国で、凝った装飾のある容器を作るための分割鋳型が開発された。南アメリカでは、紀元前2000年以降に金加工や銅加工がはじまり、すぐに高度な技術が開発された。

銅インゴット
地中海では、紀元前2千年紀に、特色ある銅や錫の牛皮型インゴット（塊）が交易されていた。

採鉱

金や錫は、パンニング（椀掛け）で採ることができたが、金属は採掘していた。鉱床の性質や深さにより、露天掘り穴、または木の支柱で支えられた立て坑や放射状の坑道が掘られた。火力採掘で割った岩盤を、鹿角製のツルハシやテコ、石製ハンマー、木製クサビを使って取り出し、石器で破砕して鉱石を抽出するという方法が用いられた。バルカン半島のアイブナールとルドナ・グラヴァで紀元前5千年紀のものとされる注目すべき銅山が見つかっている。鉱石は、鉱山の近くで製錬されることが多かったが、それには安定した材木供給源が必要だった。

ヨーロッパにおける冶金

バルカン半島では、紀元前5500年ごろに、銅の製錬や鋳造、みごとな金加工の伝統が発達した。紀元前2500年にはヨーロッパ一帯に普及していた冶金が、東部や北部では縄目文文化、西部ではビーカー文化へ展開していった。金製や銅製の装身具や短剣など、さまざまなものがステータスシンボルとして使用された。青銅加工が広く普及したのは紀元前1800年以降で、このころ金属、とくに錫の交易ルートでヨーロッパ各地がつながっていた。生まれつつあった階級社会では、青銅の装身具、兵器、鎧は、所有者の権勢を示すものだった。エーゲ海沿岸のミノア文明やミケーネ文明が最も有名だが、ヨーロッパのほかの地域にも豪華な墳墓があり、首長の身分が存在したことをうかがわせる。

ミケーネ文明の短剣
この海の図柄が施された金や銀の象眼入り青銅製短剣は、トロス式墳墓の初期ミケーネ文明時代の高位者の墓から出土した。

225

交易

定住コミュニティは、地元で手に入らない物資を確保するため、常に交易の仕組みを必要とした。社会が複雑化し、要求される物資の種類が増えるにつれ、交易の統制が強化され、効率も向上した。また、交易によりアイデア、知識、技術革新が伝播し、世界の発展に大きな影響を与えた。

交易はなぜ行われたのか？

狩猟採集民や遊牧民は、転々と移動するなかで、さまざまな原材料を手に入れることができたが、定住コミュニティは、在来の資源しか利用できず、遠方の資源を手に入れる手段を見つける必要があった。初期の農民が必要としたのは、道具の材料であるフリントや硬い石、社会的な用途に用いられた貝殻や貴石などだったが、のちに金属も必要となった。より集約的な農業方式が発達すると（これが増加する人口を支えた）、多様化する用途にかなう物資の需要が増えた。また、広大な河川氾濫原などの集約農業に適した環境は、必要な物資の供給源から遠く離れていることが多かったため、そうした物資の多くは、山間部から調達された。

銅山
紀元前3千年紀にイスラエル南部のティムナ渓谷（⇨上）やほかの地域で銅山が発達したことは、おそらくエジプト古王国からの銅需要が増大したことと関連があると思われる。

ウル出土の金のネックレス
ウル王族の墓地（⇨ p.234）から発見された秀逸な金細工の多くには、この例のようにラピス・ラズリが使用されていた。このネックレスには、インド産の紅玉髄も使われている。

柄の付いた石斧
オーストラリアの贈り物交換ネットワークでは、内陸の採石場で作られた石斧と有袋類の皮でできた外套などが、広い地域間で、何回もの交換が行われるようになっていった。

緑泥石製の容器
イランのケルマーン地方産の緑泥石（クロライト）で作られた非常に特徴的な容器が紀元前3千年紀に広く交易されていた。

交易網

黒曜石
黒曜石（火山ガラス）は、砕きたての美しさと卓越した鋭さで、広く珍重された。新石器時代の西アジアでは、贈り物の交換を通じて、トルコの複数の採石地から800 km以上遠方に、黒曜石が運ばれていた。採石地近くのコミュニティでは、ほとんどの道具を黒曜石で作っていた。

かなり長距離に及ぶ移動が可能になってはいたが、必要または不可欠な原材料の調達は、当初、近隣コミュニティとの贈り物の交換を通じて、比較的場当たり的に行われていた。正式な交換提携や婚姻などの社会的儀式にのっとり手渡されていた贈り物には、経済的な目的だけではなく、社会的な意味もあった。贈り手は、気前よく贈り物をして、物質的なお返しではなく、名声を求めていたと思われる。

社会が巨大化・複雑化するにつれ、物資の需要も増大したため、より安定し、統制のとれた供給を確保できる仕組みが発達した。権力者は、供給源近くのコミュニティや物品の移動ルートに位置するコミュニティに接触し、交易契約を締結したり、それらのコミュニティ内に交易地点として飛び地を設けたりした。物資が手に入ると、家来に分配するか、あるいは自身の地位向上、自身が属するコミュニティや崇拝する神の地位向上のために利用した。国家が誕生すると、交易制度が成長、発達して、物資の交易量が激増し、これまで以上に定期的に交易が行われるようになった。また、交易のために、政治的な弾圧や征服、供給源への遠征、永続的な交易コロニーの設置といった手法も用いられた。

西アジアにおける交易

- 交易ルート
- ● 町や集落

商品
- ▲ 銅
- ▲ 銀／鉛
- ▲ 錫
- ▲ 金
- ▲ ラピス・ラズリ
- ▲ 貝殻
- ▲ 緑泥石
- ▲ トルコ石

西アジアの交易の町
紀元前4千年紀後期に西アジアのさまざまな町で交易の需要が増大したことがきっかけで、イラン高原一帯で供給源の近くにある交易の町や、交易ルートの主要地にある町をつなぐネットワークが発達した。

農民と交易者
集落誕生以来4000年にわたり、メヘルガル（パキスタン）の住民は、遠方の供給源から銅、ソープストーン、トルコ石、ラピス・ラズリ、貝殻などの物資を調達することができた。

トルコ石
紀元前5千年紀には、トルクメニア南部産のトルコ石がメヘルガルだけでなく、西アジアにまで伝来していた。

ラピス・ラズリ
交易されていた物のなかで、おそらく最も珍重された商品。この美しい青色の石の産地として唯一知られているのが、バダフシャンである。

輸送手段

徒歩で荷物を運ぶのが、このころの陸上輸送手段で、メソアメリカなど荷役動物のいない地域では、唯一の輸送手段だった。道路が敷設されていない時代、車両は、短距離であれば大きな荷物を効率的に輸送できたが、あまり長い距離は無理だった。織物などの比較的軽い荷物や、かさばらず人でも運べるくらいの重さの高価な錫や銀などの輸送には、荷役動物が使用された。一般には、水上輸送のほうが安価で速く便利なので、重量物のバラ積み輸送には不可欠だった。川での輸送手段としては、舟、筏、膨らませた動物の皮が使用された。材木は、下流まで曳航するか、浮かべて運搬することができた。海上輸送は、海流、嵐、岩礁、浅瀬などの自然の危険を伴うが、可能な場合は海上輸送も利用されていた。ウルブルン沈没船などの難破船が発見されたことで、古代の交易ネットワークについて興味深い知見が得られている。

ロバの像が付いた手綱を通す輪
この銀製の手綱を通す輪は、ウル王族の墓地から見つかった1対のウシに引かせるソリの一部である。西アジアでは、ロバが主要な荷役動物だった。

インダス川流域で使われていた荷車
インダスの人々は、農作物の輸送目的だけでなく、この例のように町で乗用車としても、去勢牛に引かせる多様な種類の荷車を使っていた。

ウルブルン沈没船のレプリカ
東地中海を巡る航海中だったこの船は、紀元前1300年ごろにトルコのウルブルンで難破した。積んでいた貨物には、銅・錫・ガラスのインゴットが含まれていた。

鉛／銀
西アジアでは紀元前3800年には、鉛鉱石の製錬による銀の抽出に成功していた。銀は、のちに主要な交換媒体となった。

錫
希少だった錫が紀元前4千年紀後期から青銅に使われはじめると、一気に交易ネットワークが発達した。

インダスのシャンクガイの貝殻
沿岸の漁業コミュニティが採集した貝殻は、新石器時代から贈り物の交換を通じて、内陸の奥地にまで流通していた。

交易 | 227

宗教

古代人が自分たちを取り巻く世界を理解するのに不可欠だったのが宗教で、彼らの日常生活の大部分と密接に結びついていた。書き残された記録がないので、古代人の信仰体系を知ることはできないが、碑、人工遺物、壁画から古代人の宗教的実践について手がかりが得られる。

虹蛇
オーストラリアの創世神話に出てくる重要な生き物、虹蛇は、地面から姿を現し、大地を駆け巡りながら、河川や峡谷を創造し、多くの部族を誕生させたといわれている。

宗教の役割

先史時代の宗教に反映されているように、当時の民衆は、世界を理解し、自然や社会の秩序や繁栄を確保し、人間の手に負えない災害の原因を解明する必要があった。古代社会は、儀式や奉納を行うことで、世界やそれを構成するさまざまな要素を支配する神の力を抱き込むか、なだめようとした。多くの社会に、シャーマンまたは神官がいて、民衆と神々とを仲介し、ほとんどはコミュニティ内で影響力をもっていた。創世神話や神々にまつわる物語には、世界がどのようにはじまり、機能しているかが描かれていた。社会によって宗教の形態が大きく異なり、人間、動物、生き物ではない形をした神が多く存在していた。先祖の霊もそのひとつである。礼拝の手段も、音楽、舞踊、行進、装束、決まり文句の朗誦、捧げものや生贄、薬・儀式食・飲み物の摂取など多岐にわたった。

神と対峙する王
神聖なるエジプト王は、人民に代わり神々の声を聞く現世の支配者であり、地球上での神々の代弁者でもあった。ここでは、タカの頭をもった神ホルスにセティ1世が対峙している。

死と遺骸処理

ネアンデルタール人の時代から、死者を思う気持ちを反映した儀式が営まれていたが、おそらく来世の存在を信じていたことと関連していると思われる。墓所や霊廟、住居の床下への埋葬が一般的だったが、多くの社会では、火葬、鳥葬、水葬などの儀式も営まれていた。遺骸の保存が重要との考えから、ミイラにされる場合もあった(たとえば、エジプトや南アメリカにおいて)。墳丘、ピラミッド、巨石などの記念碑的な墳墓が、生者や死者を祖先の地や聖地につなぐ働きをした。こうした記念碑的な墳墓には、個人、家族、社会集団、コミュニティ全体といった単位で埋葬されたと考えられる。死者に添えられていた副葬品は、性別、年齢、地位、職業などの生前の役割を反映していたとも言えるが、来世で使用できるように食糧が添えられるなど、宗教的信念も関係していた。

戦車が副葬されていた商王朝時代の墓
紀元前1300年ごろにステップ地方から中国に伝来したウマに引かせる2輪戦車は、戦争や狩猟用として、商王朝の高位者に使用され、持ち主が高い地位にいたことを示す目印として、一緒に埋葬された。

砂中のミイラ
5000年前に砂中に埋葬されたエジプト人女性「ジンジャー」は、暑くて乾燥した環境に置かれ、自然にミイラ化した状態で保存されていた。来世で使用できるようにと、壺類、装身具類、石製広口瓶、石の化粧板などが副葬されていた。

228 | 狩猟者から農民へ

聖堂と神殿

物質界と霊界が出会う聖地には、さまざまな形態があった。森や川、洞窟、山など、神が宿ると信じられていた自然的要素が礼拝の場となることが多かったが、一方で、家々の壁龕（へきがん）から巨大な聖地の施設まで、さまざまな聖堂、神殿、宗教的記念碑を築き、なかに神の像を祀るという社会もあった。民衆は、そこで直接または神官を通じて神と対話できた。多くの聖地は、その大きさや荘厳さで畏怖の念を呼び起こすよう意図され、たいていは宗教的彫刻や絵画で装飾されていた。一部の社会では、コミュニティ全体が儀式に参加できるように聖地を設計していたが、聖地への立ち入りを、儀式を司宰する神官だけに限定する社会もあった。

眼の偶像
メソポタミアの町テル・ブラクにある紀元前4千年紀の寺院で、「眼の偶像」という数百個の小立像が見つかった。個人（⇒左の右）や、母子（⇒左の左）または家族を模したものがあった。おそらく、神の寵愛を求めて奉納された供物だったと思われる。

― 黒または緑の塗料の跡
― 神を見つめる見開いた眼

チャビン文化のランソン
不気味な音をものともせずに、チャビン・デ・ワンタル神殿の地下通路を進んで行った礼拝者は、この恐ろしい神の像にたどり着くことができた。

ウルのジッグラト
この高い塔の上で天を仰ぐように立つ神殿には、ウルの守護神ナンナが地球に降り立つときに通ることができる門があった。

天文学

先史時代には、多くの集団が太陽、月、惑星、星の動きを熟知し、ときには驚くほど正確な知識をもっていた。その知識をもとに、1年の長さや、春分・秋分や夏至・冬至などの重要な日の時期を把握していた。いつ作物を植え付けたらよいかなど、季節ごとに重要な判断を下すときの基準として、こうした暦情報が非常に重要だった。天体は、目に見える神々の顕現と見なされていたので、神官やシャーマンは、神々の意志を予測または解釈する方法のひとつとして、天体の動きを観察していた（ほかにも薬や踊りに誘発されてトランス状態に陥り、占いや託宣を行うなど、さまざまな方法が用いられていた）。天空と併せて観察されていたのが固定目印となる地形の特徴だが、壮大なストーンサークルや先史時代のヨーロッパの墳墓など、人工の目印も造られることがあった。

ストーンヘンジ
紀元前3100年ごろに建造がはじまり、変遷を重ねて最終的に紀元前1500年ごろ、現在のような石の配置になった。夏至の日の出の位置を示すためなど、時代とともにさまざまな目的に使用されたと思われる。

― 昴（すばる）（プレアデス星団）
― 上弦の月
― 夏至の日の出
― 太陽または満月
― 舟の形をした太陽
― 冬至の日の出

ネブラ・ディスク
紀元前1600年ごろ、ドイツの丘陵地に埋められていたこのユニークなものは、おそらく天体観測用の道具で、周辺の地形を見ながら観測していたと思われる。

宗教 | 229

ニューグレンジ

ニューグレンジの壮大な羨道墳は、ブリテン諸島西部にある後期新石器時代の数少ない記念碑のひとつである。巨石墓の歴史は長く続いたが、その最後の全盛期に、天文学的に重要な意味をもつ石造の記念碑構築という新しいアイデアを取り入れた。冬至には、日の出の太陽光が墓の正面から中心まで差し込む。

アイルランド、ミース州ボイン渓谷のニューグレンジが建造された場所は、新石器時代には主要な儀式の地だった。この地には、ほかにもノウスとドウスにある2つの同サイズの墳丘墓や、それより小規模の羨道墳、墳丘、石柱、囲い地が多数存在する。丘の頂上の目立つ位置に鎮座するこのモニュメントは、巨大な円形塚で、石と芝生で築かれ、外側を取り囲む縁石として97個の大きな石板が使われている。塚の南東側は、石造りの正面から内側に通路がのび、塚でおおわれた十字形の石室墳（羨道墳）につながっている。紀元前3250年ごろに建造されたものである。

紀元前5千年紀にはじまった新石器時代には、おもにヨーロッパの大西洋に面した地域でさまざまな形の巨石墓が造られた。自立構造のものもあったが、ほとんどは、何倍もの大きさの土塚または石積みの塚（ケルン）におおわれていた。通常、多数の人骨が収められていた。多くが風化して白骨化した後に回収された骨だが、儀式はそれぞれ大きく異なっていた。ブリテンでは、ほとんどが石室墳をおおう構造の長形墳だったが、ウェールズ、スコットランド北部、アイルランドでは、紀元前4千年紀後期から円形塚におおわれた羨道墳が現れた。円形、アヴェニュー（道）、列石など、新たな石組み配置の伝統のはじまりを示すもので、夏至・冬至などの天文事象の記録を目的としていた。また、巨石墓の最終段階に相当するものでもあった。紀元前3千年紀後半には、こうした墓に代わり、円墳の単葬墓が現れた。

1. **装飾が施された縁石** アイルランド、ブルターニュなどの地域では、円や渦巻き模様などの幾何学的図柄が羨道墳に彫り込まれており、共通する図像や信仰体系をもっていたと思われる。
2. **空中写真** 空から見ると、腎臓に似た塚の形がよくわかる。かつて塚を取り囲むように円状に並んでいた大きな巨石柱群（オーソスタット）の残骸もはっきり見える。
3. **敷居石と入り口** 彫刻が施されたこの巨大な石が、入り口をふさいでいる。入り口の上方には天窓があり、冬至の日の出のときに、太陽光がちょうど差し込む位置に開けられている。

4. **ニューグレンジの塚** 精巧に復元された正面、縁石、擁壁の大部分は、時代を経て崩落した元の石をコンクリートで補強して造られた。

5. **巨石羨道** 空積みの石垣ですきまを埋めた、巨石(オーソスタット)でできた長い羨道の先には、3つの副室を伴う中央の石室があった。そこにある石鉢には、かつて火葬された遺骨が収められていた。

6. **石室の天井** 中央の石室の屋根は、持ち送りアーチ構造。どの石も下の石と部分的に重なるように置かれ、最後の空間が冠石でふさがれていた。

モヘンジョ=ダロ城塞
計画と規制がインダスの都市の特徴だった。四方にのびる通りに沿って、統一寸法の焼レンガでできた建築物が並んでいた。

最古の国家群

集約農業が高い人口密度を支え、生み出された余剰食糧は、交易に利用され、職人や指導者を支えていた。社会が複雑化するにつれ、支配者が住居を構える人口密集地に、社会統制、宗教機関、工芸品生産をはじめとする農業以外の活動が集中するようになり、都市ができた。

土地の有効利用

農業生産性の強化により、1地域の農産物が支えることのできる人口が増えた。そのために考えられた方法のなかで最も重要なのが灌漑で、農地からの収穫量増加につながり、たとえば雨量の少ない地域などでも農業が可能になった（多くの場合、生産性も高かった）。水の保全や排水も重要だった。ほかにも棚田の造成、果樹を植えて日陰をつくり野菜を過度な熱から守ること、新しい作物の試験栽培なども行われていた。農業の集約化は人口増加を促し、神官や職人などの専門職層を支えるだけの食糧を生産できるようになった。必需品だけでなく、宮殿や神殿の装飾に用いる貴重な材料を手に入れるため、余剰食糧は、交易にも充てられた。また、人口の増加に伴い、発生する問題の範囲も広がったため、コミュニティ内での人の交流や対外関係をうまく処理する宗教的指導者や社会的指導者が現れた。この発展プロセスを通じて、やがて、旧世界と新世界で紀元前3千年紀〜2千年紀に複雑な社会が出現した。

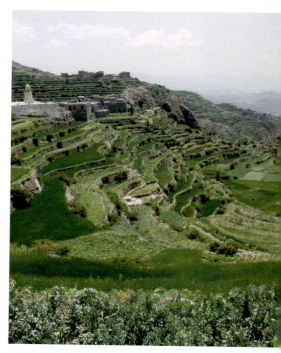

古代の棚田
イエメンでは、紀元前3000年よりはるか以前に、農業生産性を高める方法が用いられるようになった。たとえば、乾燥した低地に単純なダムを築いたり、雨の降る肥沃な丘陵地を最大限利用するため棚田を造るなどした。

狩猟者から農民へ

都市

初期の国家は、農村部で収穫された作物を糧としていたが、あくまで都市が国家の中心だった。都市が領土の首都で、すべての道がそこにつながり、町や村をつなぐネットワークは、そこから外に向けて広がっていた。都市は、国家の政治・行政の中心であり、権力者が在住していた。経済の中心でもあった都市では、税の徴収や交易品の集積・保存が行われ、それらは、職人などの国家が雇用した者への支払いや、公共事業の労務に駆り出された者への配給に充てられた。また、都市は、神を祀るおもな神殿を擁する宗教の中心、りっぱな建物や公共の芸術作品が集まる芸術の中心、知の中心、国家の住民の大半が住む人口の中心でもあった。もちろん、すべての都市がこうした機能を完全に果たしていたわけではないが、ほとんどの都市がほぼこのように機能していた。一般には、国家は神に属し、民衆は神のために働けば、神の恩寵が得られると信じられていたが、実際には、おもに恩恵を受けていたのは支配者だった。だが民衆は、宗教的信念から、支配者に尽くすという務めを果たす義務があると感じていた。

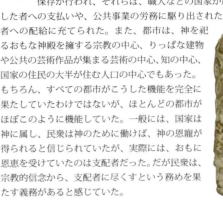

城塞の平面図
モヘンジョ＝ダロ城塞に建造された国家の建物のひとつにグレート・バス（大浴場）があるが、これは、入念に隔離されたプールで、おそらく斎戒沐浴用だったと思われる。

蓋付き排水路
パキスタンやインド北西部で発祥したインダス文明の顕著な特徴は、高度な上下水道が整備されていた点である。モヘンジョ＝ダロの多くの住居には専用の井戸があり、ほとんどが風呂場や便所をそなえていた。

神官王
インダス国家の政治組織については、手がかりがほとんどなく、今も謎である。高さが17.5 cmしかない、この小さな彫刻は、支配者を描いたものという解釈が多いが、神をあらわしている可能性もある。インダスでは、石の彫刻はめずらしかった。

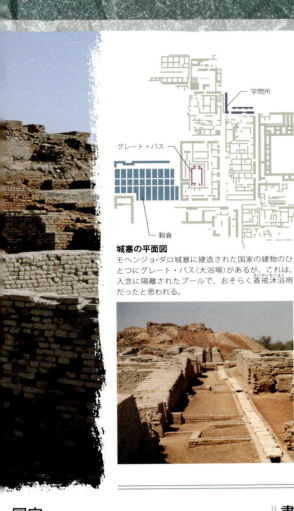

国家

最古の国家群には、さまざまな形態があった。都市国家は、共通の文化で結び付いてはいるが、それぞれが自主的に行動して、周辺の町、村、農地を管理下に置き、近隣の都市国家とは同盟を結んだり、戦争をしたりしていた。西アジア最古の国家群は、この形態だった。領域国家のほうがはるかに大きく、その中心は大都市で、その下に小規模な都市、町、農村部コミュニティといった階層が存在した。アッカド帝国（⇨ p.234）などでは、中心地と鉱山などの重要な場所だけ直接管理していた。それ以外の国家では、管理が隅々まで行き届いていた。共通の文化、さらに重要な共通の宗教で結び付いていた複雑な社会も存在した。そうした社会は、都市の特徴を多くもちながら、政治的には一体ではないほうが、カルトの中心としては好都合であると承知していた。アメリカ大陸のオルメカやチャビン（⇨ p.242）がこれに当てはまると思われる。

アヒルの形をした重り
国家に官僚機構を導入し、効率的に管理するには、標準化を行う必要があった。正式な基準に従って作られたメソポタミア産の重りが非常に有名で、このようなアヒルの形状が好まれた。

書記体系

最古の国家群のほとんどが書記体系を確立していたが、その理由はさまざまある。たとえば、シュメール文化（⇨ p.234）で文字が使われた当初の目的は、経済的記録を残すためだったが、中国の商文化（⇨ p.240）では、神への質問を書き記すことが目的だった。書記体系は、意味が付与された記号からはじまった。西アジアやエジプトでは、語をあらわす語標を補完するものとして、音、通常は音節を意味する文字が現れ、しだいにこの音節文字が語標に取って代わった。紀元前2千年紀に、この地方でアルファベットが発明された。東アジアとメソアメリカでは、語標と音節文字が混在し、はるかに複雑だった。

楔形文字板
メソポタミア産粘土板の多くは、焼成されたもので、あらゆる種類の文学や文書を含むすばらしい宝庫を残した。

絵文字から楔形文字への変容

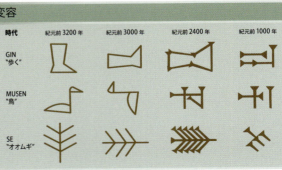

シュメール文化の初期の文字の多くは、ここに示された3例のように語を象徴する絵だった。紀元前3000年ごろに、書字板や文字が横位置になった。葦ペンで絵を描くのはひと苦労だったにちがいない。紀元前2400年には、絵が楔形の線に変わり、のちにそれがさらに簡素化された。

最古の国家群 | 233

メソポタミアとインダス

紀元前3千年紀に、メソポタミア南部（シュメールとアッカド）とインダス地方で国家が出現した。国家間の海上交易には、それ以前の陸上交易網に代わり、マガンなどの湾岸地域の文化が関与した。官僚政治の記録から叙事詩まで、幅広い文書にシュメール人の生活が詳細に記されている。インダス文明については、あまり明らかになっていない。

シュメールとアッカド

紀元前4千年紀、ユーフラテス流の灌漑農業に支えられた豊かな氾濫原に町が出現し、紀元前3千年紀前半（初期王朝時代）には、都市国家が発達した。国家の住民の多くが住む各都市が周辺の農業領域を管理し、国家間に挟まれた未耕作地では、動物の放牧が行われていた。都市は共通の文化で結び付き、精神的に聖都ニップールに忠誠を尽くしていたが、しばしば都市国家間で紛争が発生したため、多くが防御壁を設けていた。紀元前2334年以来、アッカド王のサルゴンがメソポタミア南部をまとめて築いた帝国の影響力は、アナトリア東部にまで達した。紀元前2192年に帝国が滅んだ後、一部の都市国家が再び繁栄を謳歌したが、紀元前2112年、今度はウル王朝（第3王朝）が地域をまとめた。アッカド帝国より小さかったにもかかわらず、官僚統制の厳格さという点ではるかに優っていたウル第3王朝において、シュメール文化が最も大きく開花した。ウルや他の都市では、ジッグラト（⇨ p.229）が建造された。

また、第3王朝の王シュルギによって、最古の法典が発布された。文書には、豊かな神話の伝統をもち、自信に満ちた秩序ある社会が描かれている。紀元前2004年に、侵略してきたエラミテ人に占領され、ウルは終焉を迎えた。

ウルクのシュメール遺跡
紀元前2900年には、ウルクは、おそらく6万人が住む都市だったと思われる。この都市の守護神イナンナを祀るエアンナ地区で、ほとんどの発掘が行われ、さまざまな宗教的建造物が多数発見された。そのひとつがここに示されたものだが、何のために建造されたかは不明。

インダス文明

紀元前4千年紀、バルチスタン出身の農民や放牧民が集落を築いたインダス平野は、農地として大きな可能性を秘めていたが、定期的に壊滅的な洪水に見舞われていた。紀元前2600〜2500年ごろに、インダス流域の多くの町が廃墟と化すか、取り壊され、代わりに計画的な集落が築かれた。モヘンジョ＝ダロ（⇨ p.232〜233）などの一部の集落では、最大洪水位でも浸水しないように、巨大レンガ造りの土台を築いて集落全体または一部を持ち上げていた。一般に、集落の一部の地域（城塞）は、モヘンジョ＝ダロのグレート・バスやロータルの倉庫のような公共の建物で占められていた。下町には、中庭のある設備の整った住宅群が立ち並び、多くが2階建てで、工房もあった。最大都市（人口は約10万人だったと考えられている）のモヘンジョ＝ダロで作られていた工芸品には、陶器類、ビーズ、銀容器、銅製道具、貝殻象眼、炻器製腕輪、ファイアンス製小立像、精巧なソープストーン（凍石

初期の小立像
インダスの最も特徴的な工芸品のひとつが人物や動物を模した小立像。この独特な初期の例は、ハラッパから出土した。

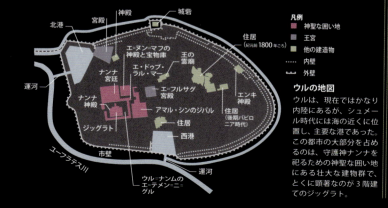

の一種)製の印章がある。工芸品製作は、国家のあらゆる地域で広く行われていた。グジャラート沿岸部では、ビーズ作り用の貴石や腕輪作り用の貝殻など、地元で豊富に採れる資源を採取するため、専門職人の村ができた。ロータルは、小さな町だが、産業が高度に発達していた。おそらく、近隣のタール砂漠やデカン高原から象牙、野蚕絹、蠟、蜂蜜などの資源が手に入りやすい地元の狩猟採集民と物々交換を行うため、物品を製作していたのだろう。グジャラートは、当時、海水位が高かったため、一部が島だった。島嶼都市ドラヴィラが地域の中心地で、域内や海外との交易、産業、再分配、徴税を管理していたと思われる。

インダス文明の政治組織については何もわかっていないが、町や都市の豊かさ、工芸品や他の商品(850km も内陸の都市、ハラッパで見つかった海水魚の干物など)の効率的流通、統一された度量衡、かなりの文化的統一性などから、高度に組織化された国家であったことがうかがえる。だが、紀元前1900〜1800年ごろに崩壊してしまった。町や都市は、廃墟と化したか、一時しのぎの劣悪な住居に住む民衆に占拠された。文字の伝統が途絶え、文化的統一性に代わり多様性のある地域に変貌していった。そんななか、グジャラートや旧インダス王国の東端では、農村部で豊かな農業コミュニティが発達しつつあった。この変化に寄与したと思われる要因には、2番目に重要な川であるサラスヴァティ川の流量減少、ウル没落後の海上交易の衰退、新しい穀物(米や雑穀)の栽培による農業形態の変化、マラリアやコレラなどの病気の発生がある。

ビーズのネックレス
インダスの人々は、幅広い種類の貴石やほかの材料からビーズを作る技術に長けていた。このネックレスには、金でできた小さなビーズが使われている。

蛇紋石製ビーズ

典型的な「刻みの入った」紅玉髄製ビーズ

交易国家

メソポタミアには、広域的な交易ネットワークが存在した。銀や材木は、おそらくアナトリアや東地中海から入ってきたと思われる。メソポタミアの文書には、メルハ(インダス)、マガン(オマーン半島)、ディルムン(バーレーン)からやって来た船の入港記録がある。ディルムンは中継港で、良質な真珠やナツメヤシのほかに、寄港した船に淡水を提供できた。また、マガンの豊富な鉱床からは銅や閃緑岩が採れ、とくに閃緑岩は、メソポタミアで彫像の材料として珍重された。だが、シュメールやアッカドの輸入品のほとんどは、インダス産かインダス船で運ばれてきたものだった。たとえば、船、戦車、家具の材料として、グジャラートやヒマラヤ産の材木、アラヴァリ丘陵、ヒマラヤ、アフガニスタン産の銅など。アフガニスタンは、金や錫の産地でもあった。さらに、グジャラート産の紅玉髄や他の貴石、象牙、そして意外なことにラピス・ラズリも輸入されていた。ラピス・ラズリは、なおもバダフシャン(⇒ p.227)から到来していたが、インダスでは人気のある材料ではなく、艶のある硬い石のほうが好まれた。だが、1000km 北方のショールトゥガイに交易コロニーを築き、そこから独占的にラピス・ラズリの供給を行っており、メソポタミアとの交易が重視されていたことがわかる。インダスの人々が引き換えに何を輸入していたのかは、ほとんどわかっていないが、シュメール人が産業規模で毛織物を作っていたことから、毛織物の可能性が高い。

交易ルートの地図
インド洋からの風を受けない乾燥したマクラン海岸に、インダスの人々は、ストカーゲン=ドールなどの港を築いた。ここから、バルチスタンを縦断して山岳ルートがのび、ナウシャローを通ってインダス平野に下っていた。インダスの船は、定期的にメソポタミアに来ていたが、シュメール人がマガン西岸より遠方まで航海したという証拠は存在しない。

5つのインダス文字

インダスの印章
インダスのソープストーンでできた印章は、幅わずか2、3 cm程度、職人技による小さな傑作で、動物の文様とインダス文字で書かれた短い文が彫り込まれている。インダス文字は、いまだ解読されていない。最もよく使われた図柄はユニコーンで、コブウシ(⇒左)は、めずらしかった。

メソポタミアとインダス | 235

ウルのスタンダード

ウルの神聖な囲い地より南側で行われた発掘で、初期王朝時代の大きな墓地が発見された。いくつかの墓には、シュメール王名表にある初期の歴代王に符号する名前が刻まれた品が収められていた。豪勢な副葬品には、荘厳な「ウルのスタンダード」が含まれていた。

墓地では、死者は、ほとんど墓穴に埋葬されていた。ある墓の副葬品に含まれていたメスカラムドゥグ王の黄金の兜は、かつらの形をしていて、すべての髪房がていねいに形作られていた。だが、王墓として知られる16の墓は、さらにりっぱだった。アーチ形天井のレンガ造りまたは石造りの墳墓で、死者に付き添うために、明らかに自ら命を捧げた者も殉葬されていた。最大では、68名の女官と6名の兵士が含まれていた。王墓には、金箔の頭飾り、ラピス・ラズリ・赤色石灰岩・骨・貝殻・赤土で象眼を施したゲーム板、雄牛や雌牛の頭部を模し、金やラピス・ラズリの装飾を施した竪琴などが副葬されていた。「ウルのスタンダード」は、竪琴の共鳴板だった可能性もあり、この箱の片面には戦争の場面が、そしてもう片面にはそれに続く勝利の祝宴の場面が描かれている。

戦争の場面

ストーリーは、戦争の場面からはじまる。最下列では、御者と槍兵を乗せたシュメール軍の戦車が敵兵をひき殺している。真ん中の列では、歩兵部隊が整然と列をなして行進する傍らで、ひとりの敵兵が捕らえられ、もうひとりは倒れ、そのほかに数人が足を引きずりながら逃げている。最上列では、勝利したシュメールの王とその臣下の前に敵の捕虜が引き出され、一方で従者は王の戦車から馬を外している。

1. **椅子に座った支配者** 独特な毛織のキルトをまとった王が饗宴を主宰し、軍の勝利を祝っている。
2. **エンターテイナー** 音楽家が弾いている竪琴は、王墓から回収された動物の頭部を模した品と同じもの。
3. **魚を運ぶ男** 初めてユーフラテス平野に定住したときから、農民は魚を食べ、神への供物としていた。
4. **毛でおおわれたヒツジ** 饗宴に供するため、ウシ、ヒツジ、ヤギなど、あらゆる大地の恵みが持ち込まれている。ヒツジは、おもに織物用の羊毛を取るために飼われていた。
5. **行進の先頭者** 各グループの先頭者が胸の上で手を組んで歩いているが、これは祈りの形である。
6. **敗者** 戦利品を担がされた捕虜（服装で見分けがつく）をシュメール人が見張っている。

ウルのスタンダード | 237

エジプト王朝時代

紀元前3100年ごろ、エジプトに統一国家が誕生した。無尽蔵の富と絶大な権力をもっていたファラオは、ピラミッドを建造するための膨大な労働力と資源を動員できた。だが、後続の歴代王朝下で、王に集中していた権力がしだいに消失していき、紀元前2181年には国家滅亡に至った。

古王国の領域
エジプト国が占領していたのは毎年ナイルの氾濫に見舞われる帯状地域で、周囲には砂漠（建築用石材、貴石のほか、一部金属の産地）が広がっていた。西部のオアシスでは農地が生まれ、ナトロンやミイラ化に使用される鉱物などの資源も採れた。金は南部から、材木は東方のレバノンから調達していた。

エジプトの統一

農業集落は、肥沃なナイル谷に支えられ、繁栄を誇っていた。上エジプトにある先王朝時代の墓地が物語るように、社会的階級が発達しつつあり、すでに死者の扱いが重要視されていた。

紀元前3500年には、この地方全域で文化的画一性が見られるようになり、この文化的アイデンティティが下エジプトに広がれば、政治的な統一につながることを予示していた。上エジプトでは、ナカダ、ヒエラコンポリス、コプトス、アビドスなどの町が出現したが、これらの町のあいだで競争や衝突が生じたため、宗教的権力と世俗的権力を併せもつ指導者が現れ、周辺地域を支配した。紀元前3100年ごろに、ヒエラコンポリスを中心とした国家が誕生し、上エジプトと下エジプト一帯を統一。紀元前3200年ごろに生まれた文字は、広く普及し、さらに広い地域で使用されるようになっていった。

紀元前3100〜2686年の初期王朝時代は、第1王朝と第2王朝の時代（第3王朝を含める学者もいる）に相当する。メンフィスに新しい首都が築かれ、第1王朝の支配者がアビドスに泥レンガ造りの王墓を建造した。第2王朝の王墓地サッカラでは、高官を埋葬した墳墓に銅細工や石製容器が副葬されていた。ほかの多くの地域でも、富者が埋葬された墓地が見つかっており、まだ王国全土で権力が比較的分散していたことがわかる。

ナルメルのパレット
ヒエラコンポリスで発見された石のパレットには、エジプト最古の王であるナルメル王（エジプトを統一したメネスと同一人物の可能性がある）が敵を殴打しているありさまが描かれている。

ギザのピラミッド
ピラミッド建設が頂点に達したのは、ギザで第4王朝のピラミッドが建造されたころである。最大がクフ王の大ピラミッドで、高さ146.5m、約230万個の石材が使用されている。ギザのほかのピラミッドは、クフ王の息子のカフラーと孫のメンカウラーによって建造された。

古王国

ピラミッドは、古王国時代（紀元前2686〜2181年）に考えられ、建設された。サッカラの階段ピラミッドが最古で、第3王朝の第2代王ジョセルのために、建築家イムホテプが設計した。石材を階段状に6段に積み重ねて造られ、高さが60 m、下には王族の埋葬室につながる羨道（せんどう）が設けられていた。このころ、すでに国家組織が高度に中央集権化していた。その頂点に君臨していたのが神聖なるファラオで、絶大な権力を付与されていたが、王国領土の安全と自然界の安定を確保するために、神々との仲介役を務めるという大きな責任も負っていた。なかでも、エジプトの繁栄の命運を握る毎年のナイル川の氾濫は、とりわけ重要だった。もともと王族出身の高官がファラオから権力を移譲され、世俗的権限と神官としての権限の両方を行使することが多かった。高官に与えられた領地の保有期間は、原則として任期中に限られていたが、しだいに世襲されるようになり、強大な権力をもつ自立した貴族階級が生まれた。

巨大なピラミッドを建造するための石の切り出しや輸送、労働者の動員や食事の供給には、莫大な行政的・経済的資源を要した。第4王朝以後、ピラミッドが小型化しており、国家の権力が弱体化しつつあったことがうかがえる。第6王朝後期には、中央集権的な支配体制が崩壊の一途をたどり、州侯は、管轄する州が自身の領土であるかのように振る舞っていた。おそらくこのころ、ナイル川の氾濫水位（きすい）が壊滅的なほど低下し、飢饉（ききん）が発生したと思われる。

セネブと家族の像
紀元前2500年ごろに生存していたセネブは、宮廷のこびとの監督官で、クフ王とその後継者の葬祭神官も勤め、王の衣装係長でもあった。妻のセネティテスは、女官で女性神官でもあった。

葬式用の船
死者がアビドスに旅したことを象徴する模型の船が、墳墓に副葬されていた。アビドスは、死と復活の神であるオシリス信仰の中心であった。

漁労の場面
農民の食生活はパンやビール、野菜が中心であったため、魚はその食生活を補う重要な食糧だった。また、野鳥狩りや漁労は、高位者のあいだでは人気のあるスポーツでもあった。これはその場面を描いたもので、第5王朝の貴族ティの墳墓から出土した。

中国の商王朝

中国北部にあった商（殷）については、史料および都市の遺跡や墳墓などの発掘により、よく知られている。しかし、最近の発見によって、南方にも、歴史的には知られていないが同等の富を有し、同様に発展を遂げた国が存在していた可能性が出てきた。

青銅器時代の中国

紀元前3千年紀の龍山文化の墓地から出土した副葬品に反映されているように、当時、黄河流域では社会的不平等が生まれつつあった。龍山時代には、のちの商文化に継承されていく大きな進展がいくつかみられる。たとえば、文字を刻んだ甲骨を使った占いが紀元前2500～1900年にはじまった。また、住宅や壁の基礎に人柱を立てるという、人身を生贄として捧げることも行われるようになった。翡翠や陶器作りが専門家による産業となり、高位者の住居や防衛壁を夯土（突き固めた土／版築）で建造した町が出現した。見つかった兵器からも、社会的緊張の高まりがうかがえる。

中国北部で国家を誕生させたのは、紀元前1700～1500年ごろの夏王朝だと以前から考えられてきた。二里頭が夏王朝の首都と特定されたことで、最近まで半ば伝説的だった夏王朝に関する情報が明らかになりつつある。この300ヘクタールの集落で居住がはじまったのは、龍山時代である。ここに2つの宮殿と、石・骨・青銅製の工芸品（この地方最古の冶金の証拠）を作る工房が出現すると、徐々に変化が起きた。高位者は、木棺に納められて埋葬され、青銅製容器が副葬されるようになった。

夏王朝の動物紋飾板
このトルコ石で象眼が施された青銅製飾り板は、眼球が飛び出た怪物の形をしている。二里頭に埋葬された高位者の胸にかけられていた。

商王朝

商王朝は、夏王朝の後に誕生した。鄭州（⇒右ページ）、相、安陽という三代の首都が知られており、紀元前1300年ごろ、安陽が最後の首都となった。25 km²の市街地の中心部に宮殿、講堂、寺院が集まり、その多くで動物や人が生贄として土台に埋められた。なかには、ウマと御者と共に馬車が埋められていた例もある。そのほかの区域には、墓地、住居、作業場があった。職人の優れた技や上質な材料が用いられるのは、祝宴用の青銅製容器、儀式用の翡翠製武器、青銅製の生贄斧などの儀式用品や権威誇示品にほぼ限定され、道具は石、貝殻、骨、木といった材料でできていた。都市北部には大きな王族の墓地があり、巨大な竪穴式墳墓が12基並んでいた。盗掘に遭っていたが、斬首され人身御供にされた1200体が、葬儀供物の規模をうかがわせる。都市の南東に設けられた、女王であり将軍でもあった婦好の墳墓は、盗掘に遭っていなかった。その墓穴には、漆塗りの木棺のほかに、殉葬された成人と子どもが16体、さらには翡翠の小立像など1600個以上の細工品が収められていた。

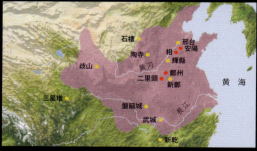

中国の商王朝
商王が歴代の首都を中心とした中核地域を直接支配し、商王国領土内のほかの地域では、信任を得た貴族が与えられた領地を統治していた。同盟関係にある諸邦がつながり、商王国を敵国から隔てていた。

凡例
● 歴代の首都
● その他の遺跡
■ 商の勢力範囲

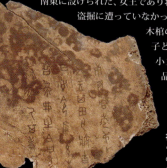

神託用の甲骨
ウシの肩甲骨や亀の甲羅に神々への質問が書かれた。熱したときにできるひび割れ模様が、神託を示すとされていた。

神託用の甲骨が示すように、商の王たちは、さまざまな事柄について、先祖や最高神である帝に伺いを立て、助言を乞うていた。書かれた文は短いが、宮廷生活についての貴重な情報が含まれている。王は、高官、軍官、神官などの臣下を引き連れ、頻繁に王国を巡回していた。男女を問わず信任を得た元廷臣が周辺地域を統治し、国境防衛、徴税、労働力供給を担っていた。当時、戦争捕虜は生贄にされていた。紀元前1027年、天が商王の支配権を剥奪したと宣言し、周が商王朝を征服した。

240 | 狩猟者から農民へ

鄭州

商の最初の首都である鄭州は、初期の都市にみられる典型的な経済的・社会的・政治的・構造的特徴の多くを示している。また、それだけでなく、それぞれの国家の都市が独自の文化的背景や要件が絡み、なぜ異なる形態をとるようになったのかも、よくあらわしている。城壁で囲まれた建物群（国家の政治的・宗教的中心）の一角を占める王宮は、夯土でできた巨大な土台の上に建てられていた。王族と高位者は、儀式用の青銅製容器や翡翠などの豪華な副葬品と一緒に、ここに埋葬されていた。宗教的な構造物からは、生贄となった動物や人間の頭骨も見つかっている。高さが少なくとも 10 m、底部の幅が 36 m ある巨大な城壁は、建造するのに 1 人の仕事量にすると 400 万日以上を要した。これは、支配者が公共事業に従事させる労働力動員の力をもっていることを知らしめる、目に見えるシンボルであった。城壁は、威圧するかのように、宮廷と一般民衆とを隔てていた。周辺の郊外地域にあった多くの作業場で作られた品は、ほとんどが高位者向けだった。付属する住居から、職人のあいだでも地位の差があったことがうかがえる。社会の最下層の捕虜は、生贄にされただけでなく、ある骨器工場で見つかったように、椀を作るためにその頭骨が使われていた。

鄭州の地図
紀元前 1650 年ごろに築かれた鄭州は、城壁で囲まれた、広さ 335 ヘクタールのほぼ長方形の都市と、面積が 25 km² の郊外地域からなっていた。重要な連絡路である 2 本の川に挟まれた立地は、戦略的な意味をもっていた。

凡例
- 蒸留所
- 陶芸作業場
- 埋葬地
- 青銅器の保管蔵
- 青銅器鋳造所
- 骨器工場
- 建物群
- 市街地
- 城壁

近隣諸国家

記述資料に基づく商に関する知識は、当時の中国では商が唯一の国家だったという印象を与える。だが、紀元前 4 千年紀以来、長江（揚子江）盆地では、よく発達した工芸産業の成長が、水稲耕作によって支えられていた。1986 年、商とは性質がかなり異なり、技術的に高度な都市文化の存在を示す証拠が発見された。商の南西に位置する三星堆でも、都市が城壁で囲まれていたことから、大きな国家（おそらく、商の甲骨刻文に記されていた蜀国）が存在していたと思われる。住居のほか、青銅器、漆器類、陶器類、翡翠細工を作る作業場が広さ 15 km² の地域に点在していた。その中心部の 450 ヘクタールの地域は、最大幅 47 m の壁で囲まれ、そのなかに、少なくとも 1 つの宮殿と一風変わった儀式用竪穴が多数築かれていた。竪穴には、商のものとは様式がかなり異なる青銅・金・翡翠・石・トルコ石・象牙製の細工品のほか、ゾウの牙、陶器類、コヤスガイの殻や、何層もの焼いた動物の骨が入念に埋納されていた。青銅器には、人間の頭を模したもの、グロテスクな仮面、等身大より大きい人物像などがあった。高さが 4 m ほどある青銅の木には、花や果実のほか、枝に止まった鳥も施されていた。さらに西方に位置する盤龍城や武城といった都市や新乾のネクロポリスも同じ国家に属していた可能性がある。

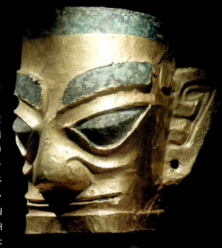

青銅製の頭部
三星堆の供物用竪穴に埋納されていた傑出した細工品のなかには青銅製の頭部が多く含まれていたが、そのうち 2 例は、顔面に金箔でできた仮面を付けていた。

青銅製の調理用容器
中国では、紀元前 1700 年には、複雑な形状物を鋳造するため、高度で、しかも再利用可能な分割鋳型が開発された。ここに示されているのは、そうした鋳型を使って作られた三足容器（鼎）で、婦好の墓から出土した 400 個の青銅製容器のひとつである。

中国の商王朝 | 241

アメリカの諸文明

メソアメリカのオルメカとアンデスのチャビン（アメリカ最古の文明）には独自の特徴があり、それぞれの地方で原型が形作られ、長く引き継がれていた。いずれの地域も共通の文化をもっていたが、その土台は宗教にあり、芸術や表象に反映されている。

奉納品貯蔵庫
ラ・ベンタでは、蛇紋岩や翡翠で作られた小立像や石斧が儀式用に配置された状態で埋められ、必要なときには見つけられるように目印が施されていた。

オルメカ

独特の宗教的テーマがオルメカ芸術の特徴である。この芸術が普及したことは、その根底にある信仰が広く受け容れられたことを意味する。彫刻、小立像、岩面のレリーフ、岩絵には、半人半ネコ科動物の「ジャガー人間」など、割れ目のある頭をもつ超自然的存在が描かれている。ヘルメットのような頭飾りをつけた巨大石頭（高さが最大 3.4 m）は、祭祀にまつわる球戯の選手をあらわす。これに加えて、他のオルメカのさまざまな特徴、たとえば、戦いと生贄、複雑な暦、放血儀礼などが後期メソアメリカ文化の中核となった。メキシコ湾岸地方の中核地域では、オルメカ時代に祭祀センターが 3 回移転した。紀元前 1200～900 年にはサン・ロレンソ、紀元前 900～400 年にはラ・ベンタ、オルメカが衰退期にあった紀元前 400 年以降はトレス・サポーテスとなった。集落の人口密度の高さから、そこは信仰の地であると同時に都市でもあったことがうかがえる。複雑に配置された石頭、水路、巨大な長方形の玉座、中庭が設けられていた。ラ・ベンタには、塚、奉納品貯蔵庫、ジャガーの仮面を描いたモザイク模様の舗道まであった。

オルメカの石頭
玄武岩製の巨大な頭部が建造されていたのは、オルメカの中核地域に限られる。おそらく、オルメカの指導者の肖像であったと思われる。

オルメカ文明
オルメカの芸術と宗教的信仰は、交易によって広められた可能性がある。高地の文化圏では、黒曜石や翡翠、鏡の材料の鉄鉱石と引き換えに、アカエイのトゲや羽根などの儀式上重要な意味のある物や権威誇示の品を手に入れていた。

凡例
● オルメカ遺跡とオルメカの影響を受けた遺跡
■ オルメカの中核地域
■ オルメカの勢力範囲

チャビン文化

ペルー沿岸の定住コミュニティを支えていたのは豊かな漁業だが、内陸の渓谷では農業も多少は営まれていた。灌漑が行われるようになって農業の重要度が増し、紀元前 2600 年には、スーペ渓谷で農業が発達した。この地域のカラルに、6 つの神殿建物群のある広さ 50 ヘクタールの町ができた。小屋と石造の住居が混在し、社会的階級の存在をうかがわせる。紀元前 2000 年ごろから灌漑がさらに普及し、機織りがはじまり、陶器類が広く導入されるようになった。この地方特有の様式の建築や宗教芸術が生まれ、沿岸には、U 字形の祭祀センターが築かれた。紀元前 1200 年ごろから、高地と沿岸部両方の遺跡でチャビン様式の芸術が見られるようになった。最盛期に達したのは、紀元前 400 年ごろのチャビン・デ・ワンタルで、同時代の他の荘厳な神殿の多くにもチャビン文化の強い影響が見られた。チャビン・デ・ワンタルは大きな祭祀センターで、紀元前 800 年ごろに創設された。2 つある U 字形神殿には、沈床式の中庭があり、装飾として巨大頭部のほか、人間の姿、アマゾンの捕食動物、半人半獣の神（⇨ 右ページ）の彫刻が施されていた。一部の頭部は、幻覚作用のある嗅ぎ薬を使い、シャーマンがジャガー、オウギワシ、猿に変身しているようすを描いたもの。神殿内部の聖所に鎮座するランソン（⇨ p.229）は、チャビンの最高神、槍の神の像で、爪と牙をもち、顔がネコ科動物で、眉毛と髪の毛がヘビという恐ろしい姿をしている。チャビン芸術は、陶器類、布、薄金板にも反映されている。

カラル神殿
カラルにあるこの塚群は、沿岸地方特有の形態で、円形の沈床式中庭と回廊付きの神殿主体部をもつ。

凡例
● 草創期（チャビン以前）の遺跡
● 前期ホライズンの遺跡（チャビン遺跡とチャビンの影響を受けた遺跡）
● 草創期の遺跡と前期ホライズンの遺跡
■ チャビンの中核地域
■ チャビンの勢力範囲

チャビン文明
チャビン・デ・ワンタルは、アンデスを縦断して南北にのびる交易ルートと、沿岸からアマゾン川流域まで東西にのびる交易ルートとが交差する戦略的な地点に位置していた。チャビン宗教は、とくに紀元前 400～200 年ごろに、アンデス地方に広く普及した。

ジャガーの線彫り彫刻
チャビン・デ・ワンタルの中庭の壁に施された彫刻には、半人半獣の超自然的存在が描かれている。この神は、ジャガーの顔と牙、ワシの爪をもつ。

用語解説

太字の用語には別項目が設けられています。
英語またはラテン語を併記してあります。

ア行

アシュール文化　Acheulean
石器時代の文化のひとつ。約165万〜10万年前まで続いた。左右対称で、表裏の均整がとれたハンドアックスを特徴とする。**オルドヴァイ文化**と比較すると飛躍的な技術の進歩と洗練が見られる。「モード1」として知られるオルドヴァイ石器に対して、アシュール石器を「モード2」とする呼びかたもある。

遺伝子　genes
一定の長さや区画からなる遺伝物質の単位で、**DNA**の分子連鎖上にある。たとえば、瞳の色を決定する、歯のエナメル質をつくる、血液のヘモグロビンをつくるなどという、特定の遺伝形質を規定する情報をもっている。

遠隔探査（遠隔計測、リモートセンシング）　remote sensing
物体や地域などにじかに接触することなく、遠くから画像でとらえること。おもに航空写真や人工衛星からの画像を利用する場合と、その物体から反射・発散されている放射線を計測する場合がある。

大型類人猿　great ape
現生のヒト、チンパンジー、ゴリラ、オランウータン、およびその祖先を含む分類群。ただし、慣用的にはヒトを含まないことが多い。

オルドヴァイ文化　Oldowan
最古の石器文化。オルドヴァイ石器は、約250万〜150万年前の**石器時代**初期の**人類**に使用された。粗削りの**石核**や単純な剥片を特徴とする。オルドヴァイ石器を「モード1」、その後の**アシュール石器**を「モード2」と呼ぶこともある。

カ行

下顎骨　mandible
下顎の骨。顎関節で、頭骨と蝶番のように可動的に結合している。

頑丈　robust
頑強で、厚い構造。→華奢

完新世　Holocene
年代区分（世）で最も新しいもの。1万1700年前から現在までを含み、第四紀の2番目の世。

記載　description
生物の分類群を定義するために、おもな形質について記述したもの。「種を記載する」という言いかたもする。新しい分類群（新種、新属）などを初めて報告する場合は、とくに原記載という。分類群が記載された論文が記載論文である。

華奢　gracile
繊細で薄い構造。→頑丈

旧石器時代　Palaeolithic
人類の文化の発達における重要な段階である**石器時代**のいちばん最初の年代区分。約250万年前のアフリカで、単純な石器をはじめとする最古の人工遺物が誕生したときに幕を開けた。

暁新世　Paleocene
古第三紀で最初の年代区分（世）。約6500万年前〜5600万年前まで。

狭鼻猿類　catarrhine
旧世界ザルと類人猿を含む霊長類のグループ。ヨーロッパ、アフリカ、アジアに生息する。→広鼻猿類

曲鼻猿類　strepsirrhine
曲鼻猿亜目に属する霊長類のグループ。キツネザル、ロリス、ポト、ガラゴ（ブッシュベイビー）が含まれる。

巨石　megalith
建造物や記念物を造るために使用された巨大な石や岩で、ひとつが数トンに及ぶこともある。単独、もしくは他の石造物と組み合わせて使われる場合がある。→羨道墳

クレード（完系統）　clade
ある「共通祖先」から進化した、すべての子孫種からなるグループ。

形態　morphology
生物の内面・外面の構造や特徴、色や紋様まで含む形状。

ゲノム　genome
生物個体がもつ遺伝情報の全体であり、ある個体がもつひと揃いの遺伝子セットに含まれている。

肩甲骨　scapula
肩の後ろにある平らな骨。鎖骨と上腕骨につながっている。

更新世　Pleistocene
第四紀で1番目の年代区分（世）。約260万〜1万2000年前まで。かつては、はじまりが180万年前とされていたが、近年の地質学の研究成果により、260万年前までさかのぼることになった。

広鼻猿類　platyrrhine
新世界ザルのグループ（南北アメリカに分布）。

後氷期　post-glacial
氷河が後退しはじめた後の時期のこと。

古人類学　palaeoanthropology
古代や有史以前の人類と、その生活に関する研究。ヒトや動物の化石、足跡やかみ痕などの生痕化石、住居の痕跡、石器や衣服などの人工遺物、そのほかの手がかりなどを証拠として利用する。

骨盤　pelvis
腰の部分にあるどんぶり状の骨格で、脊柱下部と大腿骨につながっている。

コーデッドウェア文化／縄目文土器文化　Corded Ware Culture
約5000年〜4300年前、おもに北ヨーロッパおよび東ヨーロッパにおいて、縄目文など独特の装飾を施した土器をはじめとする人工遺物を作った人々の文化。

サ行

最終氷期最盛期　Last Glacial Maximum (LGM)
最終氷期のなかで最も氷床が拡大した寒い時期を指す。約2万6500年〜1万8000年前。

細石器　microlith
道具や武器として使われる、ごく小さな石器。打撃、成形、剥離などの方法を用いて作られる。**中石器時代**の特徴。

鎖骨　clavicle
哺乳類、鳥類、一部の爬虫類と両生類の肩に見られる骨。胸骨と肩甲骨をつないでいる。

矢状隆起　sagittal keel
頭骨の上部正中付近、前頭骨と頭頂骨の表面に見られる低い隆起で、ホモ・エレクトスによく見られる。一方、矢状稜はパラントロプスに多い。

矢状稜　sagittal crest
頭骨の頭頂部の中央を前方から後方へかけてのびる、衝立のような細長い骨の隆起。現生の成熟したオスのゴリラや、成熟したオスのオランウータンなどに一般的に見られる。初期人類の一部を含む、さまざまな化石類人猿にも見られ、長時間の咀嚼に耐える強大な顎の筋肉を固定する役割を果たしている。

始新世　Eocene
古第三紀で 2 番目の年代区分（世）。約 5600 万〜3400 万年前まで続いた。

自然選択　natural selection
進化の重要な過程。環境により良く適応した遺伝形質（特徴）をもつ生物が生きのびて、その特徴を次世代に渡すこと。適応力の低い生物は存続できない。

ジッグラト　ziggurat
階段式ピラミッド。通常は石で造られた数段の層をもつ建造物で、上に行くほど幅が狭くなる。「ジッグラト」という言葉は、**メソポタミア**周辺の建造物に限定して用いられる場合と、エジプトや**メソアメリカ**にある類似の構造をもつ建造物すべてに用いられる場合がある。ジグラットとも書かれる。

種形成　speciation
新しい種が生まれること。たとえば、

ひとつの種のふたつの集団が別々の島に行って隔離され、各々が新たな環境に適応した結果、異なる種に進化するような場合。

狩猟採集民　hunter-gatherers
農耕や牧畜を行わず、野生動物の捕獲や食用植物の採集によって生活する人々。最近では、採集狩猟民という言葉を使うことが多い。それは、エネルギーの大半は採集で得ているためである（エスキモーなど極北民は例外）。

上顎骨　maxilla
上顎の骨。ほとんどの哺乳類では頭骨の一部となっていて、下顎骨とかみ合わせることにより、咀嚼が行われる。

上腕骨　humerus
二の腕の骨。肩関節で肩甲骨と、肘関節で前腕骨（肘から手首までの尺骨と橈骨）とつながっている。

真猿類　anthropoid
「高等霊長類」、すなわちサル類ならびに類人猿（ヒトを含む）を指す。メガネザル類、キツネザル類、ロリス類、ポト類、ガラゴ類（ブッシュベイビー）が含まれる「下等霊長類」と対になる語。

人工遺物　artefact
もともと自然界に存在する物ではなく、石器、または土器や陶器のように、用途に適合するよう昔の人の手で加工されたり作られたりした物。

新石器時代　Neolithic
中石器時代と、その後に続く**銅器**、**青銅器**、**鉄器時代**との中間に位置する文化的年代区分。約 1 万 1500 年前にさまざまな地域ではじまり、作物の栽培や家畜の飼育が行われ、農耕や定住生活が発達した。→石器時代

人類　hominin（Hominini）
→ヒト族

性的二形　sexual dimorphism
ひとつの種内で、成熟したオスとメスのあいだに見られる、性殖器以外の身体的相違。身体の大きさ、形状、外見、構造の違いなどが含まれる。

青銅器時代　Bronze Age
人類の文化の発達における重要な段階のひとつ。**石器時代**と**鉄器時代**のあいだにあり、銅と錫の合金で道具や装飾品がつくられた。約 5400 年前から異なる時期にさまざまな地域ではじまったが、青銅器時代をもたなかった地域もある。

生物編年　biochronology
化石を利用して、相対的な年代の枠組みを構築すること。広範囲（場合によっては地球規模）の地域に適用することが可能。化石群とその化石を含む岩石との対比や比較によって行う。

石核　core
原料となる石塊から、通常は、**ハンマーストーン**を用いて剥片を打ち欠いたあとに残る石の人工遺物。廃棄される場合と、礫器やハンドアックス（握斧）として使用される場合がある。

石器時代　Stone Age
人類の文化の発達における重要な段階のひとつ。石を加工して道具や武器などを作り、使用するようになった。金属加工の技術が発達する以前。通常はさらに 3 段階に分かれる。→旧石器時代、中石器時代、新石器時代

**絶対年代測定法
absolute dating**
物体の年代を特定する方法。ある物

体が最初にこの世に存在した年代、もしくは作られた年代がいつであったかを、組成分析によって、もしくは相対的な時間尺度（タイムスケール）ではなく固有の時間尺度によって、割り出す。→放射性炭素年代測定法、放射性年代測定法、相対年代推定法

染色体　Chromosome
長い糸のような遺伝物質、デオキシリボ核酸（DNA）の分子がコイル状にまとまったもの。あらゆる種類の動植物の細胞は固有の数の染色体をもつ。たとえば、ヒトの染色体数は 23 対、46 個である。

鮮新世　Pliocene
新第三紀で 2 番目の年代区分（世）。約 530 万〜260 万年前まで。

漸新世　Oligocene
古第三紀で 3 番目の年代区分（世）。約 3400 万〜2300 万年前まで。

羨道墳　passage grave
新石器時代の墳墓や墓室、埋葬地などで、通路を伴うもの。通路は通常、大きな岩（巨石）で造られていて、幅はかなり狭い。また、羨道墳の上部は盛り土などによっておおわれていることが多い。

先土器新石器時代（PPN）
Pre-Pottery Neolithic（PPN）
イスラエル、パレスチナ、シリアにおける時代の名称で、西アジアにおける**新石器時代**のうち、無土器（土器をもたない）の時期を指す。約 1 万 600 年〜7500 年前まで続いた。

千年紀　millennium
千年を単位にした年代の数えかた。紀元 1 千年紀は、西暦による 1 番目の千年紀（ミレニアム）で、西暦元年から西暦 1000 年に当たる。2 千年

用語解説　245

紀は 1001 年から 2000 年、紀元前 3 千年紀は紀元前 3000 年から 2001 年となる。

相対年代推定法　relative dating
ある物体の年代(いつから存在したか、あるいはいつ作られたかなど)を、その物体と同じ場所や周辺地域で見つかったほかの物体との比較や関連づけによって推定すること。比較対象には、その物体の上下の岩石層に含まれている化石で、年代の明らかなものなどが用いられる。→絶対年代測定法、生物編年

タ行

代　era
累代の下位区分にあたる地質年代区分で、代はさらに紀へ分けられる。私たちは約 6500 万年前にはじまった新生代に生きている。

大後頭孔　foramen magnum
頭骨の底部にある大きな孔。脊髄がこの孔を通って、その上にある脳とつながっている。

大腿骨　femur
太ももの骨。股関節で骨盤と、膝関節で下腿骨(膝から足首までの脛骨と腓骨)のうちの脛骨とつながっている。

打製石器製作　knapping
ハンマーストーンや鹿角などを用いて石塊を打撃し、剥片を取り除き、目標とする石器を作り上げること。

中新世　Miocene
新第三紀の最初の年代区分(世)。約 2300 万〜 530 万年前まで。

中石器時代　Mesolithic
旧石器時代と新石器時代のあいだにある文化的年代区分。1 万 1500 年ほど前からはじまり、継続期間は地域によって異なる。最終氷期後に生まれた狩猟採集民の社会を特徴とする。アフリカにおける「中石器時代」は、「旧石器時代の中期」という別の意味をもつ。→石器時代

直鼻猿類　haplorrhine
直鼻猿亜目に属する霊長類のグループ。メガネザル類、サル類、類人猿(ヒトを含む)が含まれる。

DNA(デオキシリボ核酸)　DNA
4 種類の塩基からなる非常に長い連鎖状の分子。あらゆる生物の細胞内に見られる。生物の遺伝情報(遺伝子)は、その塩基の配列によって綴られている。→染色体、遺伝子、ゲノム

定住性、定住型　sedentism
移動や放浪をする生活様式から、一定の場所に永続的に居住するようになった生活様式。

鉄器時代　Iron Age
青銅器時代に続く、人類の文化の発達における重要な段階のひとつ。金属製の道具や武器の大半が、鉄や鉄合金から作られた。鉄器時代がはじまった時期は地域によって異なるが、紀元前 1000 年間の旧世界では製鉄が広く普及していた。

テル　tell
通常は上部が比較的平らな円丘や塚で、建物や建築材料、道具類、ごみや瓦礫が累積して形成されたもの。長期間にわたる 1 回の定住生活で形成された場合と、あいだに空白期間を挟んで数回の定住生活が営まれて形成された場合がある。

頭蓋　cranium, skull
→頭骨

銅器時代(金石併用時代)　Copper Age (Chalcolithic)
石器時代と青銅器時代の中間に位置する、人類の文化の発達における一段階。威信を示す品物として、金、銀、鉛とともに、銅の細工品がつくられた。地域によっては 7000 年も前にはじまったが、銅器時代を経なかった地域もある。

頭骨　cranium, skull
頭と顔を構成する骨格。解剖学用語では頭蓋であり、脳を収容する脳頭蓋と顔に当たる顔面頭蓋とに分けられる。

淘汰圧　selection pressure
「選択圧」と字義は逆だが、現象としては同じ。生物種を環境が淘汰しようとする圧力のことで、ほかの生物種との生態的地位(ニッチ)争い、天敵、気候の激変などさまざま。生物が生き残って、種の子孫を残そうとするときの困難さのことである。

同定　identification
形態的あるいは遺伝的特徴を調べて、分類上の所属を決定すること。

銅文化　Copper Culture
銅の冷間加工で知られるさまざまなアメリカ文化を指す。6000 年前に生まれた。

都市国家　city-state
都市を中心として、ひとつの文化を共有する地域。周辺の町村や農地を含み、他の都市国家に依存せず自立的に行動する。

突然変異　mutation
遺伝物質(通常は DNA)の構造や配列に起こる変化。生物にプラスやマイナスの影響を与える場合もあれば、何の影響も及ぼさない場合もある。「自然の」転写ミスによって起きる場合と、放射線やウィルス、突然変異原と呼ばれる化学物質などの外因によって引き起こされる場合がある。

ナ行

ナックル・ウォーキング(指背歩行)　knuckle-walking
四肢を用いる歩行方法のひとつ。足の裏は平らに接地するが、手指の関節を曲げた状態で中節骨(指の真ん中の骨)の部分を接地する。

二足歩行 bipedalism
習慣的、日常的に 2 本の脚で歩くこと。人類や一部の哺乳類、鳥類に見られる。

脳頭蓋　braincase
頭骨の上部で、脳を保護する役割をもつ半球形の覆い。→頭骨

ハ行

派生(的)　derived
祖先にはなかった特徴が、子孫に新しく現れること。そのような特徴は派生形質と呼ばれる。→分岐分類

ハンマーストーン　hammerstone
石核から剥片を打ち欠く際に用いられる丸石や小石。

ビーカー文化　Beaker culture
逆鐘形の杯をはじめとする、独特なスタイルをもつ広口の土器や、それ

に付随する人工遺物を作ったことで知られるビーカー族の文化。ビーカー族は約4800～3800年前、おもに西ヨーロッパに住んでいた。

ヒト　Homo sapiens
学術用語であるホモ・サピエンスの日本語。私たち現生人類（新人）のこと。生物としての人間を指す。

ヒト科　hominid（Hominidae）
ヒト、チンパンジー、ゴリラ、オランウータンとその祖先を含む大型類人猿のグループ。かつてはヒトとその祖先だけを指す言葉だったが、新しい分類にはヒトとほかの大型類人猿との近縁関係がより強く反映されている。

ヒト上科
hominoid（Hominoidea）
ヒト科（ヒト、チンパンジー、ゴリラ、オランウータンなどの大型類人猿）と、テナガザル科（ギボンやフクロテナガザルなどの小型類人猿）を含む霊長類のグループ。

ヒト族　hominin（Hominini）
ヒトとその祖先を含む人類の総称。700万年ほど前にチンパンジーとの共通祖先から分岐し、進化してきた多くの人類種を含む。

ヒト属（ホモ属）　Homo
ヒトとその祖先種の人類のうちで、脳が大きくなるなどヒト的な特徴を発達させたグループ。いわゆる原人、旧人、新人に当たる。

氷河時代　ice age
約10万年ごとに地球表面の温度が低くなり、氷河・氷床が発達するようになった時代。約260万年前から現在まで。そのうちで、温度が低い時期を氷期、温度が高い時期を間氷期と呼ぶ。温度が低くなった最も近

い時期を、最終氷期と呼ぶ。現在は間氷期であり、氷期が終わった後の時代という意味で後氷期でもある。

氷期　glacial periods
→氷河時代

ファイトリス／植物石　phytoliths
草、ヤシ、バオバブなどの植物に見られる、極めて微細で石のように硬い部分で、通常、植物の組織を支える役目を果たしている。形状は植物の種類によって異なる。非常に硬く、耐久性に優れているため、古代人による植物の生育や利用に関する貴重な考古学的資料となる。

分岐分類　cladistics
クレードという単位に基づいて生物を分類する方法。独自の進化を遂げた特徴ではなく、共通祖先から受け継がれた、共有派生形質に着目する。

墳丘　tumulus（plural tumuli）
墓地や埋葬地の上に、土や石などを積み上げたもの。古墳、埋葬塚、土塚などとも呼ばれる。

分子時計　molecular clock
DNAやタンパク質の分子における変化（突然変異）を利用して、出来事の年代を推定する方法。たとえば、突然変異の標準的な変化率を利用して、類縁関係のある2つの生物の分子を比較することで、分岐した年代を割り出すことが可能になる。とくに、DNAの特定の部分の長さや、血中ヘモグロビンのようなタンパク質などが利用される。

縫合（線）　suture
骨格のなかで、2つの骨が動かないようしっかりと結合された継ぎ目。頭骨にはそのような縫合箇所がいくつもあり、波線のような縫合線が見える場合もある。

放射性炭素年代測定法
radiocarbon dating
大昔の炭素を含む物体（あらゆる生物を含む）の実年代を測定する方法。絶対年代測定法のひとつで、放射性炭素の崩壊や減衰を測定して割り出す。実際に測定できるのは、およそ5万年前まで。

放射性年代測定法
radiometric dating
ある物体の年代（いつから存在したか、あるいはいつ作られたかなど）を、その物体に含まれる放射性物質とその崩壊物質を測定し、その比率と半減期（放射性物質の半分が崩壊するのに要する時間）を用いて割り出すこと。→絶対年代測定法

マ行

ミケーネ文明
Mycenaean civilization
3600年以上前にギリシャ南部に発祥し、3100年前に消滅した文明。ミケーネ人は、青銅器時代の技術、要塞宮殿、軍人が支配する社会をもち、地中海の広範囲にわたって多様性のある交易ネットワークをもっていた。

ミトコンドリアDNA（mtDNA）
mitochondrial DNA（mtDNA）
細胞内のミトコンドリアと呼ばれる部分にある、少量の遺伝物質（DNA）。細胞核内にあって細胞のDNAの大半を形成する核DNAとは異なる。mtDNAはメスの系統を通じて受け継がれ、比較的速いスピードで突然変異を起こすため、系譜をたどる際の情報源として役に立つ。

ミノア文明　Minoan civilization
約4000年前に地中海のクレタ島を

中心とする地域に生まれ、約3450年前に崩壊した。ミノア人は、青銅器時代の技術や進んだ農耕技術、宮廷経済の制度をもち、遠洋航海ができる商船を使って、地中海東部で活発な交易を行うネットワークをもっていた。

メソアメリカ　Mesoamerica
北アメリカと南アメリカをつなぐ地域。今日のメキシコ中部からコスタリカ、パナマまでを指すことが多い。この地域に生まれた文化をメソアメリカ文化と呼ぶ。

メソポタミア　Mesopotamia
「2本の河のあいだ」という意味。チグリス川とユーフラテス川に挟まれた西アジアの地域で、今日のトルコ南東部、シリア北東部、イラク、イラン南西部に該当する。

模式標本（基準標本）
type specimen
ある特定の種またはある分類群が、初めて学術文献において正式に定義づけられ、記載され、命名された際の元となった「原物」の標本（1つまたは複数）。

ラ行

霊長類　primates
いわゆるサルの仲間。曲鼻猿類と直鼻猿類を含む目。以前は原猿類と真猿類を含む目とされたが、メガネザル類が原猿類から真猿類に移され、以前の原猿類は曲鼻猿類、真猿類は直鼻猿類と呼ばれるようになった。

用語解説　247

索引

ページを示す数字が、**太字**のものは、その項目が最も詳しく解説されていることを、*斜体*のものは、項目が図版や写真のキャプションにあることを示しています。本文に欧文表記がないものについては、適宜、英語またはラテン語を併記しました。

ア

アイアイ aye-aye *38*, 42
アイスマン（エッツィ） Ötzi the ice man *21*
アイブナール Aibunar 225
アイルランド **230-231**
アインコルン einkorn wheat *206*, 208
アウストラロピテクス *22*, *33*, 55
アウストラロピテクス・アナメンシス *60*, 65, *65*, 74
アウストラロピテクス・アファレンシス 54, *60*, 65, 76-77, **78-81**, *82-83*, 84, *84-85*
　　足跡 *80-81*
　　復元 *26*
アウストラロピテクス・アフリカヌス *60*, 65, 86-87, **88-89**, 90, *90-91*
アウストラロピテクス・ガルヒ *60*, 65, 92
アウストラロピテクス・セディバ *61*, 65, 93
アウストラロピテクス・バールエルガザリ *60*, 65, 75
アウストラロピテクス・ラミダス→アルディピテクス・ラミダス
アウストラロピテクス類 australopithecus *13*,*101*,*145*,*149*, 180
アカゲザル rhesus monkey *39*, 47
アギレ、エミリアーノ Aguirre, Emiliano 130
麻 208, 217
アジア
　　移住 **192-193**
　　人類の移動経路 *176*, *177*, 177
　　動物の移動経路 *181*
　　動物の家畜化 *206*
　　動物の利用 221
　　農業 **208-209**
　　ホモ・エレクトス 124, 125
　　ホモ・ネアンデルタレンシス（ネアンデルタール人）152, 191
　　ホモ・ハイデルベルゲンシス *182*
足跡 *17*, 80, *80*, 116
アシュール文化 Acheulian culture
　　オルドヴァイ地層 *102*
　　石器製作技法 **118**, *119*
　　ハンドアックス *32*, 180
　　ボックスグローブ *139*
アスフォー、アレマイエフ Asfaw, Alemayehu 79
アスフォー、ブルハノ Asfaw, Berhane 68, 92
アダピス類 adapids *41*, *41*
アタプエルカ→シエラ・デ・アタプエルカ
アーチ湖の成人女性 Arch Lake Woman *195*
アッカド Akkad 233, 234, 235
アナトリア Anatolia 216, 235
アビドス Abydos *238*, *239*
アファール三角地帯 Afar "triangle" 78
アフガニスタン 235
アブラヤシ 213
アフリカ

遺伝的多様性 179
岩絵 204, *204*
気候変動 65
狩猟採集民 203
人類の移動経路 176, *176*, 177, 180, *186*, *187*
人類の祖先 88
大陸移動 10, *11*
中石器時代 166, *166*
乳糖耐性 220
農業 **212-213**
ホモ・エレクトス 124
ホモ・サピエンス 164, 168, 184
ホモ・ハイデルベルゲンシス 137, *182*, *182*
ヨーロッパへの移住 189
アフリカ起源説 177, *177*
アフリカ大地溝帯 African Rift Valley *21*
アフリカのイヴ・モデル *177*
アベル Abel 75
アボリジニ（岩絵）Aborigine *205*
アマ（亜麻）208, 212, 223
アマゾン Amazon 44, *45*, *218*
アムッド洞窟 Amud Cave *155*
アメリカ先住民 220
アメリカ大陸（南北）
　　後氷期移住者 *201*
　　国家 *233*
　　農業 **218-219**
　　文明 **242-243**
アラーニャ（洞窟壁画） Cueva de la Araña *202*
アラゴ Arago *136*
アラスカ *176*, 194
アラビア *186*, *187*, *189*, *221*
アラブ首長国連邦 *186*
アラミス Aramis 70, *74*, *78*
アリア・ベイ Allia Bay 74
二里頭（アーリトウ） 240
アリューシャン列島 *195*
アルシ＝スュル＝キュール Arcy-sur-Cure *154*
アルジェリア *126*
アルジェリピテクス Algeripithecus *43*
アルスアガ、フアン＝ルイス Arsuaga, Juan-Luis 130
アルゼンチン 44
アルタイ地方 Altai region *221*
アルタミラ洞窟 Altamira Cave *188*
アルディ Ardi 70, *71*
アルティアトラシウス Altiatlasius *41*
アルディピテクス 65
アルディピテクス・カダバ *60*, **68**
アルディピテクス・ラミダス 55, *60*, 65, **70-71**, *72-73*
アルパカ alpacas *206*, *218*, *219*, *220*, 223
アルファベット 233
アワシュ渓谷下流域 Lower Awash Valley 81
アワシュ渓谷中流域 Middle Awash Valley 68, *68*, 70, *70*, 74, 92
アンスロポピテクス・エレクトス→ホモ・エレクトス
アンデス Andes
　　チャビン文化 242, *242*
　　動物の利用 221
　　農業 **218-219**
アンモナイト化石 ammonite fossils *16*, 17
安陽（アンヤン） 240

イ

イエメン *232*
生きた化石 *18*

イクチオサウルス Ichthyosaurus *15*
生贄 228, 240, 242
イジコ南アフリカ国立美術館 *166*
石の剥片 stone flakes 118, *125*, 131, 138, *145*, *154*, *194*, 196
イースター島 Easter Island 197, *197*
イスラエル
　　現生人類 184, *184*
　　ジェベル・カフゼー 164, *165*
　　スフール *164*
　　ティムナ渓谷 *226*
　　農業 *208*
　　ホモ・サピエンス 170
　　ホモ・ネアンデルタレンシス 153, *154*, 155
異節類 xenarthra 44
イーダ Ida *20*
イタリア
　　アルプス *204*
　　ウルッツァ文化 *191*
　　岩面彫刻 *204*, *223*
　　農業 *216*
　　ヨーロッパへの移住 189
遺伝 *36*
遺伝学 59, **178-179**
　　アフリカ *187*
　　極北民 *194*
　　人類の移動経路 *177*, **178-179**
遺伝学的祖先 *178*
遺伝系統樹 *178*, *178*, 179, *179*, 184
遺伝子 *25*, *36*, 58, *59*, 197
　　オセアニアへの移住 196, *197*
　　人類の移動経路 *176*, *177*
　　人類の多様性 *178*
　　ネアンデルタール人 *190*, *191*
遺伝的形質 *38*
遺伝的多様性 *179*
移動経路
　　オセアニア *196*
　　現生人類 **176-179**
　　出アフリカ *186*, *187*
　　初期人類 *180*
　　南北アメリカ大陸 *194*
　　ホモ・サピエンス *164*
　　ヨーロッパ *189*
稲作 *209*, 214
　　アフリカ 213
　　インダス川 *235*
　　中国 214, *214*, 215, 241
　　東南アジア *215*
イナンケ洞窟 Inanke Cave *204*
イヌ（類） *215*, 218, *221*
イノシシ *217*
衣服 180, *203*, 222, *223*
イムホテプ Imhotep *239*
イラン 208, *208*, *226*
イラン高原 *209*
イルレット Ileret *116*
岩陰住居 rock shelters *154*, *186*, *187*, *195*, 204
殷（イン）240
印象化石 *17*
イングランド 138, *180*, *203*, 217
インダス文明 *227*, 233, **234-235**
インド
　　アフリカからの移動経路 *187*
　　岩絵 *205*
　　大陸移動 10, *11*, *13*
　　トバ火山 *186*
　　ニワトリ 215
　　農業 *209*
インドネシア 144

最古の人類化石 *181*
人類の移動経路 *176*
ホモ・エレクトス 124, *125*
リアン・ブア洞窟 *146*

ウ

ヴァイデンライヒ、フランツ Weidenreich, Franz 124, *181*
ウアカリ uakari monkey 45, *45*
ヴァル・カモニカ Val Camonica *223*
ヴァルディヴィア Valdivia *218*
ヴァルナ墓地 Varna cemetery *224*
ヴァンガード洞窟 Vanguard 154, *157*
ヴィクトリアピテクス victoriapithecid *46*
ヴィットウォーターズランド大学 88
ヴィーナス像 *33*
ウィランドラ湖群 Willandra Lakes *187*
ヴィレンドルフ Willendorf *189*
ヴェーゲナー、アルフレード Wegener, Alfred *11*
ヴェトナム *215*
ヴェドベック墓地 Vedbaek grave *203*
ウェールズ Wales *230*
ウォーカー、アラン Walker, Alan 116
ウォルデガブリエル、ギディ WoldeGabriel, Giday 70
ウォレス、アルフレッド・ラッセル Wallace, Alfred Russell 37
ウォロ・セゲ（フローレス島） Wolo Sege *145*
ウシ *221*, *227*
歌 *203*, *204*
武城（ウーチョン） *241*
ウッド、バーナード Wood, Bernard *101*, 116
ウッドワード、アーサー・スミス Woodward, Arthur Smith 16
腕渡り *50*
ウナラスカ島 Unalaska *195*
ウベイディヤ Ubeidiya *180*
ウマ（類） *12*, *138*, *220*, 221, *221*, *240*
ウミイグアナ iguanas, marine *37*
ウーリーザル woolly monkey *45*
ウル（シュメール） Ur, Sumer *229*, *234*, **234**
　　ウルのスタンダード **236-237**
　　王族の墓地 *226*, 226
ウルク（シュメール） Uruk, Sumer *234*
ウルッツァ文化 Uluzzian culture *191*
ウルブルン沈没船 Uluburun *227*, *227*

エ

エヴェンキ族 Evenki people *193*
エオシミアス Eosimias *12*, *43*
役畜 *221*
エクアドル *218*
エジプト **238-239**
　　搾乳 *220*
　　社会的アイデンティティ *223*
　　宗教 *228*
　　農業 212
　　副葬品 *228*
　　ミイラ化 *228*
　　文字 *233*
エジプトピテクス Aegyptopithecus *43*, *46*
エチオピア 78, *79*
　　アラミス 70
　　アワシュ渓谷下流域 *81*
　　アワシュ渓谷中流域 68, *68*, 70, 74, 92

248 索引

オモ盆地 74, 92
キビシュ累層 *164*
ゴナ 102
ディキカ 78
農業 213
ブウリ累層 92
ヘルト 164, *164*
ホモ・サピエンスの出現 184
ホモ・ハイデルベルゲンシス 182
エーデルワイス洞窟探検隊 130
エリコ Jericho 208, *208*
エルテベレ文化 Ertebøølle culture *202*
エルヴィス Elvis 137
エレファス・レッキ Elephas recki 103, *119*
遠隔探査 24, 25, *25*
エンギス Engis 152
エンセテ ensete 213
エンドウマメ *207*

オ

尾(霊長類)39
オアシス oases *238*
オーエンペリの岩場 Oenpelli rocks *205*
大型類人猿 50, 54-55
オオムギ 206, 208, 209, 212, 215, 216
オーカー ochre 33, *166*
押型文土器 Impressed Ware 216
オシリス Osiris 239
オース Oase *189*
オーストラリア
　アフリカからの移動経路 187
　移住 196
　岩絵 204, *205*
　贈り物の交換 *226*
　宗教 228
　人類の移動経路 *177*
　大陸移動 11
　マラクナンジャ岩陰住居 *187*
　マンゴ・マン *187*
オーストリア *189*, 217
オーストロネシア語族 Austronesian 197
オセアニア Oceania 196-197, 201
オッペンハイマー、スティーヴン
　Oppenheimer, Stephen 176, 178
オナガザル科(旧世界ザル)cercopithecidae 47
オマキザル科 cebidae 39, **45**
オモ・キビシュ Omo Kibish 184
オモミス類 omomyidae 41, *41*, 43
重り 220, *233*
オランウータン *38*, 50, *50*, 52, *52*, 53, 55
オーリニャック文化 Aurignacian 189, *189*
織物 208, 223
オルドヴァイ峡谷 Olduvai Gorge 94, *94*, 96,
　102, *102*, 103, 106
　デイノテリウム 100
　道具 *32*, 102, 103, 118
　ホモ・ハビリス 100, 101
オルドヴァイ石器製作技法
　Oldowan tool industry 94, 102, *102*, 103
オルトヴァレ・クラダ岩陰住居 Ortvale Klda
　rock shelter 154
オールド・クロウ Old Crow 195
オルメカ文明 Olmeca 222, 233, **242**
オレオピテクス Oreopithecus 55
オロゲサイリー Olorgesailie 119, *119*, *180*
オーロックス aurochs *33*, 206
オロリン・トゥゲネンシス Orrorin tugenensis·
　60, *60*, **68**

カ

貝殻
　インダス川 *227*, 234, 235
　交易 218, 226, *227*
　狩猟採集民 202, 203
　中国 241
　道具 220, 240
　宝石類 184, 203, 215, 222, *222*
　ホモ・ネアンデルタレンシス 154, *156*
海上交易 227, 234, 235
海水面の上昇 200, *200*, 201, *201*
階段ピラミッド 239
カイポラ Caipora 44
貝類
　狩猟採集民 202, *202*, 203
　日本 215
　ホモ・サピエンス 184
　南アフリカ 185
カガ・カンマ岩陰住居
　Kagga Kamma rock shelter *204*
カクタス・ヒル Cactus Hill 195
核 DNA nuclear DNA 179, 191
火成岩 14, *14*
化石ができるまで **18-19**
化石記録 15
　霊長類の系統樹 38
化石群 15
化石コレクション 16
化石とはなにか **16-17**
化石の生成 taphonomy 18
火葬 228
カダヌームー Kadanuumuu 79, *79*
家畜 206, 207, 208, 209, *209*, 220, 221
　アフリカ 212, 213
　岩絵 213
　ウル 237
　ステップ遊牧民 221
　中国 214, 215
　ヨーロッパ 217
楽器 189
カナポイ遺跡 Kanapoi 74, *74*
カブウェ Kabwé 137, 140, 182
カフゼー洞窟 Qafzeh Cave *167*, 170, 184, *184*
カフラー Khafre *238*
花粉 *23*, 24, *24*
窯 214, 222, 225
神 228, 229, 233, 239
仮面 241, *241*, 242
カモヤピテクス Kamoyapithecus 46
ガラゴ galagos *38*, *39*, 41, 42, *42*
ガラス 222, 227
カラノヴォ Karanovo 216
カラノヴォのシカ形飲み物容器 *222*
ガラパゴス諸島 Galapagos islands 37
カラハリ砂漠 Kalahari Desert 88
カラル Caral 242, *242*
カリウム・アルゴン法 94
カルパティア山脈 Carpathian Mountains 189
カルボネル、エウダルド Carbonell, Eudald 130
カルメル山洞窟群 Mount Carmel Caves 184
灌漑 218, 232, 234, 242
韓国 214, **215**
ガンジス谷 Ganges Valley 209
岩石層(地層)**14**, *15*, *23*
乾燥化 65
間氷期 *11*, 13
カンボジア 215

岩面美術 **204-205**, *223*
　アフリカ 212
　アラーニャ洞窟 202
　オルメカ 242
　サハラ *213*
　ハワイ *197*
顔料 154, *187*, 222, 223

キ

気候変動
　アフリカにおける農業 212
　現生人類 184
　新生代 12
　人類の移動経路 *177*
　人類の進化 *65*, 65
　先史時代 11
　南北アメリカ大陸 195
ギザ Giza *238*
技術
　現生人類 190
　ホモ・ネアンデルタレンシス 154, 191
　ホモ・ハイデルベルゲンシス 182
騎乗動物 221
貴石(宝石)*222*, 226, 235, *235*, *238*
季節資源 202
北アジア 192-193
北アフリカ 168, 201, 212
北アメリカ
　移住 **194-195**
　クローヴィス狩猟採集民 201, 203
　人類の移動経路 *176*
　農業 *218*, 218
　冶金 225
北大西洋 194
北ヨーロッパ
　狩猟採集民 203
　乳糖耐性 220
　農業 217
キツネザル類 lemurs *38*, 41, 42
絹 214, 223, 235
キノア quinoa 218
キノグナトゥス Cynognathus 11
キビシュ累層 Kibish Formation *164*
キプロス島 208
ギボン gibbons *38*, *39*, 50, *50*
キメウ、カモヤ Kimeu, Kamoya 116, *116*
旧世界ザル *13*, 45, **46-47**
宮殿 232, 240, 241
暁新世 Paleocene 40, 41, *41*
共同住宅 longhouses 215, 217
狭鼻猿類 catarrhine 45, 46
恐竜 dinosaurs *11*, 12, *13*, 38
曲鼻猿類 strepsirrhine 41, *41*, 42, 43
去勢牛 221
巨石遺構 228
巨石墓 216, 230
ギョベクリ・テペ Göbekli Tepe **210-211**
漁労・魚の捕獲
　アフリカ 212
　アマゾン 218
　ウル *237*
　エジプト *239*
　狩猟採集民 202, 203
　地中海 216
　中国 215
　南アフリカ *185*
　メソアメリカ 218
　ヨーロッパ 217

ギリシャ 136, 191
　農業 216
金 225, *225*, *226*
銀 225, 227, *227*, 234, 235
キング、ウィリアム King, William 152
金属 24, 226, *238*

ク

楔形文字 233, *233*
グジャラート Gujerat 235
クジラ *12*, 203
果物 202, 214
グッドイヤー、アルバート Goodyear, Albert 194
轡(くつわ)221
グドール、ジェーン Goodall, Jane 55
クーニャック(洞窟壁画)Cougnac 188
クービ・フォラ Koobi Fora 95, 101, 106, 116,
　116, 120
クフ王 Khufu *238*, *239*
　大ピラミッド 238
クモザル spider monkey *38*, 45
クモザル科 Atelidae 45
クラシーズ河口 Klasies River Mouth 164, *176*, 184
グラン・ドリーナ Gran Dolina *22*, 130, *130*,
　131, *131*, 138, *138*, 139
クリーバー cleavers 118
グリーンランド氷床 *11*, 201
グルジア 110, 154, 176, 180
くるみ割り人 "nutcracker man" 94, 95
グレースボー Glesborg *202*
クレード clade 38
クローヴィス型尖頭器 Clovis stone points 194, *194*
クローヴィス狩猟採集民 201
グロッソプテリス Glossopteris 11
クロマニョン人 Cro-Magnons 190
クロムドライ Kromdraai 93, *93*

ケ

芸術
　オルメカ 242, *242*
　岩面美術 **204-205**
　ギョベクリ・テペ 210
　搾乳 220
　人類の移動経路 *176*
　チャビン文化 242
　都市 233
　ブロンボス洞窟 *185*
　文化 33
　ペシュ・メルル洞窟 188
K-T 絶滅(白亜紀・第三紀間大量絶滅)12
系統(学)38
系統地理学 179
結婚 203
ケナガサイ woolly rhinoceros 13
ケニア 74, *74*, 75, 78
　オロゲサイリー 119, *119*
　クービ・フォラ 95, 101
　トゥルカナ湖 74, 75, 92, 101, *116*
ケニア国立博物館(ナイロビ)94
ケニアントロプス・プラティオプス 60, 65, *75*
ケニス兄弟(アドリー、アルフォンス)Kennis,
　Adrie and Alfons 30
ケネウィック・マン Kennewick Man 195
ゲノム
　人類 29, 58, 177, 178-179, *179*, 191
　人類とチンパンジーの違い 55

索引 | **249**

ケバラ洞窟 Kebara Cave 153, *154*
ケルマーン地方（イラン）Kerman *226*
ケルン（石積みの塚）cairn 230
言語 32, *55*, 118, 197
言語的証拠 *196*, 197
剣歯ネコ sabre-tooth cats *110*, 195
現生人類
　洞窟壁画 *188*
　ネアンデルタール人 **190-191**
　東アジア 193
　復元 170, *170-171*
　ホモ・サピエンスの出現 184, *184*
　ホモ・ハイデルベルゲンシス 182
　ヨーロッパ 189

コ

交易 24, **226-227**, 235
黄河流域 214
合金 225
考古学 22-25, 80
　人類の移動経路 *176*, 177
　ヒト属（ホモ属）102
　ホモ・サピエンス **166-167**
　ホモ・ネアンデルタレンシス 154
　（ネアンデルタール人）
　ホモ・ハイデルベルゲンシス 138
甲骨 oracle bones 240, *240*, 241
更新世 Pleistocene
　オセアニアへの移住 196, 197
　人類の移動経路 *176*, 187
　ベーリンジア 194
　ホモ・ハイデルベルゲンシス *137*, 138
鉱石 ores 24, 225
行動 **32-33**
　ホモ・サピエンス 16
　ホモ・ネアンデルタレンシス 154
交配（現生人類とネアンデルタール人）190, *190*, 191
広鼻猿類（新世界ザル）platyrrhine **44-45**
後氷期 postglacial period **200-201**, 202, 203, 204
古王国 Old Kingdom *223*, *238*, **239**
穀倉 234
穀物 155, 203, 206, 209, 213, 214, 217, 221
黒曜石 obsidian 216, **226**, *242*
古人類学 palaeoanthropology *23*, 80
古生代 Paleozoic Era 10
古生物学 palaeontology 22, 23
国家 **232-233**, **235**, 241
黒海 Black Sea 189
骨格
　アウストラロピテクス・アファレンシス *79*
　大型類人猿 *52*, *53*
　ヒト 27
　ホモ・アンテセッソール 131
　ホモ・サピエンス 165
　ホモ・ネアンデルタレンシス *152*, 153, *155*
　ホモ・ハイデルベルゲンシス *137*
骨器
　人類の移動経路 *176*
　チャタルヒュユク 209
　中国 215, 240, 241
コック・パノム・ディ遺跡 Khok Phanom Di 215, *215*
午蹄中目 meridiungulates 44
古銅器文化 Old Copper Culture 225
ゴナ 102
コパン、イヴ Coppens, Yves 78
コブウシ zebu cattle *209*

コプトス Koptos 238
ゴベロ Gobero *212*
コムギ 206, *206*, 208, 209
　アフリカ 212
　日本 215
　ヨーロッパ 216
暦 229, 242
ゴーラム洞窟 Gorham's Caves 154, *157*
コリトサウルス Corythosaurus 13
ゴリラ 50, 51
　構造比較 *52*, 52
　チンパンジーとの共通祖先 54
　道具の使用 55
　ナックル・ウォーキング 69
　脳の大きさ 53
　霊長類の系統樹 *38*
コルシカ島（ドルメン）Corsican dolmen 216
コルディレラ氷床 Cordilleran Ice Sheet 11, 201, *201*
コロブス colobus *38*, 47, *47*
婚姻 226
コンソ＝ガルデュラ Konso-Gardula 118
コンヤ平野 Konya Plain 209

サ

最古の霊長類 41
最終氷期最盛期（LGM）*188*, 195, 196, 201
細石器 microliths 32
材木 227, 235, *238*
サイモンズ、エルウィン Simons, Elwyn 43
サキ（類）pitheciidae *45*
作業場 240, 241
作物
　アフリカ 212, 213, *213*
　アンデス 218
　インダス川 235
　北アメリカ 218
　ステップ遊牧民 221
坐骨結節 47, *47*
サゴヤシ 206, 215
サッカラ Saqqara 238, 239
サツマイモ 197, 218
サディマン火山 Sadiman volcano *82*
サハラ以南アフリカ 65, 212, 213
サハラ砂漠
　岩絵 204, *205*, 213
　後氷期 201
　搾乳 220
　人類の移動経路 *176*
　動物の利用 221
　農業 212, *212*
サバンナ仮説 65
サバンナスタン savannahstan 181
サバンナモンキー *38*
サフル陸塊 Sahul 196
サヘラントロプス 13
サヘラントロプス・チャデンシス 60, *60*, 62-63, **64**, 66, *66-67*
サマセット・レヴェルズ Somerset Levels 217
サラスヴァティ川 Saraswati River 235
サルゴン（アッカド）Sargon 234
サンギラン Sangiran 124, *124*, 125, *181*
三星堆（サンシントウイ）Sanxingdui 241, *241*
サン＝セゼール St-Césaire 154, 190, 191
サン族 San people 203, *204*
三内丸山 215
サンブンマチャン Sambungmacan 183
ザンビア *137*, 140, 182

サン・ロレンソ San Lorenzo 242

シ

夏（シア）王朝 240, *240*
シアマン siamang *39*, 50
相（シアン）240
飼育・栽培
　アフリカ 212, 213
　アマゾン 218
　アンデス 206, *206*, 207
　植物 206, *206*, 207
　動物 206, *206*, 207
　メソアメリカ 218
　ヨーロッパ 216, 217
シヴァピテクス Sivapithecus *46*, 50
ジェイトゥーン Djeitun 209
シェーテンザック、オットー Schoentensack, Otto 136
シェーニンゲン Schöningen 138
シェーニンゲンの槍 182
ジェベル・イルー Jebel Irhoud 164, 168, 184
ジェベル・カフゼー Jebel Qafzeh 164, *165*
ジェベル・ファヤ Jebel Faya 186
シエラ・デ・アタプエルカ Sierra de Atapuerca 130, 138, 180, 182
色覚 39, 44, 45
自己認識 55
刺繍 223
示準化石 index fossils 15, *15*
始新世 Eocene 40, *41*, 43
自然選択 natural selection 36, 37, *220*
始祖鳥 Archaeopoteryx 36
漆器 241
ジッグラト ziggurat *229*, 234, *234*
CTスキャン 28, 64
シナイ半島 Sinai *176*, 186, 187
指背歩行（ナックル・ウォーキング）69
シビロイ国立公園 Sibiloi National Park *103*, *116*
シブドゥ洞窟 Sibudu Cave 166
ジブラルタル 28, 152, 154, *157*
シベリア *176*, 191, 192, *192*
シマ・デ・ロス・ウエソス Sima de los Huesos 27, 136, *136*, 137, *137*, 138, *138*, 182, *182*, *183*
下エジプト 238
視野・視覚 37, *39*
シャテルペロン文化の道具 Châtelperronian tools 154, *190*, 191, *191*
シャーフハウゼン、ヘルマン 152
シャーマン shamans 203, *205*, 228, 229, 242
車輪 221
ジャワ原人 181
ジャワ島
　最古の人類化石 181, *181*
　ニアー・オセアニアへの移住 196
　ホモ・エレクトス 124, *125*, 126, 183
商（シャン）王朝 228, **240-241**, *240*
商文化 *228*, 233, 240-241
種 species 36, *37*
住居 208
　北アメリカ 218
　チャタルヒュユク 209, *209*
　チャビン文化 242
　中国 214, 215, 241
　メヘルガル 209
　ヨーロッパ 216, *216*, 217, *217*
宗教 **228-229**, 232, 233
　ウルク 234
　エジプト 238

オルメカ 242, *242*
チャタルヒュユク 209
チャビン文化 242
バルカン半島 216
周口店 124, *124*, 125, **181**, 192, 240
蜀（シュー）国 241
出アフリカモデル 191
出アフリカⅡモデル 177
シュミット、クラウス Schmidt, Klaus 210
シュメール文明 Sumerian 234
シュメルリンク、シャルル Schmerling, Charles 152
ジュラブ砂漠 Djurab Desert 64
狩猟
　初期の人類 182
　ホモ・サピエンス *184*
　ホモ・ネアンデルタレンシス 154, 155, *155*
　ホモ・ハイデルベルゲンシス 136, 138
狩猟採集民 hunter-gatherers **202-203**, 226
　オセアニアへの移住 196
　クローヴィス 201
　後氷期 201
　ブロンボス洞窟 *185*
シュルギ Shulgi
ジュワラプラム Jwalapuram 186, *187*
城塞 233, 234
縄文土器 215
初期王朝時代 234, 236, 238
書記体系 **233**, 238
食人 130
食生活
　アウストラロピテクス・アナメンシス 74
　アルディピテクス・カダバ 68
　アルディピテクス・ラミダス 70, *72*
　エジプト *239*
　オモミス類 *41*
　狩猟採集民 *202*
　農業 209
　パラントロプス・ロブストス 93
　ブロンボス洞窟 *185*
職人の技 **222-223**, 232
　インダス川 234, 235
　中国 240, 241
　ホモ・サピエンス 166
植物
　織物 223
　考古学 24
　最古の植物 10, *11*
　狩猟採集民 202, 203
　農業 206, *206*, 207
ジョセル Djoser 239
織機 *223*
ジョハンソン、ドナルド・C Johanson, Donald C. 78, *78*
シーラカンス coelacanth 10, *18-19*
シリア 208
ジルホー、ジョアン Zilhao, Joao 154
白いシャーマンの洞窟 White Shaman Cave 205
シワリク・ヒル Siwalik Hills 46
真猿類 anthropoid 12, *43*
進化 **36-37**, 38
　人類 **58-59**, 178, 183, 199
シンガ Singa 164
新乾（シンカン）241
人口増加 187, 213, 232
ジンジ Zinj 94, *94*, 102
ジンジャー 228
ジンジャントロプス・ボイセイ→パラントロプス・ボイセイ
真珠 235

浸食 14
新生代 Cenozoic Era 12, 12
新世界 New World
　移住 **194-195**
　国家 232
　動物の家畜化 206
新世界ザル **44-45**, 47
新石器時代 Neolithic Period
　イギリス 216
　オセアニアへの移住 196, 197
　キプロスの住居 208
　巨石墓 230
　交易 227
　道具 32, 32
　農業 208, 217, 217
　飲み物容器 222
身体装飾 140, 154, 169
神託 240
ジンバブウェ 204
針葉樹 conifers 11, 12
人類化石 15, 21, 22, 181
人類の足跡 116
人類の移動経路 176-179, 189
人類の進化 58-59, 177, 178, 183, 184, 199
神殿、寺院 229, 229, 232, 233
神話 203, 204, 228, 234

ス

スイギュウ 207, 214, 215, 221
スカラ・ブレイ Skara Brae 217
スカンディナヴィアの岩面彫刻 204, 204
スカンディナヴィア氷床 11, 201, 201
犂 215, 215, 221, 221
スコットランド 217, 230
錫 225, 225, 227, 227, 235
スーダン 164, 213
スター・カー Star Carr 203
ステゴドンゾウ Stegodon 145
ステップ遊牧民 221
ステルクフォンテイン洞窟 Sterkfontein Caves 88, 88, 89, 93
ストカーゲン=ドール Sutkagen-dor 235
ストーンサークル stone circles 229
ストーンヘンジ Stonehenge 229
スフール洞窟 Skhul Caves 164, 184, 184
スペイン
　移住 189
　人類の移動経路 180
　壁画 188, 202
　ホモ・アンテセッソール 130
　ホモ・ハイデルベルゲンシス 136, 136, 138, 182
　農業 216
スーペ渓谷 Supe Valley 242
スマトラ島 186, 196
スミス、ウィリアム Smith, William 14, 15, 15
スミドウロ洞窟 Sumidouro Cave 194
スロー・ロリス slow loris 42
諏訪 元 Suwa, Gen 68, 70
スワルトクランズ Swartkrans 93, 93
スンダ陸塊 Sunda 196

セ・ソ

税 233, 235, 240
生痕化石 **17**
生層位学 biostratigraphy 15

聖地 210, 210, 228, 229
性的二形 **96-97**
　アウストラロピテクス・アファレンシス 82
　アウストラロピテクス・アフリカヌス 89
　アウストラロピテクス・ガルヒ 92
　アウストラロピテクス・セディバ 93
　大型類人猿 53
　パラントロプス・ボイセイ 95, 97
　ホモ・エルガスター 97
　ホモ・エレクトス 125
　ホモ・サピエンス 165
青銅器時代 204, 223, 240
青銅冶金 225
　韓国 215
　中国 240, 241, 241
生物の多様性 45
石核調整技法 138, 154, 154, 166
脊索動物 chordata 38
石頭 242, 242
脊椎動物 vertebrata 10, 16, 38
石斧 stone axes 196, 217, 226
石器 stone tools 32, 80, 81
　アジア 192, 193
　アシュール文化 118, 118, 119, 119
　アフリカからの移動経路 187
　オーストラリア 187
　狩猟採集民 202
　人類 60, 180, 180
　中国 240
　ヒト属（ホモ属）102, 103
　フローレス島 145, 145
　ホモ・アンテセッソール 130, 131, 131
　ホモ・サピエンス 166, 166
　ホモ・ネアンデルタレンシス 154
　ホモ・ハイデルベルゲンシス 138, 138, 139
舌骨 32, 32
節足動物 Arthropoda 10
絶対年代測定法 10, 22
セヌ、ブリジット Senut, Brigitte 68
セネティテス Senetites 239
セネブ Seneb 239
先カンブリア時代 Precambrian 10, 10
線形粒子加速器年代測定法 linear accelerator dating 24
染色体 36, 36, 58, 59, 59
鮮新世 Pliocene 181
漸新世 Oligocene 46
戦争（戦い）221, 240, 241, 242
線帯文土器文化 Linearbandkeramik (LBK) 217
先土器新石器時代 Pre-Pottery Neolithic 208, 208
選抜育種 206
染料 206, 223
ソア盆地 Soa Basin 145
層位学 stratigraphy 14, 15
草原 201
　アフリカにおける農業 212
　気候変動 65, 65
　新生代 12, 12
　動物の利用 221
装飾品 184, 191, 203, 223
創世神話 228, 228
ソープストーン soapstone 227, 235, 235
ソリュートレ文化尖頭器 194
ソロ川渓谷 124, 124

タ

タイ 196, 215
体温 69

体化石 17
堆積岩 14, 14, 15
太平洋諸島 196, 197, 215
第四紀 Quaternary Period 11, 13, 13, 15
大陸移動 10, 11
大陸棚 200, 201
大陸地殻 200
大量絶滅 mass extinction 11, 12
台湾 197, 215
ダーウィニウス Darwinius 20, 41
ダーウィン、チャールズ Darwin, Charles 36, 37, 88, 152
タウング（カラハリ砂漠）Taung, Kalahari Desert 88
タウング・チャイルド Taung Child 88, 89, 89, 90, 91
タスマニア Tasmania 187
多地域進化説（地域連続説）multiregional model 177, 181, 183
タッシリ・ナジェールの岩絵 Tassili N'Ajjer rocks 205
タッシリ・マギデット Tassili Maghidet 213
竪琴 236, 237
ダート、レイモンド・アーサー Dart, Raymond Arthur **88**
棚田 232, 232
タブーン洞窟 Tabun Cave 184
タマリン tamarin 45
大理（ターリー）183, 183
タール砂漠 Thar Desert 235
タロイモ 215
単眼視 37
単孔類 monotreme 44
タンザニア 78
　オルドヴァイ峡谷 94, 94, 102, 118
　ホモ・ハイデルベルゲンシス 182
　ラエトリ 78, 164

チ・ツ

地域連続説（多地域進化説）177, 177, 181, 183
チェボイト Cheboit 68
建始（ヂエンシー）125
地殻均衡の回復 200
地球物理学的調査 22, 23, 24
地質記録 **14-15**
地質年代区分 10, 15
チーズ 220
地中海
　移住 189
　交易 235
　狩猟採集民 203, 203
　農業 216
チチュルブ・クレーター 12
知能 52, 53
チャタルヒュユク Çatal öyük **209**
チャド 64, 212
チャビン・デ・ワンタル Chavin de Huantar 223, 229, 233, **242**, 242, 243
中央アジア **209**, 221
中央ヨーロッパ **217**
中期旧石器時代 154
中期更新世 136, 138
中国
　オセアニアへの移住 197
　織物 223
　最古の人類化石 181
　商（殷）文化 **240-241**
　農業 214
　馬車 221

副葬品 228
ホモ・エレクトス 124, 125, 183
文字 233
冶金 225
中新世 Miocene 44, 46
中生代 Mesozoic Era 11
中石器時代 154, 166
中東 184, 187, 191
長形墳 216, 230
長江流域 215
周口店（チョウコウティエン）124, 124, 125, 181, 192, 240
彫刻 210, 222, 222, 242, 243
長鼻類（ゾウ類）Proboscidea 12
調理 182, 215, 216, 222
直鼻猿亜目・直鼻猿類 Haplorhini 41, 41, 43
直立二足歩行 69
　アウストラロピテクス・アナメンシス 74
　アウストラロピテクス・アフリカヌス 89
　アウストラロピテクス・セディバ 93
　アルディピテクス・ラミダス 70, 71
　大型類人猿 52
　オロリン・トゥゲネンシス 68
　気候変動 65, 65
　サヘラントロプス・チャデンシス 64
　進化 54-55
　人類 60
　ホモ・アンテセッソール 131
　ホモ・エルガスター 117
　ホモ・エレクトス 125
　ホモ・サピエンス 165
　ホモ・ジョルジクス 111
　ホモ・ハイデルベルゲンシス 137
チョッパー choppers 102, 102, 105, 118, 125, 180
鄭州（チョンチョウ）240
チリ 44, 176, 195
地理的隔離 45
金牛山（チンニョウシャン）183
チンパンジー 50, 50, 58, 72
　解剖学的構造の比較 52, 53
　進化 36, 38, 54
　道具の使用 55
　頭骨 53
　ナックル・ウォーキング（指背歩行）69
　脳の大きさ 53
　霊長類の系統樹 38
つづれ織り 223
ツパイ treeshrew 38

テ

DNA 36, 36, 58
　塩基配列 29
　オセアニアへの移住 197
　極北民 193
　考古科学 24, 25
　人類の遺伝的多様性 178
　人類の移動経路 179, 187
　地理的隔絶 45
　ネアンデルタール人 191
　ヒトとオランウータンの違い 55
　ヒトとゴリラの違い 55
　ヒトとチンパンジーの違い 54, 55, 55, 58
　分子時計 29, 38, 58
田園（ティエンユエン）193
ディカ Dikika 78
ディカ・ベイビー Dikika baby 78, 78, 79, 81

ディキカ・リサーチ・プロジェクト 81
ティゲニフ（テルニフィーヌ）Tighenif 126
ディケロフィゲ Dicellopyge 15
定住 *202*, *203*, 207, 208, 213, 215, 216, 217, 218
ティティ（モンキー）titi monkey *38*, 45
TD-10 地層（グラン・ドリーナ）TD-10 layer, Gran Dolina *138*, *139*
ディノテリウム Deinotherium 68, *83*, *100*
ディープ・スカル Deep Skull *187*, *187*
ティムナ渓谷 *226*
ティモール島 196
ティラコスミルス Thylacosmilus 13
ディルムン Dilmun 235
デヴィルズ・タワー Devil's Tower *28*
デ・カストロ、ホセ・マリア・ベルムデス de Castro, Jose Maria Bermudez 130
デカン高原 235
鉄鉱石 222, 242
テティス海 Tethys Sea 40
テナガザル Hylobatidae 50
デニソワ洞窟 Denisova Cave 191
デュボワ、ウジェーヌ Dubois, Eugene *124*, *181*
テル（丘状遺跡）tells 216
テル・アブ・フレイラ Tell Abu Hureyra 208
テル・ブラク Tell Brak *229*
テングザル Nasalis larvatus *47*
デンマーク *202*, *203*
天文学 229, 230

ト

ドイツ
　移住 189
　ホモ・ハイデルベルゲンシス 136, 138,140
　ホモ・ネアンデルタレンシス 152, 154
銅
　エジプト 234
　北アメリカ 218
　交易 227, 235
　採鉱 *226*
　パキスタン 227
　冶金 225, *225*
道具 *32*, *33*, 80, 81
洞窟
　洞窟壁画 33, *33*, *188*, 204-205
　人類化石 21
　宗教 229
ドウクツライオン cave lions 13
頭骨
　アウストラロピテクス・アファレンシス *78*, 84, *85*
　アウストラロピテクス・アフリカヌス *28*, 89, *89*, 90
　アウストラロピテクス・ガルヒ 92, *92*
　アウストラロピテクス・セディバ *93*, *93*
　アルディピテクス・ラミダス *71*
　エリコ *208*
　大型類人猿 *52*, *53*, *53*
　ケニアントロプス・プラティオプス 75, *75*
　現生人類 26, *26-27*, 53
　言葉を話す能力 32
　サヘラントロプス・チャデンシス 64, *64*, 66, *66*
　新世界 *194*
　パラントロプス・エチオピクス 92
　パラントロプス・ボイセイ *26*, *95*
　東アジア人 193
　ホモ・アンテセッソール 130, 131

ホモ・エルガスター 117, *117*
ホモ・エレクトス *124*, 125, *125*, 126, *126*
ホモ・サピエンス 165, 168, *168*, *169*
ホモ・ジョルジクス 111, *111*
ホモ・ネアンデルタレンシス *152*, *153*, 155, *159*
ホモ・ハイデルベルゲンシス 137, *137*, 140
ホモ・ハビリス 101
ホモ・フロレシエンシス 144, *144*, 145, *145*
陶磁器 222
島嶼性矮小化 *144*
東南アジア
　アフリカからの移動経路 187
　移住 196
　海水面の上昇 201
　ホモ・エレクトス 125
　農業 214, *215*
動物彫刻 *210*, *211*
動物の家畜化 **206**, *206*, *207*
動物の利用 220-221
トゥーマイ Toumaï 64, 66
トウモロコシ 206, 218, *218*
トゥルカナ湖 Lake Turkana 21, 74, 75, 78, 92, 101, 116, *116*
トゥルカナ・ボーイ 116, 117, *116-117*
都市 199, 232, **233**, 234, 241
都市国家 233, 234
ドッガーランド Doggerland 201
突然変異 58-59, 178-179
トッパー遺跡 Topper site *194*, *194*
ドナウ川 189, *189*
トバイアス、フィリップ 100
トバ火山 186
トバ湖 Lake Toba 186
ドマニシ Dmanisi 110, *110*, 111, 112, 176, 180, *180*
ドラヴィラ（インダス）Dholavira 235
トラウス、マルティン Trauth, Martin 65
ドリオピテクス Dryopithecus *46*, 50
ドリオモミス Dryomomys 41, *41*
トリニール Trinil *124*,*125*,*181*
トリンカウス、エリック 155
トリンチェーラ・デル・フェッロカリル Trinchera del Ferrocarril 130
トルクメニア Turkmenia 227
トルコ 227
　贈り物の交換 226
　ギョベクリ・テペ **210-211**
　チャタルヒュユク 209
　農業 208, *208*, 216
　ヨーロッパへの移住 189
トルコ石 *227*, *240*, 241
トレス・サポーテス Tres Zapotes 242
トロス・メナラ Toros-Menalla 64
泥レンガ 208, *208*, *209*, 216, 238

ナ

ナイシュシュ地層、オルドヴァイ峡谷 Naisiusiu beds, Olduvai Gorge *102*
ナイル川 River Nile 212
ナイル谷 Nile Valley 212, 238, *238*
ナイロビ Nairobi 94
ナウシャロー Naushara 235
ナウワラビラ岩陰住居 Nauwalabila *187*
ナカダ Naqada 238
ナチュクイ累層 Nachukui Formation 75
ナックル・ウォーキング knuckle walking 52, 55, *69*, *72*

ナトゥフ文化の狩猟採集民 Natufian 203
ナトロン natron 238
鉛 225, *227*
ナリオコトメ・ボーイ Nariokotome Boy 116
ナルメル王 Natmer, King 238
縄目文化（コーデッドウェア文化 Corded Ware）225

ニ・ヌ

ニアー・オセアニア Near Oceania 196
ニアー洞窟 Niah Cave 187, *187*
荷車 221, 227
二酸化炭素（グラフ）11
西アジア
　交易ルート 226
　国家 233
　陶工ろくろ 222
　動物の利用 220, 227
　農業 **208-209**, 210
　文字 233
　冶金 225
西アフリカ 212, 213
ニジェール・デルタ Niger Delta 213
西ヨーロッパ 217
ニップール Nippur 234
日本 201, 214, 215
荷役動物 219, 221, 227
乳糖耐性 220
ニューギニア 187, 196, *196*, 215
ニューグレンジ Newgrange **230-231**
ニュージーランド 197
ニューメキシコ 195
ニワトリ 214, 215, *215*
布 217, 223, 242
ヌビア Nubia 212

ネ

ネア・ニコメデイア Nea Nikomedeia 216
ネアンデル渓谷 Neanderthal 152, *152*
ネアンデルタール人 **152-155**, 158, *156-157*, *158-159*
　イスラエル *184*
　遺伝学 191
　化石 16
　現生人類との出会い **190-191**
　人類の移動経路 177
　DNA 29, *29*, 157
　道具一式 *191*
　頭骨 28
　歯 27
　復元 **30-31**
　埋葬 191, 228
　ヨーロッパ *184*, 186
ネイピア、ジョン Napier, John 100
ネクロポリス necropolis *238*, 241
ネコ類 13
ネズミキツネザル mouse lemur 38
熱帯雨林 35, 40, *41*
ネブラ・ディスク Nebra Sky Disc 229
年代測定法 23, 24, *24*, 25
　岩絵 204
　岩石 10, *10*
　石器 32
粘土 208, 216, 222, 233

ノ

農業 199, **206-207**
　アフリカ **212-213**
　インダス 234, 235
　エジプト 238, *238*
　オセアニア 197
　韓国と日本 215
　交易 226
　国家 232
　シュメール 234
　チャビン文化 242
　中央アジア 209
　天文学 229
　東南アジア 215
　南北アメリカ大陸 **218-219**
　西アジア **208-209**, 210
　東アジア **208-209**, 214-215
　南アジア 209
　ヨーロッパ **216-217**
農耕
　アマゾン 218
　アンデス 218
　北アメリカ 218
　初期の栽培 206
　動物の飼育 221
　日本 215
　農業 208
脳の大きさ（容量）**32**, 33

ハ

歯
　アウストラロピテクス・アファレンシス *78*
　アウストラロピテクス・アフリカヌス 89, *89*, 90
　アウストラロピテクス・ガルヒ 92, *92*
　アウストラロピテクス・セディバ 93, *93*
　アルディピテクス・カダバ 68
　アルディピテクス・ラミダス 70, *71*
　旧世界ザル 46, 47, *47*
　狭鼻猿類 45
　広鼻猿類 45
　サヘラントロプス・チャデンシス 64, *64*
　初期の霊長類 41
　農業の影響 209
　パラントロプス・エチオピクス 92
　パラントロプス・ボイセイ 95
　パラントロプス・ロブストス 93
　ホモ・アンテセッソール 130
　ホモ・エルガスター 116
　ホモ・エレクトス 125, *125*
　ホモ・サピエンス 165
　ホモ・ネアンデルタレンシス 27, *153*, *159*
　ホモ・ハイデルベルゲンシス 137, *141*
　ホモ・ハビリス 100
　ホモ・フロレシエンシス 145, *145*
バイア Bahia 44
バイカル湖 Lake Baikal *192*
百色（バイセー）125
排水路 233
ハイダ・グワイ諸島
ハイレ=セラシエ、ヨハネス Haile-Selassie, Yohannes 70, *79*
ハインリヒ・イベント Heinrich events 184
墓・墓地 224
　アーチ湖の成人女性 *195*
　ウル 236

宗教 228
狩猟採集民 203, *203*
中国 214, 215, 240, 241
ニューグレンジ 230
バーガー、トーマス Berger, Thomas *155*
バーガー、マシュー Berger, Matthew 93
バーガー、リー Berger, Lee 93
白亜紀・第三紀間大量絶滅（K-T 絶滅）12
バクストン石灰岩採石場 Buxton limeworks 88
馬車（戦車）221
岩絵 204
ウル 237
中国 240
副葬品 228
柱 210, *210, 211*, 230, *230*
バスク、ジョージ Busk, George 152
機織り 242
バダフシャン Badakshan *227, 235*
ハダール Hadar 78
蜂蜜の採集 *202*, 235
話す能力 *32*
バブ=エル=マンデブ海峡 Bab-el-Mandeb Strait 186
パラウストラロピテクス・エチオピクス→パラントロプス・エチオピクス
パラケラテリウム Paraceratherium 13
ハラッパ Herappa *234*, 235
パラントロプス・エチオピクス 60, 65, 92, *92*
パラントロプス・ボイセイ 61, *94-95*
オルドヴァイ地層 102, *102*
気候変動 65
性的二形 96-97
復元 *26*
パラントロプス類 88
パラントロプス・ロブストス 61, 93, *95*
気候変動 65
脳の大きさ *32*
ハリソン、トム Harrison, Tom *187*
バール・エル・ガザル Bahr el Ghazal 75
バルカン半島 Balkans 216, *222*, 225
バルチスタン Baluchistan *234, 235*
ハルツ山地 Harz Mountains 154
バル=ヨセフ、オファ Bar-Yosef, Ofer *154*
バーレーン Bahrain 235
ハワイ *197, 197*
パンゲア Pangaea *10*, 11
版築（夯土）*240, 241*
夯土（ハントゥー）*240, 241*
ハンドアックス（握斧）handaxes
アシュール文化 118, *118*, 119, *119*
旧石器時代 *32*
人類の移動経路 180
ボックスグローブ Boxgrove *139*
ホモ・サピエンス *182*
ホモ・ハイデルベルゲンシス 138, *182*
パンニング panning 225
ハンブルドン・ヒル Hambledon Hill *216*
半坡（バンポー）遺跡 Banpo 214, *214*
ハンマーストーン 81, *81, 102, 105, 118,* 131, *222*
盤龍城（パンロンチョン）241

ヒ

ヒエラコンポリス Hierakonopolis *238, 238*
ピエロラピテクス Pierolapithecus *54*
東アジア
移住 *192-193*
最古の人類化石 181
人類の移動経路 176, 180

乳糖耐性 220
農業 **214-215**
ホモ・エレクトゥス 125, *183*
文字 233
東アフリカ 78
気候変動 65
人類の移動経路 180
石器の使用 81
農業 212, 213
ホモ・サピエンス 168, *184*
東アフリカ大地溝帯 65
東地中海 189
ビーカー文化 Beaker culture 225
光検知測距装置 23
ビクーニャ vicuña *219*
ビーズ
アジア *192*
アーチ湖の成人女性 *195*
インダス川 234
カンボジア *215*
職人の技 222, *222*
ホモ・サピエンス *184*
翡翠 215, *222*, 240, 241, 242
ビスマルク諸島 Bismark Archipelago 196
ピックフォード、マーティン Pickford, Martin 68
ヒツジ 220, *220*, 221, *221*
アフリカ 212, 213
ウル 237
家畜化 206, *206*
農業 208, 209, 212, 213, 216
ヨーロッパ 216
ヒッパリオン Hipparion 68, *80*
ピテカントロプス・エレクトス→ホモ・エレクトス
ヒト 50
遺伝子 36
大型類人猿 **54-55**
大型類人猿との構造の比較 *52, 53*
狭鼻猿類 45
真猿類 43
脳の大きさ 53
ラテン語名 38
霊長類 *38, 39*
ヒト科 Hominidae 50, 54
ヒトゲノム 29, *179*
ヒトゲノムプロジェクト *179*
ヒト上科 Hominoidea 46
ヒト族 Hominini 54
ヒト属（ホモ属）Homo 55, 57
ヒトとチンパンジーの共通祖先 54
ヒトの骨格 27, *27*
ヒトの頭骨 *26, 26-27*, 64
火の使用 180, 182, *184*, 222
ヒヒ類 baboons 38, 47
ヒマラヤ山脈 Himalayas 46, 235
氷河 13, 200
氷河時代 155, *195*
氷期 *11*, 13, 176, 194, *194, 201*
病気
インダス 235
人類遺伝学 *179*
ホモ・ネアンデルタレンシス 152, 153
ホモ・ハイデルベルゲンシス 137
氷床 11, 13
後氷期 200-201
人類の移動経路 176
南北アメリカ大陸 194, *194*
氷床の後退 200, 201, *201*
肥沃な三日月地帯 Fertile Crescent 208
ヒヨケザル colugos 38

ピラミッド 228, 238, *238*, 239
ピルトダウン人偽造化石 Piltdown Man fossil hoax 16
ビンベットカの岩絵 Bhimbetkar rock art 204, *205*

フ

ファイアンス（陶器）faience 222, *222*, 234
ファイユーム Fayum 43, *43*
ファラオ pharaoh 238, 239
フィリピン諸島 215
婦好（フウハオ）240, *241*
ブウリ累層 Bouri Formation 92
笛 *189*
フェルトホーファー洞窟 Feldhofer Cave 152
フォーゲルヘルト洞窟 Vogelherd Cave *189*
フォッサム Fossum 204
フォーブス採石場 Forbes Quarry 152
フォン・ケーニヒスヴァルト、グスタフ・ハインリヒ・ラルフ von Koenigswald, Gustav Heinrich Ralph 124, 181
武器
初期人類 *182*
人類の移動経路 176
石器 *32*
中国 240
文化 *33*
冶金 225
フクロテナガザル→シアマン
ブタの飼育 pig farming 206, 208, 214, 215, *217*
ブッシュベイビー bushbaby 42
ブッシュマンの岩絵 Bushman 204
舞踏 *203, 203,* 204, 228
船乗り 216
船 227, 235, *239*
ブラジル *194*, 195
ブラック・スカル（黒い頭骨）Black Skull 92, *92*
ブラック、ダヴィッドソン Black, Davidson 124
ブラニセラ Branisella *44*
フランス
洞窟壁画 *188*
農業 216
ホモ・ネアンデルタレンシス 152, 153, 154, 155
ホモ・ハイデルベルゲンシス 136
ヨーロッパへの移住 189
ラスコー洞窟 *33*
レスピューグ *33*
フランス・チャド古人類学調査隊 64
ブリテン 230
プルガトリウス Purgatorius 40
ブルキナ・ファソ Burkina Faso 213
ブルゴス博物館 Museum of Burgos 130
ブルネ、ミシェル Brunet, Michel 75
ブルー・フィッシュ洞窟群 Blue Fish Caves 195
ブルーム、ロバート Broom, Robert 89, 93
フールロット、ヨハン Fuhlrott, Johann 152
プレシアダピス類 plesiadapiformes 40, 41, *41*
プレシアントロプス・トランスヴァーレンシス →アウストラロピテクス・アフリカヌス
プレ=プエブロ竪穴式住居 pre-Pueblo pit house 218
フレポン、シャルル Fraipont, Charles 152
ブロークン・ヒル Broken Hill 140
プロコンスル Proconsul 13, 46, *46*
プロトピテクス Protopithecus *44*
フロリスバッド Florisbad 164, *184*
フローレス島 Flores 144, *144*, 145, *146*
人類の移動経路 176
ブロンボス洞窟 Blombos Cave *33, 166,* 176,

184, 185
文化 *33*
分岐進化 38
墳丘 228, 230
分子時計 molecular clock 29, 38, 58, *58*
分類（法）**38-39**

ヘ

ヘイズブラ Happisburgh 180
ヘイ、リチャード *102*
北京原人 Peking Man *125*, 181
ペコス川下流域 *205*
ペシュテラ・ク・オース Pestera cu Oase 190, *190*
ペシュ・メルル洞窟壁画 Peche Merle Cave art 188
PET スキャン 118
ペトラロナ Petralona 136
ペトリファイド・フォレスト国立公園 Petrified Forest National Park 17
河姆渡（ヘムド）215, *215*
ベーリング海峡 Bering Straights 176
ベーリンジア（陸橋）Beringia *176*, 194, 201, *201*
ペルー 242
ヘルト Herto 164, *164*, 184
ベレムナイト化石 belemnite fossils 16
変異 37
ヘンシルウッド、クリストファー Henshilwood, Christopher *166*, 184
変成岩 metamorphic rocks 14, *14*
変動選択仮説 Variability Selection Hypothesis 65

ホ

ボア・レサ（フローレス島）Boa Lesa 145
放射性炭素年代測定 carbon dating 24
放射性年代測定法 radiometric dating 10, 22, 38
宝石類 222, *222* →貴石
ホエザル howler monkey *44*, 45
牧畜 *202*, 206, 208, 212, 220, 221, *221*
歩行
アウストラロピテクス・アファレンシス *80*
アルディピテクス・ラミダス 71
現生人類 81
二足歩行 69
ホモ・エルガスター 116, *117*
拇指対向性 opposable thumb 39, 47
ボーダー洞窟 Border Cave 164
北海 North Sea 201, *201*
ホッキョクギツネ Arctic fox 13
ボックスグローブ Boxgrove 138, *139*
ポッツ、リック Potts, Rick 65
ボディ・アート 156
ボド Bodo 182
哺乳類 Mammalia
考古科学 24
最初の肉食哺乳類 12
最初の哺乳類 11
種の数 37
分岐図 38
霊長類 39
ボノボ bonobo *39, 50,* 55, *58*
ホビット Hobbit *21, 186*
ホモ・アンテセッソール 61, 65, **128-131**, *139*, 180
ホモ・エルガスター 59, 61, **114-117**, *118*
足の最古の証拠 116
アシュール石器 118
気候変動 65
人類の移動経路 176, 177, 180, *180*

索引 | 253

ホモ・エレクトス *61*, 110, 118, **122-125**, 126, *126-127*, 181
　　足の最古の証拠 116
　　アシュール石器 118
　　オルドヴァイ峡谷の各地層 102
　　気候変動 65
　　人類の移動経路 176, 177
　　生痕化石 17
　　東アジア 181, 183
ホモ・サピエンス 57, *61*, **164-167**
　　アフリカでの出現 **184-185**
　　移動経路 174, 176, 177, *177*
　　オルドヴァイ峡谷の各地層 102
　　気候変動 65
　　最初のホモ・サピエンス 13
　　多地域進化説 183
　　トバ火山 186
ホモ・ジョルジクス *61*, **108-111**, *180*
　　気候変動 65
ホモ・ネアンデルターレンシス *61*, **150-155**, 156-157, 158, *158-59*
　　気候変動 65
　　人類の移動経路 177
ホモ・ハイデルベルゲンシス *61*, **134-139**, 182, *182*
　　気候変動 65
　　中国 186
　　東アジア 183
　　ホモ・サピエンスの出現 184
ホモ・ハビリス *59*, *60*, **98-101**, 104-105, 111
　　オルドヴァイ峡谷の各地層 102
　　気候変動 65
　　人類の移動経路 180
　　復元 *29*, 29
ホモ・フロレシエンシス *21*, *61*, **142-145**, *146*
　　気候変動 65
　　ユーラシア 186
ホモ・ペキネンシス(北京原人) *125*
ホモ・ルドルフェンシス 101, *106*
ホモ・ローデシエンシス→ホモ・ハイデルベルゲンシス
ホラアナグマ cave bear 13
ポリネシア諸島 Polynesian islands 197
ポルトガル 190, *190*
ホーレンシュタイン・シュターデル洞窟 Hohlenstein Stadel Cave 189
ホワイト、ティム White, Tim 68, 70, 78, 92

マ

埋葬
　　アーチ湖の成人女性 195
　　ウル 236
　　エジプト 238, 239
　　化石化 18
　　カンボジア 215
　　ゴベロ(アフリカ) 212
　　宗教 228
　　狩猟採集民 203
　　ステップ遊牧民 221
　　先土器新石器時代 208
　　地中海 216
　　チャタルヒュユク 209
　　中国 214, 240, 241
　　ネアンデルタール人 154, *154*, 191
　　ホモ・サピエンス 184
　　ホモ・ハイデルベルゲンシス 138
マウエル Mauer *136*, 140
マカ Maka 78
マカク macaque *38*, 47

マカパンスガット(洞窟) Makapansgat 33, 88
マガン Magan 234, 235, *235*
マクラン海岸 Makran coast *235*
マストドン類 mastodons 195
マスリン、マーク Maslin, Mark 65
マセク地層(オルドヴァイ峡谷) Masek beds, Olduvai Gorge 102
マタ・メンゲ(遺跡・フローレス島) Mata Menge, Flores 145
マダガスカル Madagascar 42
マニオク manioc 218, *218*
豆 206, 208, 218
マーモセット marmosets *38*, 45
マラクナンジャ岩陰住居 Malakunanja rock shelter 187
マラパ遺跡 Malapa 93
マーラヤ・スィア遺跡 Malaia Syia *192*
マリタ Mal'ta *192*
マロヤロマンスカヤ遺跡 Maloialomanskaia *192*
マンゴ湖 Lake Mungo 187
マンゴ・マン Mungo Man 187, *187*
マンゴ・レディー Mungo Lady 187, *187*
マンドリル mandrill 47
マンモス mammoth 192, *193*, 195

ミ・ム

ミイラ化 mummification 21
　　アンデス 218
　　エジプト *238*
　　宗教 228
ミクラステル Micraster *15*
ミクロピテクス Micropithecus 46
ミクロモミス科 Micromomyidae *41*
ミケーネ文明 Mycenaean 225, *225*
水
　　交易と輸送 227
　　後氷期 200
　　都市 233
　　農業 232
ミセス・プレス Mrs Ples *89*
ミトコンドリア DNA mtDNA
　　アジア *192*
　　オセアニアへの移住 196
　　極北民 *193*
　　人類の移動経路 179, *179*
　　人類の進化 59, *59*, 178, *178*
　　南北アメリカ大陸 195
　　ネアンデルタール人 191
ミトコンドリア・イヴ Mitochondrial Eve 59, *178*
南アジア 186, 208, *209*
南アフリカ
　　クラシーズ河口 164
　　クロムドライ 93, *93*
　　ステルクフォンテイン洞窟 88, *88*, 89, *93*
　　スワルトクランズ 93, *93*
　　ドリモレン 93
　　フロリスバッド *164*
　　ブロンボス洞窟 33
　　ボーダー洞窟 164
　　ホモ・サピエンス 184, *185*
　　マカパンスガット 88
　　マラパ 93
南アメリカ
　　移住 **194-195**
　　オセアニアへの移住 197
　　織物 223
　　暁新世期 44
　　大陸移動説 *11*

農業 *218*
ミイラ化 228
冶金 225
南インド 209
南太平洋 *196*
ムスティエ文化・遺跡 Mousterian sites 154, *155*
ムーラ=ゲルシー Moula-Guercy 155
ムラデチ(遺跡・チェコ) 190, *190*
ムリキ muriqui 45

メ

メガネザル(科) Tarsius *38*, *39*, *41*, **43**, *43*
メジリチ(アジア) Mezhirich *192*
メスカラムドゥグ(ウル王) Meskalamdug 236
メソアメリカ Mesoamerica
　　岩絵 204
　　オルメカ 242
　　交易 227
　　職人の技能 222
　　農業 206, **218**
　　文字 233
メソサウルス Mesosaurus *11*
メソポタミア Mesopotamia **234-235**
　　重り *233*
　　交易 235, *235*
　　搾乳 220
　　寺院 229
　　農業 208
　　文字 233
メドウクロフトの岩陰住居 Meadowcroft Rockshelter 195
メヘルガル Mehrgarh 209, *209*, 227
メラネシア Melanesia 191, *196*
メルハ Meluhha 235
メロス島 Melos 216
綿 218, 223
メンカウラー Menkaure 238
メンフィス Memphis 238

モ

モジョケルト Modjokerto 124
モヘンジョ=ダロ Mohenjo-daro 232, *233*, 234
銛 201
モルモット 218
モロッコ 164, 168, 184
モンテ・ベルデ Monte Verde 176, 195
モンゼー Mondsee 217

ヤ・ユ

ヤギ 206, 208, 209, 212, 213, 216, 220, 221
焼畑農業 207
焼レンガ 232
冶金 215, 222, **224-225**, 240
薬用植物 195, 206
矢じり 166
野鳥 202, 206, 212, 218, 239
山下町 *192*
ヤムイモ 206, 213, 215
槍 32, 138, 182
揚子江(ヤンツゥチアン)流域 215
有胎盤哺乳類 Placental mammals *39*
有袋類 Marsupialia 44
遊牧生活 208
　　アフリカ 212, 213

農業 218
ミイラ化 228
冶金 225
インダス 234
動物の利用 221
遊牧民 221, *221*
元謀(ユエンモウ) *125*
輸送手段
　　交易 227
　　動物 220, 221
ユーフラテス川 Euphrates River 234
弓矢 203

ヨ

羊毛(毛) 219, 220, *220*, 223, 235, 237
ヨザル night monkeys 44, 45, *45*
鎧 225
ヨーロッパ
　　移住 189, 190
　　巨石墓 230
　　狩猟採集民 203
　　人類の移動経路 177, *177*, 180
　　洞窟壁画 33, *188*
　　動物の利用 220
　　農業 **216-217**
　　ホモ・エレクトス 124
　　ホモ・ネアンデルターレンシス 152, 153, 154, 155, 190, 191
　　ホモ・ハイデルベルゲンシス 136, 137, 138, *141*, 182, *182*
　　冶金 225

ラ

ライオン・マン lion-man 189
来賓(ライピン) *193*
ラエトリ Laetoli 78, 164
ラエトリの足跡 80, *80-81*, *82-83*
ラガール・ウェロ Lagar Velho 190, *190*
ラクダ 220, 221
ラ・シャペローサン La Chapelle-aux-Saints 153, *153*, 158
ラ・シャペローサンの老人 158
ラスコー洞窟 Lascaux Cave 33, *188*
ラティメリア・カルムナエ Latimeria chalumnae *18*
ラテン語名 38
ラピス・ラズリ lapis lazuli 226, *227*, 235, 236
ラピタ文化 Lapita 196
ラ・フェラシー La Ferrassie 152, 153, 154
ラ・ベンタ La Venta 242
ラマ類 206, 218, 219, 221
ラ・ロシュ=ア=ピエロ La Roche-à-Pierrot 191
ラングール langur 47
ランソン(チャビン文化) Lanzón 229, 242

リ・ル

リアン・ブア洞窟 Liang Bua Cave *21*, 144, 145, *146*, 148
柳江人の頭蓋(リウチアン) *193*
リーキー、ミーヴ Leakey, Meave 75
リーキー、メアリー Leakey, Mary 78, 80, 94, *94*, 102, 103, 119
リーキー、リチャード Leakey, Richard 92, 95, 101, 116, *116*
リーキー、ルイス Leakey, Louis 94, 100, 102, *102*, 103, 119
リスザル squirrel monkey 45
リストロサウルス Lystrosaurus *11*

律動的気候変動仮説 65
リビア 213
両眼視 35, 37, 37, 39
両生類 amphibia 10, 38
緑泥石 226
リングクロスター Ringkloster 202
リンネ、カール Linnaeus, Carl 38
類人猿 apes
　解剖学的構造 39, 52-53
　狭鼻猿類 45
　原始的な類人猿 13
　現生類人猿 50
　初期 46
　真猿類 43
　祖先 41
　直鼻猿類 43
　ヒト上科 46

霊長類 39
ルヴァロワ技法 Levallois 154
ルーシー Lucy 26, 78, 78-79
ルシア Luzia 194, 195
ルドナ・グラヴァ Rudna Glava 225
ルーマニア 189, 190
ル・ムスティエ Le Moustier 154

レ・ロ

霊長類 primates 35, 39
　系統樹 38, 38
　最古(初期)の霊長類 12, 35, 40-41
　種の数 37
　進化 13, 37
　知能 53

両眼視 37, 37
礼拝 228, 229
レヴァント(西南アジア)
　Levant, Southwest Asia 177
レスピューグ Lespugue 33
礫器 pebble tools 32, 196
レンズマメ 208
炉跡 138, 157, 166, 216
蝋 235
ろうけつ染め batik textiles 223
ロータル Lothal 234, 235
ロック=ド=コンブ Roc-de-Combe 190
ロック・ド・マルサル Roc de Marsal 152
ロバ 212, 221, 227
ロバーツ、マーク Roberts, Mark 139
ロメクウィ Lomekwi 75
ロリス loris 39, 41, 42, 42

ローレンタイド氷床 Laurentide Ice Sheet 11, 201, 201
龍山(ロンシャン)文化 Longshan culture 240

ワ・ン

Y染色体 178, 179, 179
ワオキツネザル Lemur catta 42
ワドリー、リン Wadley, Lyn 166
ワニ類 38
ンガウィ Ngawi 183
ンカング Nkang 213
ンガンドン Ngangdong 183
ンドゥトゥ湖 Lake Ndutu 182
ンドゥトゥ地層(オルドヴァイ峡谷)
　Ndutu beds 102

出典

The publisher would like to thank the following for their kind permission to reproduce their photographs:

Genetic Tree on p.178 redrawn from fig. 0.3, *Out of Eden*, Oppenheimer 2003; arrows on map on pp.176—77 in part based on map in *Out of Eden*, 2003, and fig. 1 of *Quaternary International* 2009.

(Key: a-above; b-below/bottom; c-centre; f-far; l-left; r-right; t-top)

6-7 Andrew Yarme. 10-243 Corbis: Bill Ross (Background). 11 Dorling Kindersley: NASA / Digitaleye / Jamie Marshall (br); University Museum of Zoology, Cambridge (ca). 12 Corbis: Martin Rietze / Westend61 (bc); Mike Theiss / Ultimate Chase (tc). 13 Corbis: Franck Guiziou / Hemis (b). Science Photo Library: Mark Pilkington / Geological Survey of Canada (tr). 14 Corbis: Rainer Hackenberg. Wikipedia, The Free Encyclopedia: from The Geoscientist v 18, n 11, portrait by Hugues Fourau (r). 15 Dorling Kindersley: University Museum of Zoology, Cambridge (cr). 16 The Natural History Museum, London: (bl, bc). 16-17 Dorling Kindersley: Natural History Museum, London: (bl). Corbis: James L Amos (cl); George HH Huey (tr). Science Photo Library: Professor Matthew Bennett, Bournemouth University (br). 18 Dorling Kindersley: Natural History Museum, London (bl). SeaPics.com: Mark V. Erdmann (cl). 20 Getty Images. 21 Corbis: Nigel Pavitt / JAI (tr); Vienna Report Agency (br). Dorling Kindersley: National Museum of Copenhagen (br). Getty Images: Kenneth Garrett / National Geographic (tl). 22 Science Photo Library: John Reader (bl); Javier Trueba / MSF (t). 23 Alamy Images: John Elk III (bl). Corbis: Visuals Unlimited (br). Science Photo Library: Pascal Goetgheluck (ca); Pasquale Sorrentino (cr); David Scharf (cr). 24 Science Photo Library: Pascal Goetgheluck (ca); Philippe Psaila (tr); James King-Holmes (bl). 24-25 Corbis: Arne Hodalic (t). 25 Corbis: Reuters / Ho (tr); Visuals Unlimited / Biodisc (br). Science Photo Library: Pasquale Sorrentino (bl). 26 Corbis: Christophe Boisvieux (bc). Getty Images: AFP (bl). Hull York Medical School: Centre for Anatomical and Human Sciences. Produced by Dr Laura Fitton with support from BBSRC (grant BB / E013805 / 1) to Professors Paul O'Higgins (HYMS, University of York) and Michael Fagan (Dept. Engineering, University of Hull) (br). Science Photo Library: Javier Trueba / MSF (cl). 26-27 Science Photo Library: Javier Trueba / MSF. 27 Science Photo Library: D Roberts (br). Professor Tanya M. Smith: (bc). 28 National Institute of Standards and Technology / NIST: David S. Strait / University of Albany, SUNY, Photograph of Sts 5 by Gerhard Weber (bl). Science Photo Library: Philippe Plailly (c). 29 Science Photo Library: Volker Steger (br). 32 Dorling Kindersley: Natural History Museum, London (cr). 33 Corbis: Hemis / Jean-Daniel Sudres (br). Getty Images: AFP (cra). The Natural History Museum, London: (tr). 36-37 Corbis: Specialist Stock. 37 Corbis: Wayne Lawler / Ecoscene (cr). 41 Dr. Doug M. Boyer: (tr). Jens L. Franzen: Gingerich PD, Habersetzer J, Hurum JH, von Koenigswald W, et al. 2009 Complete Primate Skeleton from the Middle Eocene of Messel in Germany: Morphology and Paleobiology. PLoS ONE 4(5): e5723. doi:10.1371 / journal.pone.0005723 (br). 42-43 Corbis: Frans Lanting (c). 42 Corbis: Frans Lanting (cla). 43 Dorling Kindersley: Harry Taylor, Courtesy of the Natural History Museum, London (cr). National Science Foundation, USA: Erik Seiffert, Stony Brook University (br). 44 Dorling Kindersley: Thomas Marent (cl). Photographs courtesy of Andrea L. Jones: (bl, bc). 45 Alamy Images: Terry Whittaker (bl). Corbis: (c); Thomas Marent / Visuals Unlimited (tr); Kevin Schafer (bc). Dorling Kindersley: Rough Guides (br). Getty Images: Photo 24 / Brand X Pictures (cr). 46 Dorling Kindersley: Natural History Museum, London (tr, cb). National Museums of Kenya: (fbl, bl). 47 Corbis: Theo Allofs (tr). Dorling Kindersley: Jamie Marshall (cr); Rough Guides (br). 48-49 Corbis: Frank Lukasseck. 50 Corbis: Frans Lanting (bl). Dorling Kindersley: Oxford University Museum of Natural History (tr); Rough Guides (tl). 51 Corbis: Petr Josek / Reuters. 52 © Bone Clones, www.boneclones.com: (tl, tc, cl, c, bc). 53 © Bone Clones, www.boneclones.com: (cl, tc). 54 FLPA: Albert Lleal / Minden Pictures (bl). naturepl.com: Anup Shah (r). 55 Corbis: Bettmann (crb); Frans Lanting (cr); DLILLC (tc). Getty Images: John Moore (cla). 64 Professor Michel Brunet: (br). Dorling Kindersley: Gary Ombler (bc, br). Getty Images: Alain Beauvilain / AFP (tr). 65 Alamy Images: WorldFoto (br). 68 Alamy Images: Mike Abrahams (bc). Camera Press: Marc Deville / Gamma (tr). 69 Corbis: Markus Botzek (cr). 70 Alamy Images: FLPA (br); F. Scholz / Arco Images GmbH (crb). Los Alamos National Laboratory (LANL): (cl). 71 Corbis: Reuters / Science / AAAS (cr, tr, bc). Reuters: T. White / Science / AAAS (l). 74 Kenneth Garrett: National Museums of Kenya: (tr). 75 Alamy Images: Kolvenbach (b). Professor Michel Brunet: (tr). 78 Getty Images: AFP (bc). Science Photo Library: John Reader (tl). 79 PNAS: Yohannes Haile-Selassie, Bruce M. Latimer, Mulugeta Alene, Alan L. Deino, Luis Gibert, Stephanie M. Melillo, Beverly Z. Saylor, Gary R. Scott, and C. Owen Lovejoy.; An early Australopithecus afarensis postcranium from Woranso-Mille, Ethiopia. doi: 10.1073 / pnas.1004527107 ; PNAS July 6, 2010 vol. 107 no. 27 12121-12126 (br). 80 Science Photo Library: John Reader (tl). Paul Szpak: (tr). 80-81 Science Photo Library: John Reader (b). 81 Dikika Research Project: photo by Curtis Marean; Christoph P. E. Zollikofer et al, Virtual cranial reconstruction of Sahelanthropus tchadensis, Nature 434, 755-759 (7 April 2005), doi:10.1038 / nature03397), figure 4, reprinted by permission from Macmillan Publishers Ltd (tr). Raichlen DA,: Gordon AD, Harcourt-Smith WEH, Foster AD, Haas WR Jr, 2010 Laetoli Footprints Preserve Earliest Direct Evidence of Human-Like Bipedal Biomechanics. PLoS ONE 5(3): e9769. doi:10.1371 / journal.pone.0009769 (tl). 88 Alamy Images: AfriPics.com (b). Science Photo Library: John Reader (t). 89 Dorling Kindersley: Gary Ombler (c, cr); Harry Taylor, Courtesy of the Natural History Museum, London (bc). Kenneth Garrett: (br). Science Photo Library: John Reader (br). 92 Alamy Images: Hemis (b). Dorling Kindersley: Gary Ombler (bc). 93 Science Photo Library: John Reader (tc, tr). 94 Corbis: Brian A Vikander (b). Science Photo Library: Des Bartlett (tr). 95 Corbis: Gallo Images (b). Dorling Kindersley: Natural History Museum, London (tl). The Natural History Museum, London: (c, br). 100 Science Photo Library: John Reader (tr); John Reader (bc). 101 Dorling Kindersley: Natural History Museum, London (br, tr). 102 Dorling Kindersley: Natural History Museum, London (cra). Getty Images: National Geographic / David S. Boyer (c). Science Photo Library: Gary Ombler (tr). 103 Alamy Images: David Keith Jones / Images of Africa Photobank (tr); Paul Maguire (b). 106 Kenneth Garrett: (t). 110 Alamy Images: Danita Delimont / Kenneth Garrett (br). Kenneth Garrett: (t). 111 Copyright Clearance Center - Rightslink: Nature 449, 305-310 (20 September 2007) | doi:10.1038 / nature06134, David Lordkipanidze et al, Postcranial evidence from early Homo from Dmanisi, Georgia, figure 2 from, reprinted by permission from Macmillan Publishers Ltd (cl). Kenneth Garrett: (tr). Getty Images: National Geographic / Kenneth Garrett (bl). 116 Alamy Images: Marion Kaplan (tr); John Warburton-Lee Photography (cl). Copyright Clearance Center - Rightslink: Science 27 February 2009: 323 (5918), 1197-1201 figure 3, Matthew R. Bennett, et al, Early Hominin Foot Morphology Based on 1.5-Million-Year-Old Footprints from Ileret, Kenya © 2009 The American Association for the Advancement of Science (bc). 117 Dorling Kindersley: Trish Gant / National Museum of Kenya (l); Gary Ombler (r). 118 Dorling Kindersley: Dave King / Courtesy of the Pitt Rivers Museum, University of Oxford (r); The Natural History Museum, London. Faisal A: Stout D, Apel J, Bradley B (2010) The Manipulative Complexity of Lower Paleolithic Stone Toolmaking. PLoS ONE 5(11): e13718. doi:10.1371 / journal.pone.0013718 (br). Science Photo Library: John Reader (c). 119 Alamy Images: Karin Duthie (br). Dorling Kindersley: Nigel Hicks (t). 124 Alamy Images: (b). Getty Images: AFP (cl). Copyright NNM, Leiden, The Netherlands: (tr). Science Photo Library: John Reader (c). 125 Alamy Images: Natural History Museum, London (bl). Archives of American Art, Smithsonian Institution: photo courtesy Human Origins Program / Science 3 March 2000: 287 (5458), 1622-1626, figure 2. Mid-Pleistocene Acheulean-like Stone Technology of the Bose Basin, South China Hou Yamei, Richard Potts, Yuan Baoyin, Guo Zhengtang, Alan Deino, Wang Wei, Jennifer Clark, Xie Guangmao and Huang Weiwen, (c) 2000 The American Association for the Advancement of Science. (br). The Natural History Museum, London: (tl). 130 Science Photo Library: Javier Trueba / MSF (cl, cr, br, bc, cb). 131 Getty Images: AFP (bc). Science Photo Library: Javier Trueba / MSF (skeletal bones, br). 136 Getty Images: AFP (tl). Science Photo Library: John Reader (tr); Javier Trueba / MSF (l). 137 Science Photo Library: (l). 138 Getty Images: AFP (c). 138-139 Getty Images: AFP. 139 The Natural History Museum, London: (br, cr). 144 Alamy Images: Banana Pancake (c). Karen L.

索引 / 出典 | 255

Baab, Stony Brook University: photo courtesy of Peter Brown, University of New England, Australia (cr). **Dorling Kindersley:** Gary Ombler (tr, cra). **145 Adam Brumm, University of Wollongong:** (c). **Kenneth Garrett:** (br). **Getty Images:** Kenneth Garrett / National Geographic (bc). **W.L. Jungers:** (l). **146-147 Flickr.com:** Rosino (http://www.flickr.com <http://www.flickr.com>/photos/84301190@N00/1525434007/). **152 Kenneth Garrett:** (br, cl). **153 © Bone Clones, www.boneclones.com:** (l). **154 © Bone Clones, www.boneclones.com:** (br). **Dorling Kindersley:** Natural History Museum, London (bl). **PNAS:** João Zilhãoa, Diego E. Angelucci, Ernestina Badal-García, Francesco d'Errico, Floréal Daniel, Laure Dayet, Katerina Douka, Thomas F. G. Higham, María José Martínez-Sánchez, Ricardo Montes-Bernárdez, Sonia Murcia-Mascarós, Carmen Pérez-Sirvent, Clodoaldo Roldán-García, Marian Vanhaeren, Valentín Villaverde, Rachel Wood, & Josefina Zapata. Symbolic use of marine shells and mineral pigments by Iberian Neandertals. doi: 10.1073 / pnas.0914088107 ; PNAS January 19, 2010 vol. 107 no. 3 1023-1028 ; (bc). **155 Corbis:** Alison Scott (tc); Anup Shah (tr). **Kenneth Garrett:** (bl, br). **164 Alamy Images:** Hemis (cr); Ariadne Van Zandbergen (b). **Getty Images:** National Geographic (tc). **The Natural History Museum, London:** (tr, c). **165 The Natural History Museum, London:** (tl). **166 Marlize Lombard:** and Laurel Phillipson, Indications of bow and stone-tipped arrow use 64 000 years ago in KwaZulu-Natal, South Africa, Antiquity 2010, Vol: 84 No: 325 pp635-648 (http://www.antiquity.ac.uk / Ant / 084 / ant0840635.htm), photo courtesy Marlize Lombard (tr). **Science Photo Library:** John Reader (ca, bl, cl). **167 Science Photo Library:** Pascal Goetgheluck. **177 Getty Images:** Peter Adams / The Image Bank (crb); Peter Adams / Photographer's Choice (br); Matthias Clamer / Stone+ (bl); Brad Wilson / Stone (fcrb). **178 Science Photo Library:** Don Fawcett (tl). **179 Science Photo Library:** Eye of Science (br); James King-Holmes (bl). **180 Alamy Images:** Ancient Art & Architecture Collection Ltd (bc); FLPA (t); Danita Delimont / Kenneth Garrett (c). **Corbis:** Visuals Unlimited / Carolina Biological (bl). **KH Wellmann, Frankfurt am Main:** (bl). **181 Alamy Images:** Danita Delimont / Kenneth Garrett (bl). **Getty Images:** AFP (tl). **Science Photo Library:** John Reader (cr). **182 Niedersächsisches Landesamt für Denkmalpflege (NLD):** Peter Pfarr (c). **Science Photo Library:** Javier Trueba / MSF (c). **182-183 Getty Images:** AFP. **183 Kenneth Garrett:** (tr).

184 Alamy Images: Kenneth Garrett / Danita Delimont (cr). **Corbis:** Eberhard Hummel (crb); Hanan Isachar (bl). **University of Bergen, Norway:** Christopher Henshilwood & Francesco d'Errico (tl). **185 Science Photo Library:** John Reader. **186 Corbis:** EPA (c); NASA (bl); Charles & Josette Lenars (br). **Dr Alice Roberts:** (tl). **187 Corbis:** fstop / Marc Volk (t). **Kenneth Garrett:** (cr). **Colin Groves, Australian National University:** published by permission of Traditional Owners (bl). **Traditional Owners, published by permission of. 188 Dr Alice Roberts.** **189 akg-images:** (cr). **Getty Images:** AFP (br). **Mircea O. Gherase:** (bl). **190 The Natural History Museum, London:** (bl). **José Paulo Ruas:** courtesy João Zilhão, ICREA Research Professor, Universitat de Barcelona (http:// www.bristol.ac.uk / news / 2010 / 6777.html) (r). **191 Corbis:** DPA (tl). **Kenneth Garrett:** (bl, br). **Max Planck Institute for Evolutionary Anthropology:** Bence Viola (tr). **192-193 Alamy Images:** Arctic Images (t). **192 Dr Alice Roberts:** courtesy of the Hermitage Collection (r). **Science Photo Library:** Ria Novosti (br). **193 The Natural History Museum, London:** (br). **194 Alamy Images:** Phil Degginger (tr). **Corbis:** Reuters (c). **Kenneth Garrett:** (bc, bl). **195 Kenneth Garrett:** (tl, b). **196-197 Getty Images:** Altrendo (tl). **196 Professor Glenn Summerhayes, Anthropology, University of Otago, Dunedin:** (cr). **The University Of Auckland:** Courtesy of the Anthropology Photographic Archive, Department of Anthropology (c). **197 Alamy Images:** Bill Brooks (tl). **200 Corbis:** AlaskaStock (main image). **201 Alamy Images:** Graham Barclay (cra); Paul Felix Photography (clb). **Corbis:** Nadia Isakova / Loop Images (bl). **Norwich Castle Museum and Art Gallery:** (ca). **202 Alamy Images:** Interfoto (cl). **Torben Dehn, Heritage Agency of Denmark:** (b). **Dorling Kindersley:** Chris Gomersall Photography (r). **203 Dr. Uzi Avner:** Journal of Arid Environments, Vol 74, Issue 7, July 2010, 808-817, A. Holzer, U. Avner, N. Porat and L.K. Horwitz, Desert kites in the Negev desert and northeast Sinai: their function, chronology and ecology (c) 2009 with permission from Elsevier, reprinted from (tl). **The Trustees of the British Museum:** (bl). **Corbis:** Peter Johnson (tr). **National Museum Of Denmark:** Lennart Larsen (br). **204 Corbis:** Hoberman Collection (bl). **204-205 Corbis:** Gavin Hellier / JAI (b); Kazuyoshi Nomachi (t). **205 Corbis:** David Muench (cl). **Raveesh Vyas:** (bc). **206 Getty Images:** DEA / G. Dagli Orti (b). **207 Corbis:** Stephanie Maze. **208**

Alamy Images: Gianni Dagli Orti / The Art Archive (cla). **Dorling Kindersley:** Rough Guides (b). **209 Alamy Images:** Interfoto (cla). **© CNRS Photothèque:** Catherine Jarrige (bc). **Corbis:** Nathan Benn / Ottochrome (tr); Buddy Mays (bl). **Science Photo Library:** R. Macchiarelli / Eurelios (crb). **210 Camera Press:** Berthold Steinhilber / laif (cl, br, bl). **211 Alamy Images:** dbimages (t). **Camera Press:** Berthold Steinhilber / laif (bl, br). **212-213 Alamy Images:** Roberto Esposti. **212 Dorling Kindersley:** Museum of London (bl). **NASA:** Image Science and Analysis Laboratory, NASA-Johnson Space Center. "The Gateway to Astronaut Photography of Earth." (clb). **Press Association Images:** AP Photo / Mike Hettwer, National Geographic Society (c). **213 Corbis:** DLILLC (b); Philip Gould (tr). **Photolibrary:** Guenter Fischer / Imagebroker (cra). **214 Dorling Kindersley:** Rough Guides (t). **Brian Ritchie.** **215 Corbis:** Sakamoto Photo Research Laboratory (bc). **Rowan Flad:** (cl). **Getty Images:** De Agostini Picture Library (tc). **C.F.W. Higham:** (b). **216 Corbis:** Reuters / Ho (cl). **216-217 Last Refuge:** Adrian Warren. **217 The Bridgeman Art Library:** Bildarchiv Steffens (br). **218 Alamy Images:** Jim West (bl). **Corbis:** Gianni Dagli Orti / The Picture Desk Limited (bc); Wolfgang Kaehler (c). **Getty Images:** Claudio Santana / AFP (br). **219 Corbis:** Nigel Pavitt / JAI. **220 Alamy Images:** Mark Boulton (r). **Corbis:** Jose Fuste Raga (b). **Dorling Kindersley:** Courtesy of The Museum of London / Dave King (c). **221 Corbis:** Ren Junchuan / Xinhua Press (br); Charles O'Rear (c). **Dorling Kindersley:** British Museum (t); Science Museum, London (tr). **222 Corbis:** Les Pickett / Papilio (tl). **Dorling Kindersley:** Ashmolean Museum, Oxford (bl); Peter Hayman (c) The British Museum (c). **Getty Images:** (cl). **222-223 Dorling Kindersley:** Michel Zabe / CONACULTA-INAH-MEX. Authorized reproduction by the Instituto Nacional de Antropologia e Historia.. **223 Alamy Images:** Interfoto (br). **Corbis:** Fritz Polking / Visuals Unlimited (tr). **Getty Images:** E. Papetti / De Agostini Picture Library (tl). **224-225 Alamy Images:** Edwin Baker (t). **225 Alamy Images:** Liu Xiaofeng / TAO Images Limited (tr). **Corbis:** Jonathan Blair (cl). **Dorling Kindersley:** ARF / TAP (Archaeological Receipts Fund) (tr). **226 Alamy Images:** (c). **Dorling Kindersley:** Australian Museum, Sydney (cl); The British Museum (tr, cra). **227 360 Degrees Research Group** (www.360derece.info/english/360_eng.htm) : (br). **Corbis:** (bl). **Dorling Kindersley:** The British Museum (cra); **The Natural History Museum** (tc);

Natural History Museum, London (bl, bc). **Getty Images:** Robert Harding World Imagery (crb). **228 Corbis:** Amar Grover / JAI (tl); Sandro Vannini (tr). **Dorling Kindersley:** The Trustees of the British Museum (bl). **229 Corbis:** Alfredo Dagli Orti / The Art Archive / The Picture Desk Limited (tr); Richard List (tl); Michael S. Yamashita (cra). **Getty Images:** Kenneth Garrett / National Geographic (bl). **230-231 Corbis:** Chris Hill / National Geographic Society (t). **230 Michael Fox:** (bc). **231 Corbis:** Gianni Dagli Orti (br); Adam Woolfitt (bc). **232 Corbis:** Hervé Collart (b). **Robert Harding Picture Library:** age fotostock (t). **233 Dorling Kindersley:** Judith Miller / Helios Gallery (bl); National Museum, New Delhi (tr); Courtesy of the University Museum of Archaeology and Anthropology, Cambridge / Dave King (cr). **Robert Harding Picture Library:** Richard Ashworth (t). **234 Corbis:** Nik Wheeler (clb). **© Richard H. Meadow / Harappa.com, courtesy Dept. of Archaeology and Museums, Govt. of Pakistan:** (tr). **235 Dorling Kindersley:** The Trustees of the British Museum (br); National Museum, New Delhi (tr). **236-237 Dorling Kindersley:** The Trustees of the British Museum (b). **237 Dorling Kindersley:** The Trustees of the British Museum (b). **238 Alamy Images:** Ancient Art & Architecture Collection Ltd (b). **239 Alamy Images:** Ancient Art & Architecture Collection Ltd (cr). **Corbis:** Jose Fuste Raga (cr). **Dorling Kindersley:** The British Museum (br). **240-241 Alamy Images:** Liu Xiaoyang / China Images (c). **240 ChinaFotoPress:** (tl). **Dorling Kindersley:** By permission of The British Library (bl). **241 Corbis:** Nik Wheeler (br). **242 Alamy Images:** The Art Gallery Collection (b). **Corbis:** George Steinmetz (bl). **Dorling Kindersley:** Demetrio Carrasco (c) CONACULTA-INAH-MEX; / CONACULTA-INAH-MEX. Authorized reproduction by the Instituto Nacional de Antropología e Historia (tl). **243 Corbis:** Charles & Josette Lenars.

Jacket images: *Front and Back:* **Corbis:** Bill Ross; *Front:* **Science Photo Library:** Javier Trueba / MSF (Skull); *Back:* **Alamy Images:** Edwin Baker (Grave); **Corbis:** Hemis / Jean-Daniel Sudres (Cave painting). **Dorling Kindersley:** Oxford University Museum of Natural History (Skull); **Science Photo Library:** John Reader (Footprints); **Andrew Yarme:** (Alice Roberts).

All other images © Dorling Kindersley
For further information see:
www.dkimages.com

人類の進化 大図鑑 【コンパクト版】

2018 年 11 月 30 日　初版発行

編　　　　著	アリス・ロバーツ
日本語版監修	馬場悠男
翻　　　　訳	黒田真知、森冨美子（株式会社オフィス宮崎）
日本語版編集	株式会社 オフィス宮崎（柳嶋覚子、會田裕子、大内淳子、小西道子、城登美子、杉田真理子）
DTP・デザイン	関川一枝
装　　　　幀	岩瀬聡
発　行　者	小野寺優
発　行　所	株式会社 河出書房新社

〒 151-0051 東京都渋谷区千駄ヶ谷 2-32-2
電話　03-3404-1201（営業）　03-3404-8611（編集）
http://www.kawade.co.jp/

Printed and bound in China
ISBN978-4-309-25607-8

落丁・乱丁本はお取替えいたします。
本書のコピー、スキャン、デジタル化等の無断複製は著作権法上での例外を除き禁じられています。本書を代行業者等の第三者に依頼してスキャンやデジタル化することは、いかなる場合も著作権法違反となります。

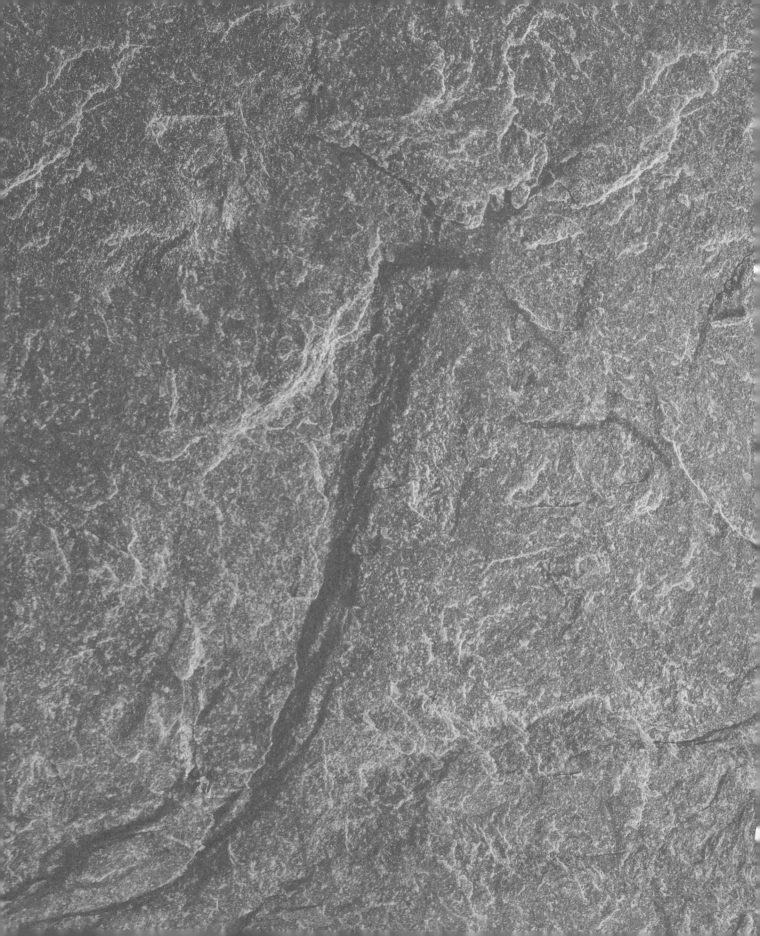